PROJECT 1

本书是计算机与数码产品维修专业系列实训教材之一，采用项目导向、任务驱动的思路编写，从元器件认识、维修工具使用方法及规范、主板维修基础知识等方面，把计算机主板各单元电路维修分解为多个子项目，力求每个项目都容易实现教、学、做一体化的教学方式；旨在帮助初学者掌握芯片级维修中应用到的维修工具、思路、方法和常用技术。

全书共12个项目，包括识读主板常用元器件，主板维修常用工具及使用方法，认识主板构架，认识主板电路，主板八大电路（主板开机电路、主板CPU供电电路、主板南北桥供电电路、主板显卡声卡供电电路、主板时钟电路、主板复位电路、主板CMOS和BIOS电路、主板接口电路）的组成、工作原理（结合原厂电路图）、检测方法、维修技术和维修实践经验等。另外，每个项目都相对独立，便于灵活安排教学进度，并根据教学需要配备了典型的实用案例。

本书是全国职业院校技能大赛成果转化教材，吸纳了教学一线教师的教学经验和技能大赛合作企业的开发成果，通俗易懂、内容精练、层次分明。

本书可作为各类职业院校计算机与数码产品维修及相关专业的教材，也可以作为主板维修专业人员、主板维修初学者、计算机爱好者的学习用书。

本书配有电子课件，选用本书作为教材的教师可以从机械工业出版社教育服务网（www.cmpedu.com）免费下载或联系编辑（010-88379194）咨询。

图书在版编目（CIP）数据

计算机主板芯片级维修实训 / 莫受忠，孙昕炜主编. —北京：机械工业出版社，2018.4（2024.2重印）

职业教育计算机与数码产品维修专业系列教材

ISBN 978-7-111-59667-7

I. ①计… II. ①莫… ②孙… III. ①计算机主板—维修—职业教育—教材 IV. ①TP332.06

中国版本图书馆CIP数据核字（2018）第073183号

机械工业出版社（北京市百万庄大街22号 邮政编码100037）
策划编辑：梁 伟 责任编辑：梁 伟
版式设计：鞠 杨 封面设计：鞠 杨
责任印制：郜 敏

中煤（北京）印务有限公司印刷

2024年2月第1版第11次印刷
184mm×260mm · 15.5印张 · 321千字
标准书号：ISBN 978-7-111-59667-7
定价：42.00元

电话服务
客服电话：010-88361066
010-88379833
010-68326294

网络服务
机 工 官 网：www.cmpbook.com
机 工 官 博：weibo.com/cmp1952
金 书 网：www.golden-book.com
机工教育服务网：www.cmpedu.com

CONTENTS 目录

PREFACE 前言

本书遵循“以项目为载体，以能力为目标，以学生为主体”的课程改革三原则，根据行业作业标准、岗位作业要求进行编写，注重培养学生的动手能力和职业素养。

本书以知识和技能性为本位，以适应新技术、新工艺、新方法、新的教学模式为根本，突出“校企合作”的人才培养模式特征，以满足学生技能实训培养的需要和行业岗位要求为目标，在编写中突出以下几点：

▶ 依据专业教学标准设置知识结构，注重行业发展对课程内容的要求。

▶ 依据行业作业标准，立足岗位要求，按照主板维修作业流程编写。

▶ 图解教学，轻松学习。本书使用主板实物图+厂家电路图的图解教学法，使用原理图+实物图+测量结果实训法，有助于新手快速入门，此外，还总结了大量的主板各功能电路维修流程图，结合流程图可以快速检测维修并判断故障的原因和所在位置。

▶ 结构合理。以模拟主板各功能模块电路与真实主板功能对比进行实训，有助于学习者分析主板检测方法和维修技术，在实战中分析透彻、步骤清晰、实用性强。

本书共12个项目，以芯片级技术为基础知识，以主板模拟功能板和台式机主板检修流程为主安排内容。内容包括：项目1识读主板常用元器件，项目2主板维修常用工具及使用方法，项目3认识主板构架，项目4认识主板电路，主要介绍芯片维修基础知识、芯片维修工具使用方法和主板识图方法；项目5主板开机电路分析及故障检修，项目6主板CPU供电电路分析及故障检修，项目7主板南北桥供电电路分析及故障检修，项目8主板显卡声卡供电电路分析及故障检修，项目9主板时钟电路分析及故障检修，项目10主板复位电路分析及故障检修，项目11主板COMS和BIOS电路分析及故障检修，项目12主板接口电路分析及故障检修，主要介绍台式机功能板和台式机主板检测维修思路，常见故障维修方法、故障分类、故障原因分析、故障维修流程、故障维修步骤及维修报告撰写方法；附录主板维修工具作业指导书，主要介绍芯片级维修作业规范和芯片级维修焊接技巧。

本书由中盈创信（北京）科技有限公司提供技术资料，由长期从事职业院校计算机与数码产品维修专业教学的双师型教师、指导技能大赛的教师和主板维修工程师联合编写，面向芯片级维修知识零起点的读者，技术先进，内容丰富，技能实训与岗位知识融合，通俗易懂，讲解清楚。

本书由莫受忠、孙昕炜担任主编，肖胜阳、孙斌、鞠艳、王岳担任副主编，参加编写的还有陈永杰、韦钊卓、魏子峰、刘挺、叶建辉、刘炎火、曹新彩、冯韦、施力、陈梁、朱玉超、魏人友、杨明辉、张军生、蒋喜华和黄文韬。全书由莫受忠统稿。

由于编者水平有限，书中难免存在疏漏和不妥之外，恳请各位专家、老师和广大读者提出宝贵意见和建议。

编 者

PROJECT 1 项目 1

识读主板常用元器件

项目概述

本项目主要讲了台式机主板电路中常见电子元器件的识读方法，让学生认识主板电路中的常用元器件，掌握各元器件的识读方法，记录识读的数据。

项目目标

1）通过元器件的识读，认识主板电路中常用的元器件。

2）掌握元器件的识读方法。

任务1 识别主板中的常用电阻器

任务描述

计算机主板中有很多元器件，主板出现问题后，其元器件的识别和代换是比较重要的。本任务主要学习识别主板中常用电阻器。

任务分析

电阻器是电路的重要组成元器件，学习好电阻器特别重要。应对其外观、标识、特性进行学习。

知识准备

电阻器是对交直流电流有一定阻挡作用的元器件，在日常生活中一般直接称它为电阻。在电子电路中常作为分压器、分流器和负载电阻。

电阻器的种类很多，其分类方法也很多。根据电阻器的工作特性及在电路中的作用来分，可以分为固定电阻和可变电阻两大类。固定电阻就是阻值固定不变的电阻器；可变电阻就是阻值在一定范围内连续可调的电阻器。下面一起来识别主板常见的几种电阻。

任务实施

步骤1：识别贴片电阻器。

在主板中最常用到的普通电阻就是贴片电阻器。它主要分布在主板的正、反两面，也是主板上最小的电子元器件之一，形状为黑色扁平的小方块，两边的引脚焊片呈银白色。其电路符号与实物如图1-1所示。

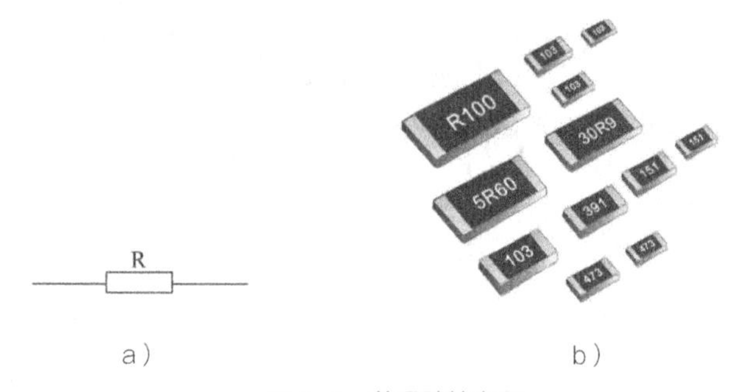

a） b）

图 1-1 普通贴片电阻

a）电路符号 b）实物

经验分享

普通贴片电阻的阻值标示有以下几种方法：1）直标法，是指直接标在电阻器表面，如电阻器上印有68k，则阻值为68kΩ。2）数标法，主要用3位数字或4位数字表示电阻。电阻阻值的读法：前几位数字为有效值，最后一个数字为幂次，如，333表示33×10^3=33kΩ。

步骤2：识别贴片排电阻。

排电阻也叫集成电阻，是把按一定规律排列的分立电阻器集成在一起的组合型电阻器，用RN、RP等表示。主板中的排电阻主要是8脚和10脚的贴片排电阻，其中8脚用得较多。其内部结构与实物如图1-2所示。贴片排电阻阻值表示与普通贴片电阻一致。

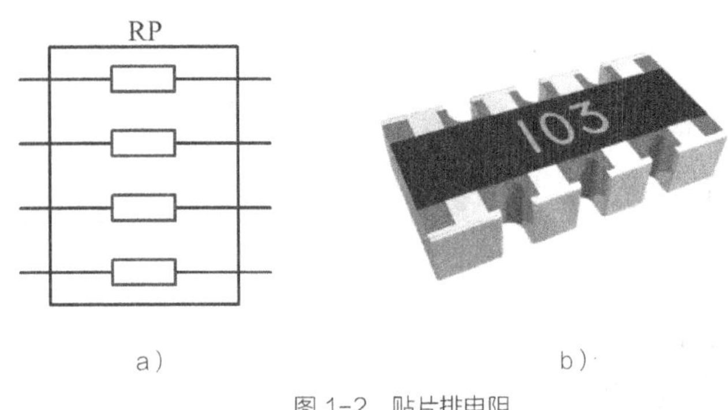

a）　　　　b）

图1-2　贴片排电阻

a）电路符号　b）实物

步骤3：识别熔断电阻。

熔断电阻是具有保护功能的电阻器，在主板中起着保险丝和电阻的双重作用，又称为保险电阻。它主要应用在电源输出电路中。如果电路中的电压升高，电流增大或某个元器件损坏则会在规定的时间内熔断，以保护其他元器件。在主板中，常用字母F、RX、RF、FUSE、XD、FS等表示。实物图如图1-3所示。

图1-3　熔断电阻

任务2 识别主板中的常用电容器

任务描述

计算机主板中有很多元器件，主板出现问题后，其元器件的识别和代换是比较重要的。本任务主要学习识别主板中的电容器。

任务分析

电容器是电路的重要组成元件，学习好电容器十分重要。应对其外观、标识、特性进行学习了解。

知识准备

电容器是最常见的电子元器件之一，通常称为电容，能够存储一定的电荷。两片相距很近的金属被绝缘物质（固体、气体、液体）从中间隔开，就构成了电容。电容具有隔直流通交流、通高频阻低频的特性。

电容器的种类繁多，其分类的方法也很多。通常按照电容器的结构分为固定电容器和可变电容器两种。下面来识别主板常见的几种电容。

任务实施

步骤1：识别贴片陶瓷电容。

在主板中，贴片陶瓷电容是应用最多的一种电容，这种电容在主板电路中主要起到旁路、高频滤波及振荡的作用。颜色一般为米黄色或浅灰色，两端有银色的焊接点。电路符号与实物如图1-4所示。

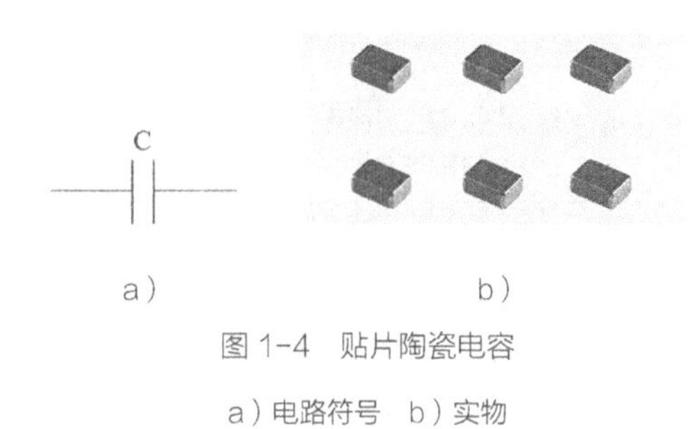

图 1-4 贴片陶瓷电容

a）电路符号 b）实物

步骤2：识别钽电容。

钽电解电容通常称为钽电容，是用金属钽作正极，用稀硫酸等配液作负极，用钽表面产生的氧化膜作介质而制成的一种电解电容器。颜色通常为黄色或黑色，并有正负之分，电容上有横线标识的一边为负。电路符号与实物如图1–5所示。

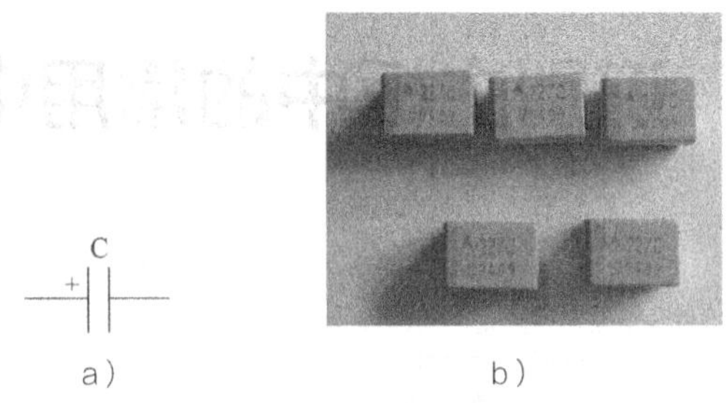

a）　　b）

图 1-5　贴片钽电解电容

a）电路符号　b）实物

温馨提示

电容上一般使用 3 位数字来表示电容值，前 2 位数字直接读数，第 3 位数字表示 0 的个数，单位一般使用 pF；如，电容上标示为 222，表示电容容量为 2200pF。

电容的容量单位为：法（F）、微法（μF）、皮法（pF），且有 1F=10^6μF=10^{12}pF。

步骤3：识别铝电解电容。

铝电解电容是由铝圆筒作负极，里面装有乙二醇、丙三醇硼酸和氨水等组成的电解液，并插入一片弯曲的铝带作正极，是有极性电容。它的电容量及耐压、正负极都标记在外壳上，在负极引出一线，一端画上一道黑色的标志条，以防接错极性。电路符号与实物如图1–6所示。

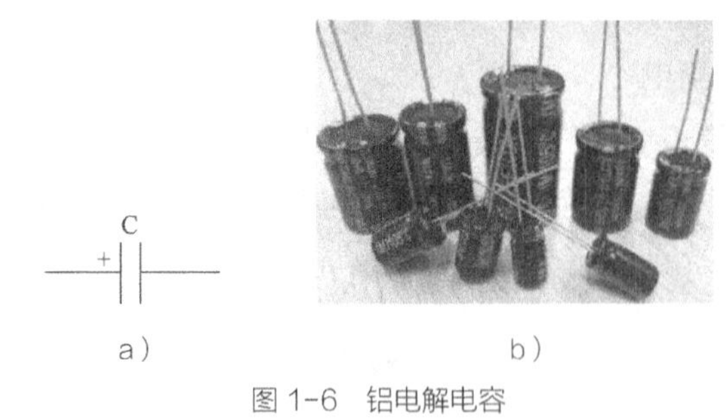

a）　　b）

图 1-6　铝电解电容

a）电路符号　b）实物

温馨提示

铝电解电容一旦极性接反，会导致通过其内部的电流过大过热而击穿电容，温度升高所产生的气体甚至会引起电容器爆炸。

步骤4：识别固态电解电容。

固态电解电容是高分子固态有机半导体电容的简称，它是一种有极性的电解电容。固态电解电容的构造与铝电解电容相似。电容的规格被标注在电容顶部，一般来讲字体最大的数字是电容的容值，单位一般为微法（μF）。而电容值的下方会标注电容的精度以及耐电压或者耐电流值，只要仔细阅读就能够理解其中的意思。图1-7所示为常见的固态电解电容器。

图 1-7　固态电解电容

任务3　识别主板中的常用电感器

任务描述

计算机主板中有很多元器件，主板出现问题后，其元器件的识别和代换是比较重要的。本任务主要学习识别主板中常用的电感器。

任务分析

电感器是电路的重要组成元件，学习好电感器十分重要。应对其外观、标识、特性进行认真学习。

知识准备

电感器是能够把电能转化为磁能而存储起来的元器件。电感器具有一定的电感，它的特性和电容器是相反的，它阻交流而通直流。直流信号通过电感时的电阻就是导线本身的电阻，压降很小；当交流信号通过电感时，电感两端将会产生自感电动势，自感电动势的方向与外加电压的方向相反，阻碍交流电的通过，所以电感的特性就是通直流阻交流。

电感器的分类与电阻和电容一样有很多种，分类的方法也有很多，按电感形式可以分为固定电感线圈和可变电感线圈。另外根据工作频率和过流大小还分为高频电感和功率电

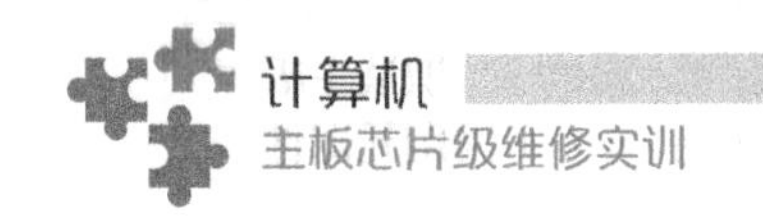

感等。下面让来识别主板常见的几种电感。

任务实施

步骤1：识别线绕电感。

线绕电感又包括色环电感和磁芯电感两种。

色环电感是采用色环标注电感量的电感，外形与普通的色环电阻相似，通常采用3个或4个色环来标注电感量。图1–8所示为色环电感器。

磁芯电感是由磁芯和线圈组成，主要起储能作用，在主板中DC–DC直流电压变换电路中经常应用到磁芯电感。图1–9所示为主板中常见的磁芯电感。

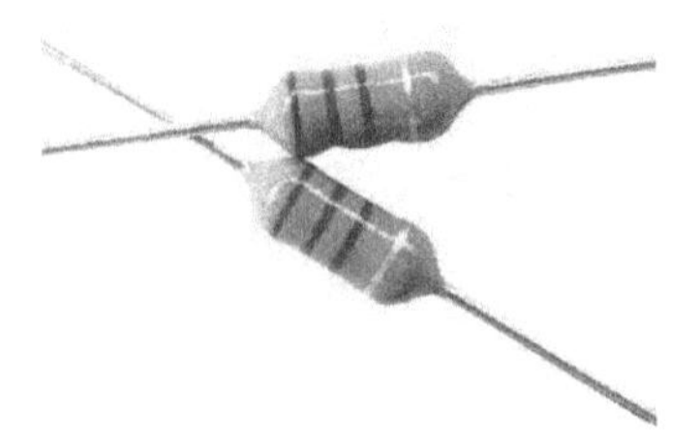

图 1-8　色环电感

图 1-9　磁芯电感

步骤2：识别贴片电感。

贴片电感主要包括贴片小功率电感和贴片大功率电感两种。

贴片小功率电感又称片式叠层电感，外观与贴片式陶瓷电容类似，颜色一般为灰黑色。图1–10所示为贴片小功率电感。

贴片大功率电感适用于大电流工作，耐热性优良，具有高饱和磁通密度的特性。图1–11所示为贴片大功率电感。

图 1-10　贴片小功率电感

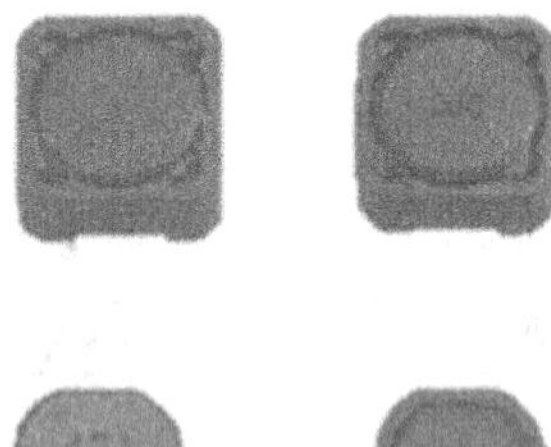

图 1-11　贴片大功率电感

经验分享

在电路图中电感常用符号“L”“FB”加数字表示，单位是亨利（H）。一般使用 3 位数字来表示电感量，前 2 位数字直接读数，第 3 位数字表示 0 的个数，单位为 μH；如电感上标示为 471，则表示电感量为 470μH。

任务4　识别主板中的常用晶体二极管

任务描述

计算机主板中有很多元器件，主板出现问题后，其元器件的识别和代换是比较重要的。本任务主要学习识别主板中常用的晶体二极管。

任务分析

晶体二极管是电路的常用组成元件，应对其外观、标识、特性进行学习了解。

知识准备

晶体二极管简称二极管，按照所用的半导体材料，可分为锗二极管（Ge管）和硅二极管（Si管）。二极管主要有两种特性。

（1）正向特性

如图1-12a所示的电子电路中，将二极管的正极接在高电位端，负极接在低电位端，二极管就会导通，这种连接方式，称为正向偏置。必须说明，当加在二极管两端的正向电压很小时，二极管仍然不能导通，流过二极管的正向电流十分微弱。只有当正向电压达到某一数值（这一数值称为“门槛电压”，锗管约为0.2V，硅管约为0.6V）以后，二极管才能真正导通。导通后二极管两端的电压基本上保持不变（锗管约为0.3V，硅管约为0.7V），称为二极管的“正向压降”。

（2）反向特性

如图1-12b所示的电子电路中，二极管的正极接在低电位端，负极接在高电位端，此时二极管中几乎没有电流流过，此时二极管处于截止状态，这种连接方式，称为反向偏置。

二极管的分类有很多，按照用途可以分为普通二极管和特殊二极管。普通二极管包括检波二极管、整流二极管、开关二极管、稳压二极管；特殊二极管包括变容二极管、光电二极管、发光二极管。主板中常用的有发光二极管、稳压二极管、双向二极管等。

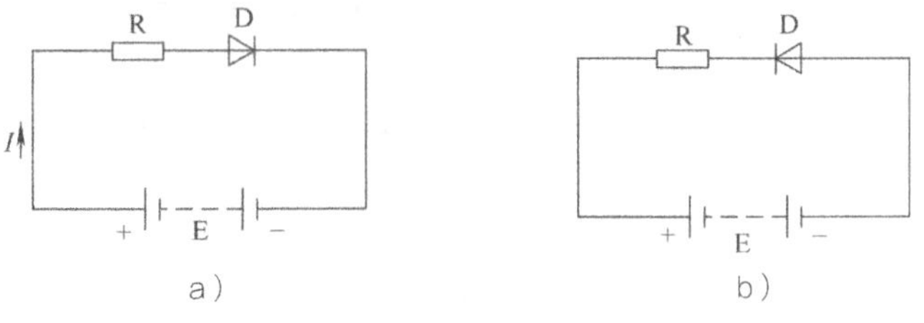

图1-12　二极管电路

a）二极管正偏导通　b）二极管反偏截止

任务实施

步骤1：识别发光二极管。

在主板上常用的发光二极管电路符号与实物，如图1-13所示，

a）　　　　b）

图 1-13　发光二极管

a）电路符号　b）实物

步骤2：识别稳压二极管。

稳压二极管电路如图1-14所示。

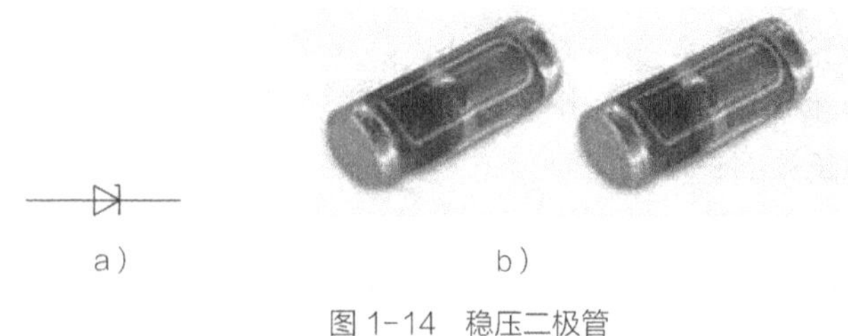

a）　　　　b）

图 1-14　稳压二极管

a）电路符号　b）实物

经验分享

计算机主板上没有整流二极管，也没有检波二极管，一般整流二极管、检波二极管等都是应用在模拟电路中，像 ATX 电源、收音机、电视机等。

任务5　识别主板中的常用晶体管

任务描述

计算机主板中有很多元器件，主板出现问题后，其元器件的识别和代换是比较重要的。本任务主要学习识别主板中的常用晶体管。

任务分析

晶体管电路的常用组成元件，应对其外观、标识、特性进行学习了解。

知识准备

晶体管也称为半导体晶体管，它是电子设备中最重要的半导体元器件之一，具有电流放大和开关特性，广泛应用于电子电器设备中，多用于放大电路、开关电路、集成电路等。

晶体管有3个区：基区、集电区和发射区。3个电极：基极（b）、集电极（c）和发射极（e）。发射区与基区之间形成的PN结称为发射结，而集电区与基区形成的PN结称为集电结，PN结的正向电阻很小，反向电阻很大，根据3个电极之间的电阻关系可以确定晶体管的基极。

晶体管在电路中用字母V表示，在主板电路中晶体管也用VT、PQ表示。不同类型的晶体管在电路中使用不同的图形符号，图1-15所示是NPN型和PNP型晶体管的图形符号。

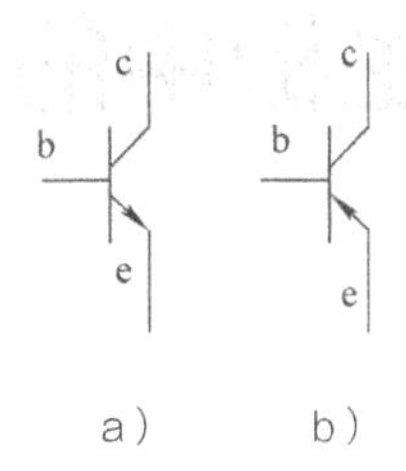

a） b）

图 1-15 晶体管图形符号

a）NPN 型晶体管图形符号 b）PNP 型晶体管图形符号

任务实施

步骤1：识别SOT-23封装晶体管，如图1-16所示。

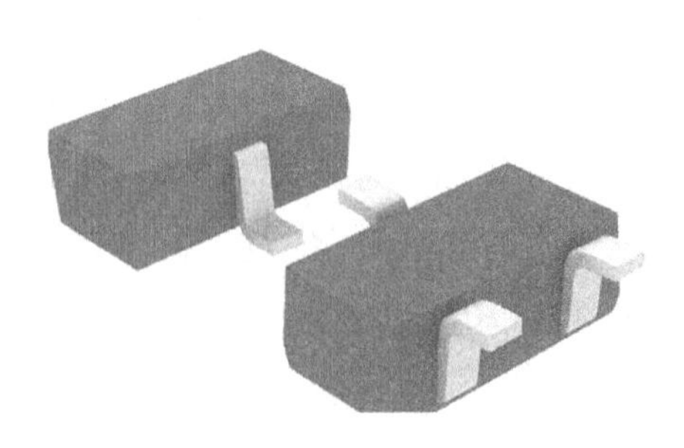

图 1-16 SOT-23 封装晶体管实物图

经验分享

SOT-23 封装晶体管常见的有“2TY”8550、PNP 型晶体管和“J3Y”8050、NPN 型晶体管。

步骤2：识别TO-92封装晶体管，如图1-17所示。

图 1-17　TO-92 封装晶体管实物图

温馨提示

相同封装的元器件有很多，无法直接分辨是哪种元器件时，应查看电路图分辨。

任务6　识别主板中的常用场效应管

任务描述

计算机主板中有很多元器件，主板出现问题后，其元器件的识别和代换是比较重要的。本任务主要学习识别主板中的常用场效应管。

任务分析

场效应管是主板中常用元件，应对其外观、标识、特性进行学习了解。

知识准备

场效应管主要分为结型场效应管和绝缘栅型场效应管两大类。绝缘栅型场效应管也叫金属氧化物半导体场效应管，简称MOS场效应管，可分为耗尽型MOS管和增强型MOS管。所有场效应管都有N沟道和P沟道之分，图1−18所示是几种类型场效应管的图形符号。

a）　b）　c）　d）

图 1-18　几种类型场效应管的图形符号

a）增强型 P 沟道　b）增强型 N 沟道　c）耗尽型 P 沟道　d）耗尽型 N 沟道

步骤1：识别TO−252封装场效应管，如图1−19所示。

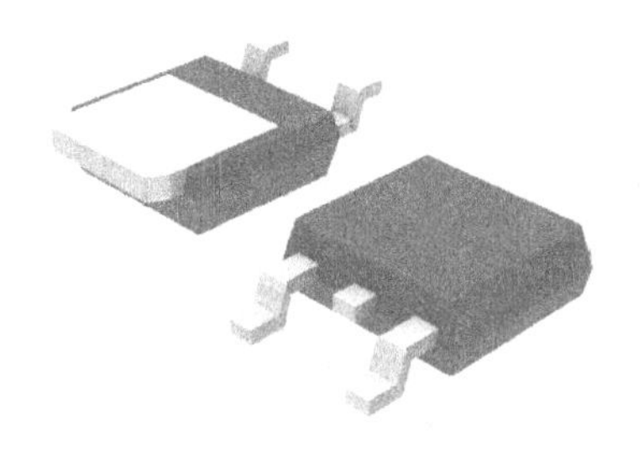

图 1-19 TO-252 封装场效应管

经验分享

场效应管在主板上主要用在各电路的供电部份，主要用来降压，D 极接供电，G 极接电源管理芯片，S 极输出电压。在 D 极电压不变的情况下，G 极电压越高 S 极输出电压就越高。

步骤2：识别WPAK封装场效应管，如图1–20所示。

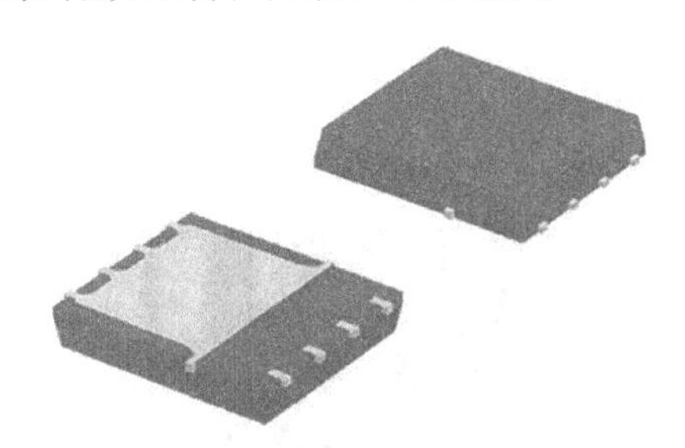

图 1-20 WPAK 封装场效应管

温馨提示

WPAK 是瑞萨公司开发的一种高热辐射封装场效应管；H81H3-M7 主板就是使用这种封装的场效应管。

任务7 识别主板中的常用晶体振荡器

任务描述

计算机主板中有很多元器件，主板出现问题后，其元器件的识别和代换是比较重要的。本任务主要学习识别主板中的常用晶体振荡器。

任务分析

晶体振荡器简称晶振，是电子电路中最基本、最常用的电子元器件之一，主要用于各类信号发生电路，如各类时钟信号发生器、高频信号发生器等对信号频率要求较高的电路。应对其外观、标识、特性进行学习了解。

知识准备

主板上的晶振主要分为时钟晶振、实时晶振、声卡晶振和网卡晶振4种。

时钟晶振：与时钟芯相连，频率为14.318MHz，工作电压为1.1～1.6V。

实时晶振：与南桥相连，频率为32.768MHz，工作电压为0.4V左右。

声卡晶振：与声卡芯片相连，频率为24.576MHz，工作电压为1.1～2.2V。

网卡晶振：与网卡芯片相连，频率为25.000MHz，工作电压为1.1～2.2V。

晶振在电路中常采用字母“X”“Y”“G”及“Z”标识。它在电路中的符号如图1−21所示。

图 1-21　晶振在电路中的符号

任务实施

步骤1：识别时钟晶振，如图1−22所示。

步骤2：识别实时晶振，如图1−23所示。

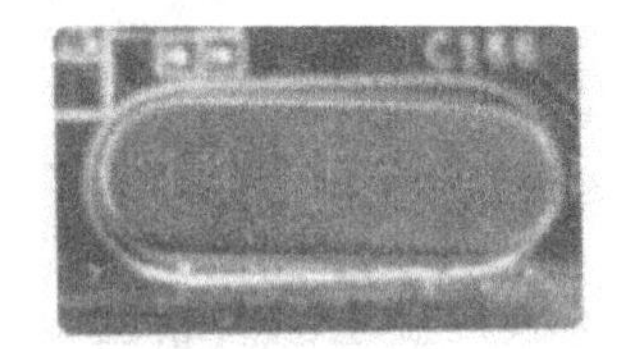

图 1-22　时钟晶振（14.318MHz）

图 1-23　实时晶振（36.768kHz）

步骤3：识别声卡晶振，如图1−24所示。

步骤4：识别网卡晶振，如图1−25所示。

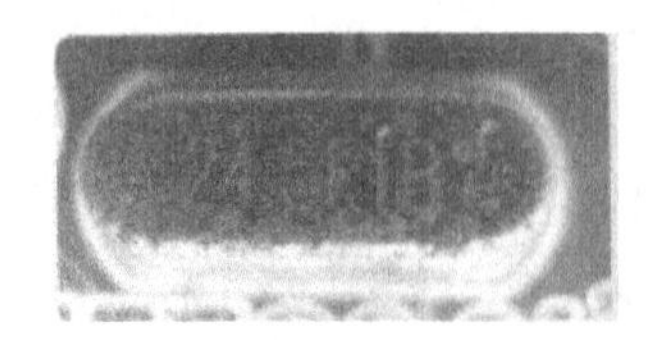

图 1-24　声卡晶振（24.5MHz）

图 1-25　网卡晶振（25.0MHz）

任务8 识别主板中的常用集成稳压器

任务描述

计算机主板中有很多元器件，主板出现问题后，其元器件的识别和代换是比较重要的。本任务主要学习识别集成稳压器。

任务分析

由于集成稳压器具有稳压精度高、工作稳定可靠、外围电路简单、体积小、重量轻等优点，在各种电源电路中得到越来越广泛的应用，应对其外观、标识、特性进行学习了解。

知识准备

集成稳压器又叫集成稳压电路，将不稳定的直流电压转换成稳定的直流电压的集成电路。其分类方法有很多，按输出电压的控制方式可以分为固定式和可调式集成稳压器。下面来学习几种在主板中常见的集成稳压器。

任务实施

步骤1：识别三端稳压器，图1-26所示为主板中的常见集成稳压器的电路图与实物图。

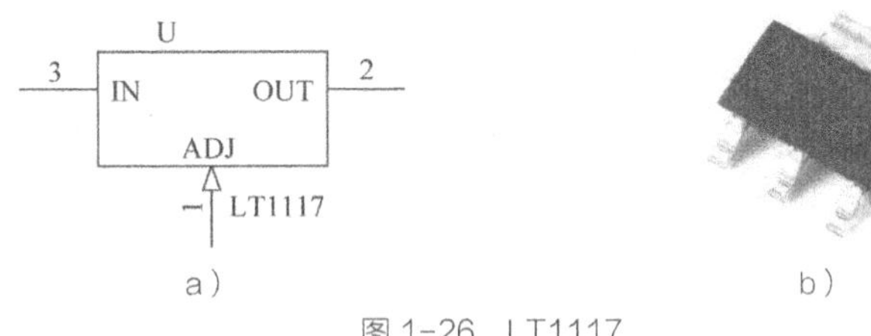

图1-26 LT1117

a）电路图 b）实物

三端集成稳压器主要有两种，一种输出电压是固定的，称为固定输出三端稳压器；另一种输出电压是可调的，称为可调输出三端稳压器。图1-27所示为三端集成稳压器管脚排列图。

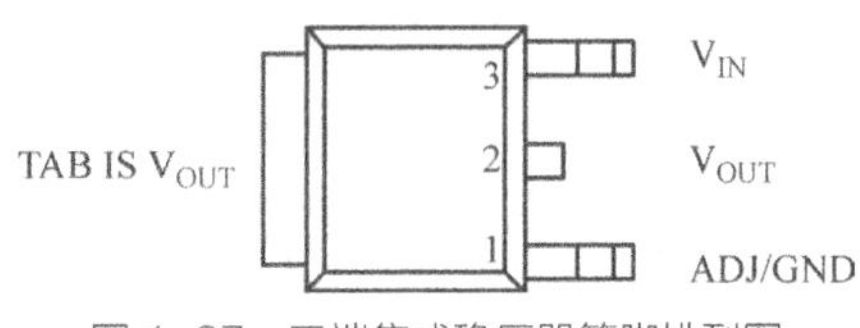

图1-27 三端集成稳压器管脚排列图

步骤2：识别精密电压基准集成稳压器。

电路中常用的精密电压基准集成稳压器主要有TL431、WL431、KA431、yA431、LM431等。TL431是一个有良好热稳定性能的三端可调分流基准源，是2.5~36V可调式精密并联稳压器。电路符号与实物图如图1-28所示。

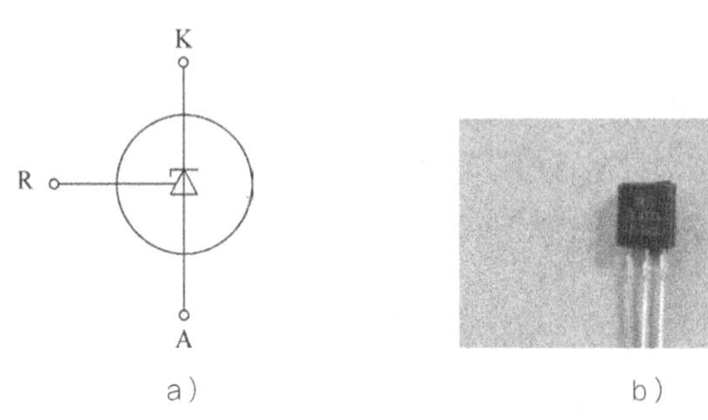

图1-28　TL431集成稳压器

a）电路符号　b）实物

经验分享

TL431有3种封装形式，3个电极分别为参考极R、阳极A和阴极K。其内部有一个2.5V的精密参考电压源，通过两只外接电阻，可以得到2.5～36V的稳定电压。

任务9　识别主板中的常用集成运算放大器

任务描述

计算机主板中有很多元器件，主板出现问题后，其元器件的识别和代换是比较重要的。本任务主要学习识别主板中的常用集成运算放大器。

任务分析

集成运算放大器是线性集成电路中最常用的一种。在集成运算放大器的输入与输出之间接入不同的反馈网络，可以实现信号放大、信号运算、信号处理（滤波、调制）以及波形的产生和变换等，应对其外观、标识、特性进行学习了解。

知识准备

集成运算放大器是一种具有高电压放大倍数的直接耦合放大器，主要由输入、中间、输出3部分组成。

在主板供电电路中，常用的有LM358双运算放大器，其同相输入端电压高于反相输入端电压时，输出脚输出高电平，同相输入端电压与反相输入端电压差越大，则输出电压越高；反之，当同相输入端电压低于反相输入端电压，则输出脚不输出电压。

步骤1：识别主板常用双运算放大器LM358，如图1-29所示。

图 1-29　双运算放大器

温馨提示

LM358 是主板上最常用的双运算放大器 ，接下来学习的功能板与计算机主板中都在用到。

步骤2：识别主板常用四运算放大器LM324，如图1-30所示。

图 1-30　四运算放大器

知识补充

1）电阻、电容、电感的封装：片状电阻、电容的封装以封装外形尺寸的长宽进行命名，命名格式为 LxW。现在有两种表示方法，英制系列和公制系列，欧美产品大多采用英制系列，日本产品大多采用公制系列，我国这两种系统均有使用。但不管采用哪一系列，系列型号的前两位数字表示元件的长度，后两位数字表示元件的宽度。例如，英制系列 1206（公制 3216）的矩阵片状电阻，长 L=3.2mm（0.12in），宽 W=1.6mm（0.06in），如图 1-31 所示。贴片电阻封装英制和公制的关系及详细的尺寸，见表 1-3。

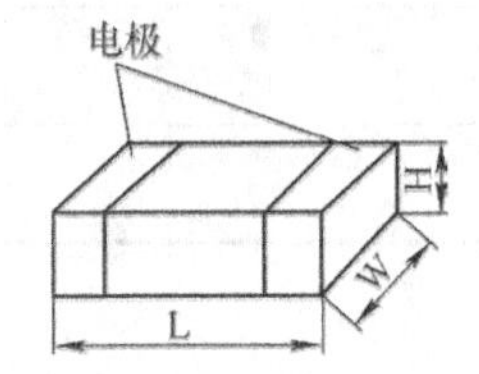

图 1-31　电阻、电容、电感的封装

表 1-3 贴片电阻封装英制和公制的关系及详细的尺寸

英制（inch）	公制（mm）	长（L）/mm	宽（W）/mm	高（H）/mm	a/mm	b/mm
0201	0603	0.60±0.05	0.30±0.05	0.23±0.05	0.10±0.05	0.15±0.05
0402	1005	1.00±0.10	0.50±0.10	0.30±0.10	0.20±0.10	0.25±0.10
0603	1608	1.60±0.15	0.80±0.15	0.40±0.10	0.30±0.20	0.30±0.20
0805	2012	2.00±0.20	1.25±0.15	0.50±0.10	0.40±0.20	0.40±0.20
1206	3216	3.20±0.20	1.60±0.15	0.55±0.10	0.50±0.20	0.50±0.20
1210	3225	3.20±0.20	2.50±0.20	0.55±0.10	0.50±0.20	0.50±0.20
1812	4832	4.50±0.20	3.20±0.20	0.55±0.10	0.50±0.20	0.50±0.20
2010	5025	5.00±0.20	2.50±0.20	0.55±0.10	0.60±0.20	0.60±0.20
2512	6432	6.40±0.20	3.20±0.20	0.55±0.10	0.60±0.20	0.60±0.20

2）电感线圈：导线中有电流时，其周围即建立磁场。通常把导线绕成线圈，以争抢线圈内部的磁场，电感线圈就是把导线（漆包皮、纱包或者裸导线）一圈靠一圈（导线彼此绝缘）地绕在绝缘管（绝缘体、铁线或者磁芯）上制成的，一般情况下，电感线圈只有一个绕组。

3）变压器：电感线圈中流过变化的电流时，不但在自身两端产生感应电压，而且能使附近的线圈产生感应电压，这一现象称为互感。两个彼此不能接近但又靠近互相间存在电磁感应的线圈构成变压器。

项目评价 PROJECT EVALUATION

1. 成果展示

小组内选择出1～2组同学，在班级中讲解自己的成功之处，并填写表1-4。

表 1-4 成果展示

收获	
体会	
建议	

2. 评分

按自评、小组评、教师评的顺序进行评分，各小组推荐优秀成员，填写表1-5。

表 1-5 评分表

项目	考核要求	评分	评分标准	自评	组评	师评
贴片电阻的阻值识读	按要求识读不同阻值电阻	30	错一个，扣5分			
电容的容值换算	按要求计算出电容值	30	错一个，扣5分			
识读贴片元件封装规格	按要求识别不同封装元件	25	错一个，扣5分			
6S管理	工作台上工具排放整齐、严格遵守安全操作规程	10	工作台上杂乱扣5～10分，违反安全操作规程扣10分			
加分项	团结小组成员，乐于助人，有合作精神，遵守实训制度	5	评为优秀组长或组员加5分，其他组长或组员评分由教师、组长评分			
总分						
教师点评						

项目总结 PROJECT SUMMARY

1）电阻器是对交直流电流有一定阻挡作用的元件。

2）认真学习电容器的容量单位换算，能正确进行换算；根据电容的标注能够写出电容的耐压值和容量。

3）二极管是一种能够单向传导电流的电子器件。熟练掌握PN结的单向导电原理以及二极管的导电特性。

4）晶体管最主要的功能是电流放大和开关作用。

PROJECT 2

PROJECT 2 项目 2

主板维修常用工具及使用方法

项目概述

本项目从主板检测与维修的整个工作过程出发，对工作过程中的常用工具进行介绍。并采用特定的练习板对工具的使用加以训练。让学生通过训练熟练掌握主板使用维修工具。

项目目标

1）通过介绍，了解和认识工具。

2）采用特定的练习板进行主板维修工具使用练习，熟练掌握主板维修工具的使用方法。

任务1 恒温电烙铁使用方法

任务描述

芯片级的检测与维修，只有对相关的工具设备有足够的了解和能熟练地操作，才能为检修和维护提供强有力的保障，快速准确地完成检修、维护任务。本任务学习恒温电烙铁的使用方法。

任务分析

恒温电烙铁是贴片元件和贴片集成电路的焊接工具，应学习如何调节符合标准的温度，从而获得均匀稳定的热量，有效防止静电干扰。

知识准备

1. 正确使用台式恒温电烙铁

1）将电源开关切换至ON位置。

2）调整温度，设定调整钮至200℃，待加热指示灯熄灭后，再调节至工作所需要的温度。

3）如温度不正常，必须停止使用，并送维修。

4）开始使用。

2. 结束使用步骤

1）清洁擦拭烙铁头并加少许焊锡保护。

2）调整温度至可设定之最低温度。

3）将电源开关切换至OFF位置。

4）拔下电源插头。

3. 最适当的工作温度

在焊接过程中，温度过低将影响焊接的流畅性；温度太高，会伤害线路板铜箔，焊接不完全、不美观及烙铁头过度损耗。以上两种情形皆有可能造成冷焊或包焊情况发生。为避免上述情况发生，选择适当工作温度非常重要。

各种焊锡工作使用温度如下：

正常工作温度300℃～380℃。

烙铁头使用温度400℃～480℃。

注意：在烙铁头红色区的温度超过正常工作温度，请勿经常或连续使用，最好不用；如果遇到大焊点，则可用热风焊台先加热，后用烙铁。

4. 烙铁头的保养方法

1）尽可能避免烙铁头不沾锡的方法。

① 避免温度过高，超过400℃时易使锡面氧化。

② 避免擦烙铁头用的海绵太干或太脏。

2）使用注意事项及保养方法。

① 烙铁头每天需清洗擦拭，随时锁紧烙铁以确保其在适当位置。

② 在焊接时，不可将烙铁头用力挑或挤压被焊接之物体；切勿敲击或撞击，以免电热管断掉或损坏；不可用摩擦方式焊接，否则会损伤烙铁头。

③ 不可用粗糙面之物体摩擦烙铁头。

④ 不可加任何塑胶类物品于烙铁头上。

⑤ 较长时间不使用时，将温度调低至200℃以下，并将烙铁头进行加锡保护。加锡后请勿擦拭，只有在焊接时才可以用湿海绵擦拭，重新粘上新锡于尖端部分。

⑥ 工作期间烙铁头若有氧化物，则必须用石棉立即清洁擦拭。

⑦ 石棉必须保持潮湿，每隔4h必须清洗一次。

⑧ 当天工作完成后，将烙铁头擦干净后重新粘上新锡于尖端部分，关闭电源。

⑨ 若烙铁头氧化变黑，用海绵也无法清除时，可用砂纸轻轻擦拭，然后用锡线加锡后再用海绵擦干净。

5. 烙铁头的换新与维护

1）在换新烙铁头时，请先确定发热体的温度状态，以免将手烫伤。

2）逆时针方向用手转动螺帽，将套筒取下，若太紧时可用钳子夹紧并轻轻转动。

3）将发热体内之杂物清出并换上新烙铁头即可。

4）若有烙铁头卡死情形发生，则请勿用力将其拔出以免伤及发热体，此时可用除锈剂喷洒其卡死部位，再用钳子轻轻转动。

恒温电烙铁的使用也需要长时间的练习，并不断总结经验，不断改进，才能达到较高的焊接水平。焊接工艺的好坏直接体现了技能的综合水平，这也是技能大赛所要考核的项目。

任务实施

使用恒温电烙铁进行练习板焊接，练习板如图2-1所示。

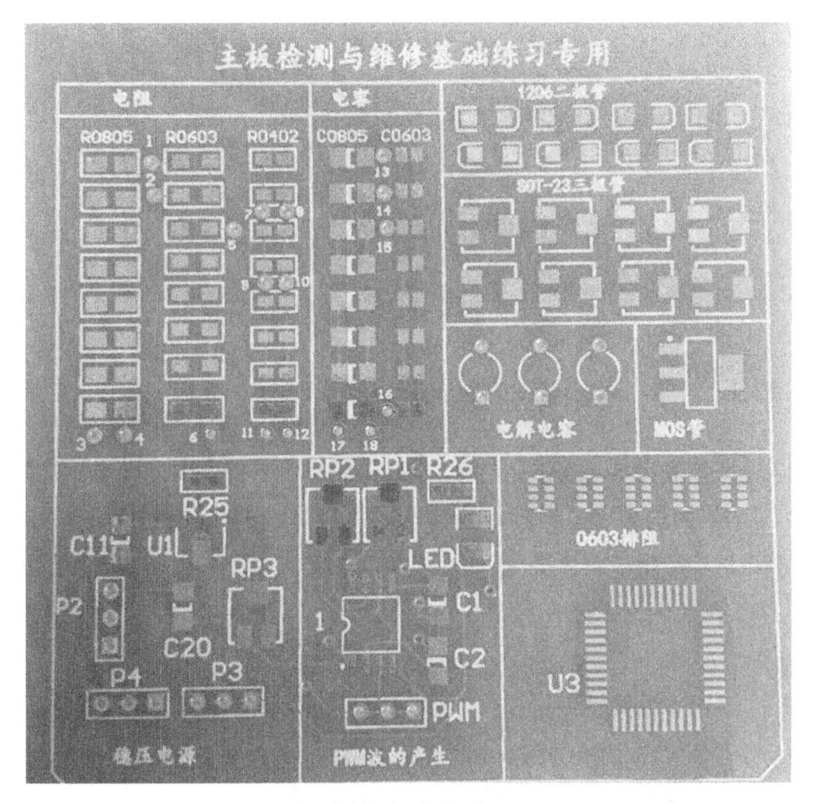

图 2-1　练习板

步骤1：启动恒温电烙铁。参照主板维修工具作业指导书（见附录A）调节恒温烙铁的温度调节面板上的调节按钮，设定温度的范围。

步骤2：以焊接封装为0805的电阻、电容为例。先在练习板上对应封装的一端点上适量焊锡；使用镊子夹住元器件，放到焊盘上；用电烙铁加热焊盘上焊锡的同时用镊子把元器件往焊锡方向移动，移开烙铁，元器件一端已固定好；然后焊接元器件另一端。操作步骤如图2-2所示。

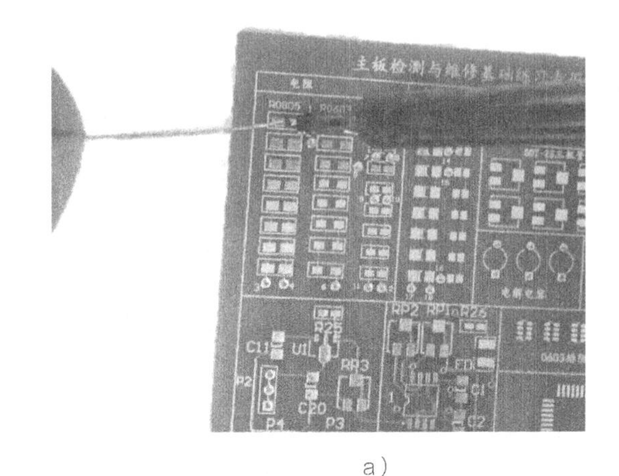

a）

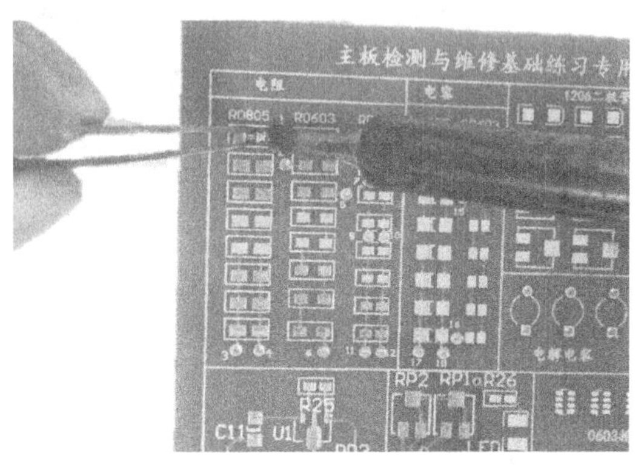

b）

图 2-2　电阻焊接操作步骤

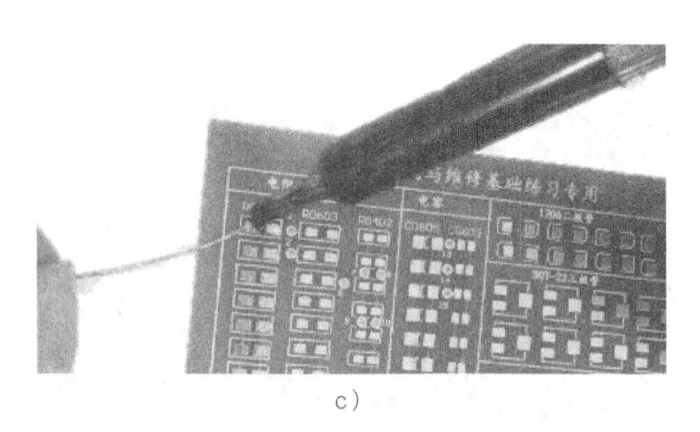

c）

图 2-2　电阻焊接操作步骤（续）
a）点焊锡　b）固定元器件　c）焊接另一端

步骤3：以焊接封装为SOP8的IC为例。先在练习板上对应封装的一端点上适量焊锡。使用镊子夹住IC，放到焊盘上，对准每个焊盘。用电烙铁加热焊盘上焊锡的同时用镊子把IC往焊锡方向移动，移开烙铁，固定IC的一端。焊接IC的另一对角端。把IC的剩余引脚加上焊锡。操作步骤如图2-3所示。

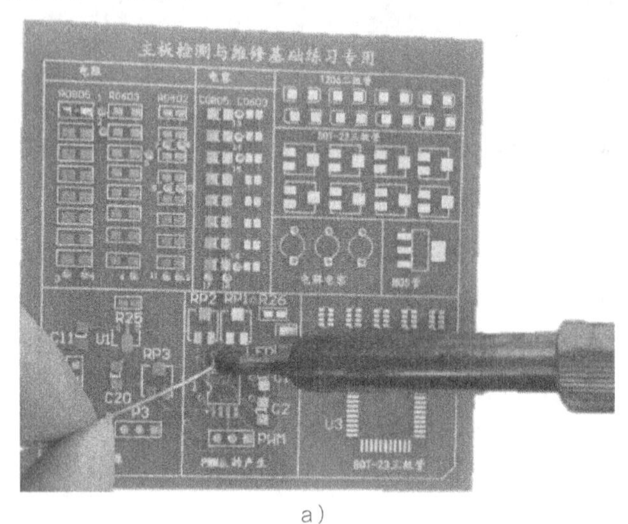

a）

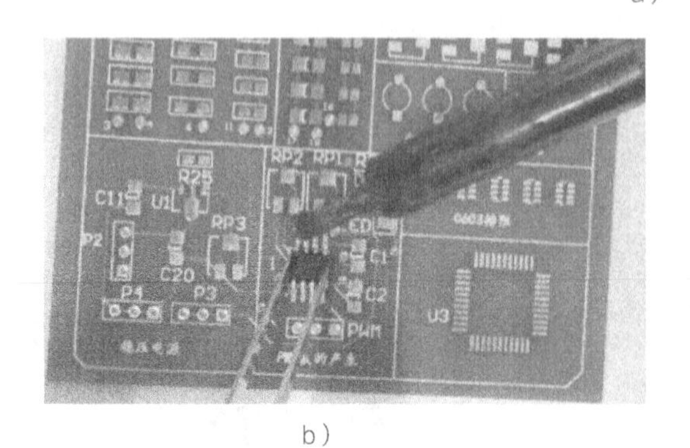

b）

c）

图 2-3　IC 焊接操作步骤
a）点焊锡　b）固定芯片　c）焊接其他引脚

步骤4：依次焊接好其他元器件。检查各个焊接点，保证焊接没有问题。使用洗板水和静电刷清洗练习板。

经验分享

元器件焊接时焊锡的量适中，可使焊点光滑圆润，避免“虚焊”。

步骤5：关闭电烙铁；检查各维修工具的损耗情况，并记录；按照“6S”标准整理好工位，如图2-4所示。

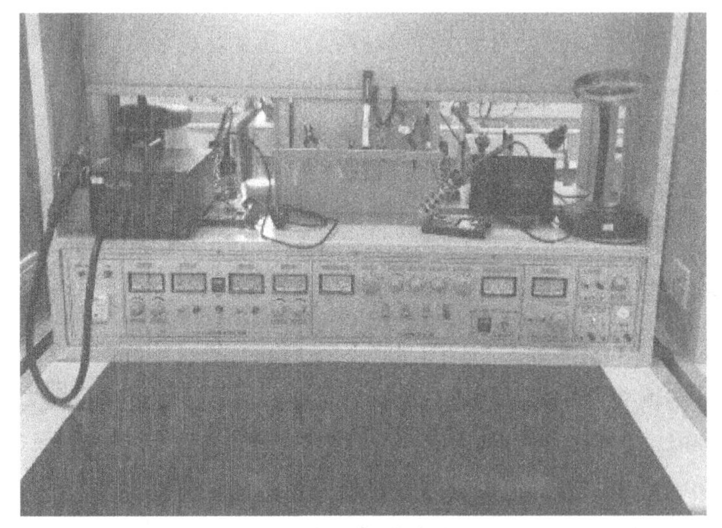

图2-4 “6S”标准

温馨提示

1）恒温电烙铁的使用注意参照恒温电烙铁作业指导书（见附录A）。

2）焊接过程注意做好静电防护，相关标准参考防静电作业指导书（见附录A）。

3）练习板清洗过程注意参考清洗作业指导书（见附录A）。

4）工位的整理参照“6S”标准。

任务2 热风焊台的使用方法

任务描述

学习主板维修，掌握常用的工具是最基本的，只有掌握了工具的使用方法，才能够顺利地完成一些基本的维修。本任务主要学习热风焊台的使用方法。

任务分析

热风焊台是贴片元件和贴片集成电路的拆焊、焊接工具，使用过程中要学会如何调节气流符合标准温度，从而获得均匀稳定的热量、风量；也要学会如何有效防止静电干扰。

知识准备

1. 注意事项

1）首次使用时，需阅读说明书，必须将底部的通风口上的螺钉去掉。

2）使用热风焊台前必须接好地线，以使泄放静电。

3）焊台前端网孔不可接触金属导体，否则会导致发热体损坏甚至使人体触电。

4）电源开关打开后一般风力设置在2～4档，温度设置在4～5档（根据实际情况选择），温度和风力不宜太大，以免将芯片或部件烧坏。

5）使用结束后，注意冷却机身，关闭时不要立即拔掉电源，等待发热管吹出冷风，自动关机后再拔掉电源插头。

6）不使用时，把手柄放在支架上，以防意外。

2. 使用热风焊台

1）将风枪对准拆焊芯片的上方2～3cm处，沿着芯片周围焊点均匀加热。

2）根据不同的板和元件选择合适的风量和温度，切忌温度过高和风力过大。

3）芯片拆焊时，在芯片的引脚表面涂放适量的助焊剂。

4）待温度和气流稳定后，用热风焊台对准元器件各排引脚均匀加热10～20s后，待锡完全溶解并用镊子夹住贴片元件，摇动几下将其取离。

5）对焊盘和芯片引脚加焊锡和助焊剂并刮平。

3. 热风焊台焊接方法

1）将元器件各引脚加焊锡，将贴片集成放在焊接的位置，用镊子按紧。

2）用热风焊台均匀加热至焊锡融化。

3）焊接完毕后，检查是否存在虚焊或短路现象，若有，则用电烙铁对其补焊并排除短路点。

任务实施

步骤1：启动热风焊台。参照主板维修工具作业指导书（见附录A），熟悉热风焊台的基本操作。更换合适的热风焊台喷嘴。启动热风焊台。调节气流和温控，设定气流和温度的范围。

步骤2：以拆取封装为0805的电阻、电容为例。用镊子夹住要拆取的元件，使用热风焊台垂直对准元件的焊盘快速对准两端移动加热，注意喷嘴不能直接接触元件的引脚。焊锡融化后，用镊子拿开元件。操作步骤如图2–5所示。

步骤3：以拆取封装为SOT23的晶体管为例。用镊子夹住要拆取的晶体管。使用热风焊台垂直对准元件的焊盘快速移动进行加热，注意喷嘴不能直接接触晶体管的引脚。焊锡融合化后，用镊子拿开晶体管。操作步骤如图2–6所示。

图 2-5 拆取电阻操作步骤

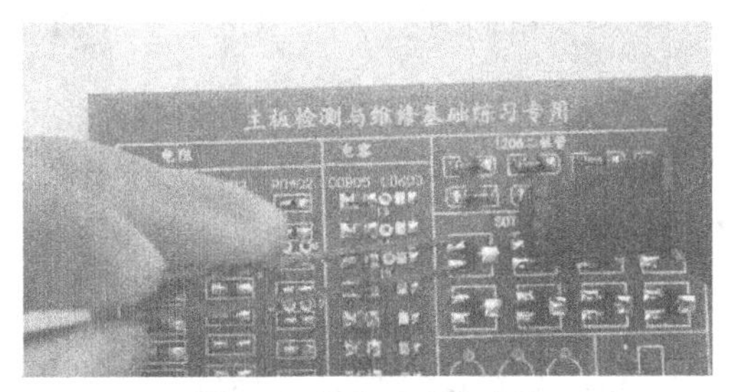

图 2-6 拆取 IC 操作步骤

步骤4：使用恒温电烙铁清除焊盘上的多余焊锡。使用洗板水和静电刷清洗练习板。

步骤5：关闭热风焊台；检查各维修工具的损耗情况，并记录；按照“6S”标准整理好工位，如图2-4所示。

温馨提示

1）热风焊台的使用注意参照热风焊台作业指导书（见附录A）。

2）焊接过程注意做好静电防护，相关标准参考防静电作业指导书（见附录A）。

3）在练习板清洗过程中注意参考清洗作业指导书（见附录A）。

4）工位的整理参照“6S”标准。

任务3 数字万用表的使用方法

任务描述

对主板进行检修，学会对测量工具的使用是很重要的。常用的工具有万用表、示波器、主板故障诊断卡等。本任务主要学习数字万用表的使用方法。

任务分析

万用表是芯片维修过程中测量电路中的电压、电流、电阻、电容等众多电路参数，判断二极管、晶体管等器件的极性，测量晶体管的放大倍数等的工具。维修前，必须掌握数字万用表的使用方法。

知识准备

1. 数字万用表的结构

（1）功能选择旋钮

数字万用表的功能选择旋钮是一个有箭头指示的多档位旋转开关，用来选择测量的参数和量程。它测量的数据种类大致有：直流电压（V−）、交流电压（V～）、直流电流（A−）、电容（F）、电阻（Ω）、温度、晶体管的放大倍数hFE、二极管的质量等。每个测量功能可能会有几个档位，可以根据所测参数的大小进行选择，如图2−7所示。

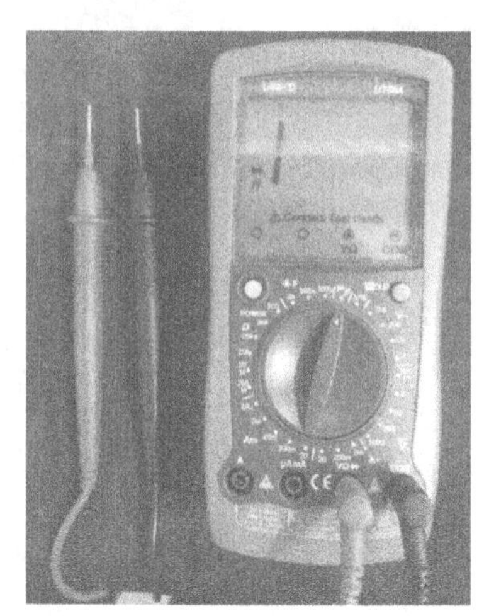

图 2-7　数字万用表

（2）液晶显示屏

液晶显示屏是数字万用表的窗口，所用测量的数据结果均由它显示出来，便于测量者直接读出测量的数据。

（3）表笔插孔

如图2−7所示的数字万用表的表面有4个表笔插孔：一个为黑表笔插孔，用COM表示，专用于插万用表的黑表笔；另外3个为红表笔插孔，专用于插万用表的红表笔；测电压、电阻和二极管档位时，红表笔插VΩ插孔；测小于200mA的电流时；红表笔插mA插孔；测200mA～20A的电流时，红表笔插20A插孔。如图2−7所示。

（4）测量线路

测量线路是万用表的内部电路，它将不同性质和大小的被测电量经数字万用表内部处理，输出驱动数字信号去驱动液晶显示屏显示结果。

2. 使用数字万用表

1）根据自己需要测量的参数选择合适的功能档位和量程，并根据所测量的参数把红、黑表笔插入相应的插孔中。

2）在测量前要按面板上的<POWER>键开启万用表（数字万用表使用一段时间后会自动关机），且万用表不能处于锁屏状态（按<HOLD>键会锁屏）。

3）数字万用表在使用欧姆档或者二极管档位时，红表笔连接到内部电池的正极，黑表笔连接到内部电池的负极，这一点是与指针万用表相反的，用数字万用表来对二极管、晶体管、场效应管测量时，这一点要特别注意。

4）用万用表测量电容、温度时，还需要用到测量配件，并将配件插入到mA和COM孔。

5）有些数字万用表面板上有一个<HOLD>键，它是一个锁屏按键，将测量数据锁定。当处于锁屏状态时，万用表将保持前面测量的数据。

6）数字万用表使用完后，按面板上的<POWER>键关闭万用表。

7）当选择二极管档位时，用表笔去测试时，内部提供的是1mA的恒流源，测试显示的结果其实是测量的两点之间的电压，单位是mV，也等同于所测两端的阻值。在主板维修中，经常用到该档位测量测试点的对地阻值，测量二极管、晶体管、场效应管也用到此档位。指针万用表是用欧姆档测量，但数字万用表不能用欧姆档来测量。

任务实施

使用数字万用表检测电阻、电容、二极管等元器件。

步骤1：将电池装入电池槽，注意区分正负。装好万用表，将万用表的黑表笔插入COM插孔，红色表笔插入V/Ω插孔，红表笔对外为正极，黑表笔对外为负极。按下万用表开关键，打开万用表。把万用表调到电阻档2MΩ，并短接两个表笔，若万用表显示为“0.00”，则万用表安装正确。安装成功后，万用表的显示如图2–8所示。

步骤2：步骤1完成后，将万用表调到电阻档合适的档位上。测量电阻R1、R2，如图2–9所示。测电阻R1时，阻值应为0Ω。测R2时，阻值显示应为100±5Ω。

图 2–8　正确安装万用表

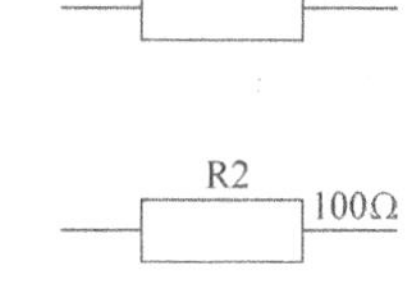

图 2–9　电阻测量

步骤3：表笔插入位置同步骤1。将万用表调到电阻档合适的档位上。检测练习板上的测试点1和测试点2，如图2–10所示。测出的电阻值应为2kΩ±100Ω。

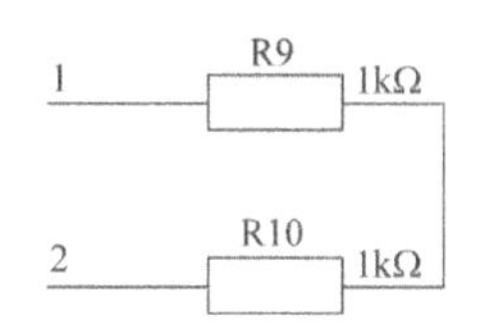

图 2–10　串联电阻测量

步骤4：红表笔插V/Ω插孔，黑表笔插COM插孔，量程开关选择蜂鸣档位。按下电源开关，万用表显示为“1”。然后红、黑表笔分别接触二极管正负电极，显示其正向压降，若显示“1”，则可能存在开路或被测二极管极性反，须换方向再测，如图2–11所示。测量二极管正向压降时的正向电流约为1mA、若两个方向均显示“1”，则被测二极管开路；若两次测量均显示很小的数值，测二极管已击穿短路。

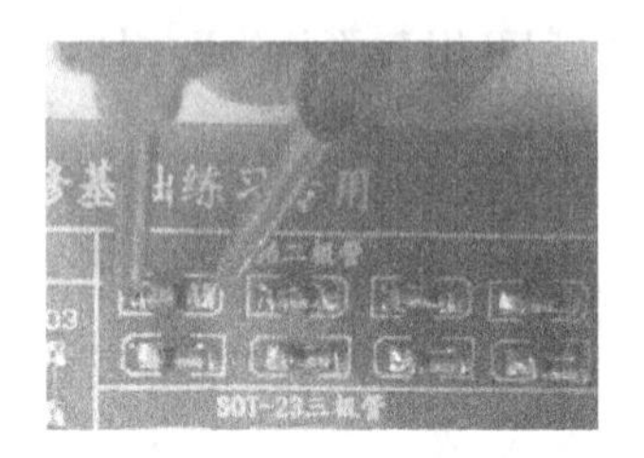

图 2–11　二极管测量

步骤5：准备工作同步骤4。然后依照测二极管的方法辨别晶体管电极，如图2–12所示。

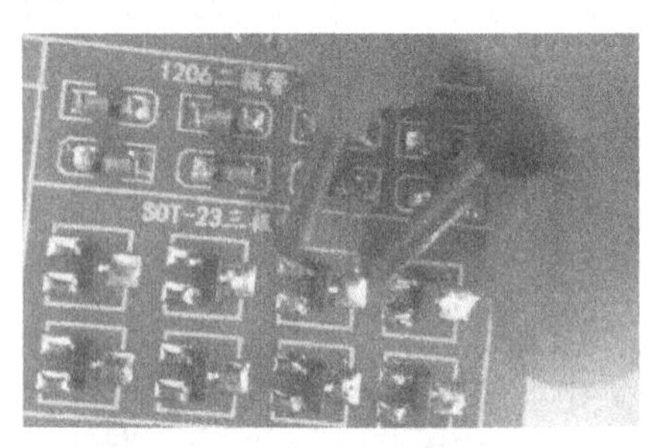

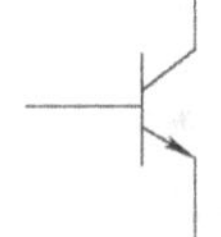

图 2–12　晶体管测量

步骤6：红表笔插μA/mA插孔，黑表笔插V/Ω插孔，量程开关选择电容档的合适档位。按下电源开关键，万用表显示为“000”。红、黑表笔分别接触电容的两端，读出电容值，如图2–13所示。

图 2–13　电容容值测量

温馨提示

测量电容时要先对电容进行放电。

步骤7：使用直流稳压电源给练习板供12V直流电。红表笔插V/Ω插孔，黑表笔插COM插孔，量程开关选择直流电压档的合适档位。按下电源开关键，万用表显示为“000”。红、黑表笔分别接触练习板上P4、P3，读出电压值，如图2-14所示。

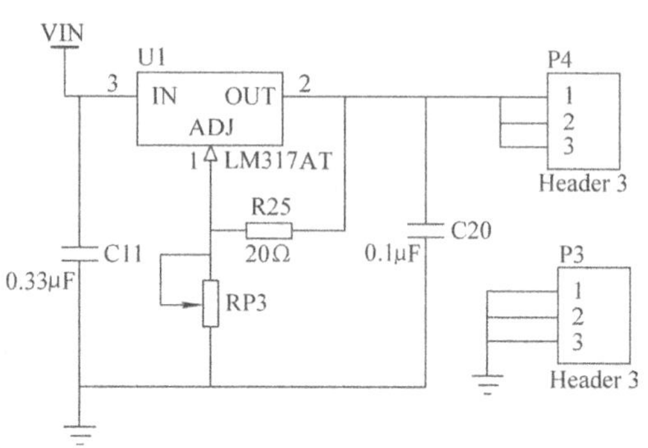

图2-14 测量P4、P3电压

经验分享

RP3是电位器，通过调节RP3，可以改变输出电压值。

步骤8：关闭万用表；检查各工具的损耗情况，并记录；按照“6S”标准整理好工位。

温馨提示

1）万用表的使用注意参照万用表作业指导书（见附录A）。

2）测量过程注意做好静电防护，相关标准参考防静电作业指导书（见附录A）。

3）工位的整理参照“6S”标准。

任务4 通用示波器的使用方法

任务描述

对主板进行检修，学会对测量工具的使用是很重要的，常用的集成工具有万用表、示波器、主板故障诊断卡等。本任务主要学习通用示波器的操作方法。

任务分析

芯片级检测维修前，使用示波器可以直观地观察被测电路的波形，包括形状、幅度、频率（周期）、相位，还可以对两个波形进行比较，从而迅速、准确地找到故障原因。正确、熟练地使用示波器，是初学维修人员的一项基本功。

知识准备

1. 示波器的使用方法

1）先确认示波器电源供电的要求是110V还是220V。有些示波器在后面板上设有电源电压选择开关，应确认开关处于交流220V位置。然后将电源线插头插到交流220V插座上，为示波器供电。

2）按下示波器的电源开关键（<POWER>键），电源指示灯亮，表示电源接通。

3）调整显示图像的水平位置旋钮，使示波器上显示的波形在水平方向上。

4）调整垂直位置旋钮，使示波器上显示的波形在垂直方向上。

5）将示波器的探头（BNC插头）连接到CH1或CH2垂直输入端，准备测量信号。

图2−15～图2−17为示波器按键和旋钮注释与显示屏内容注释。

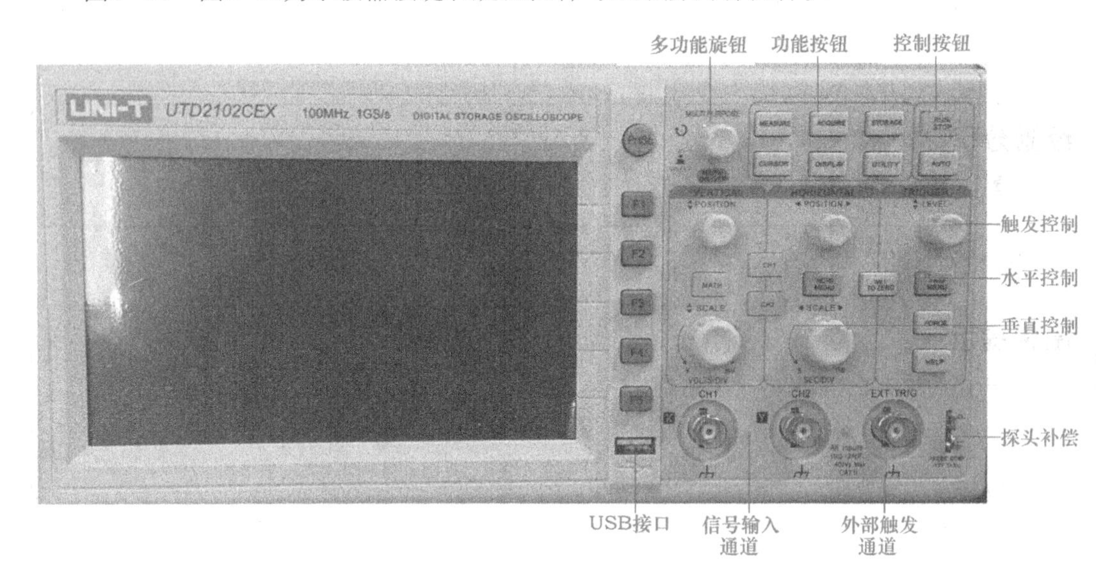

图 2−15 示波器按键和旋钮注释

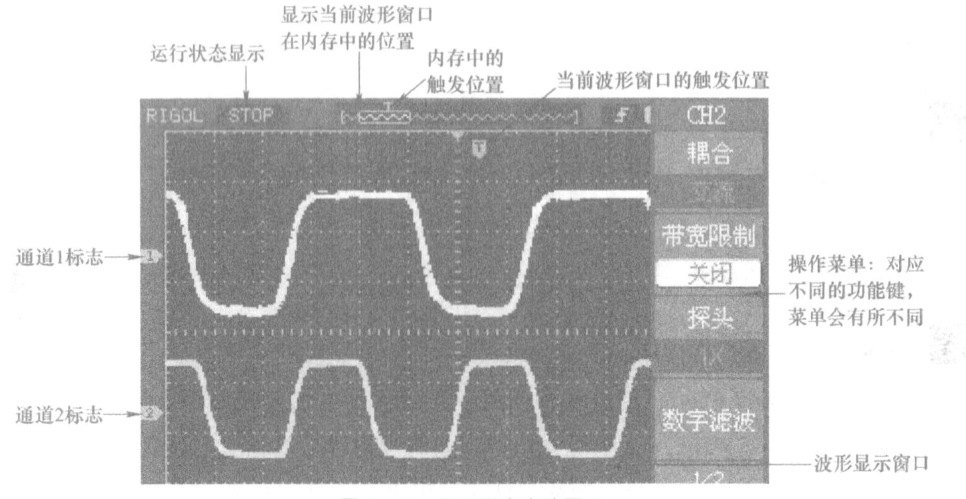

图 2−16 显示屏内容注释 1

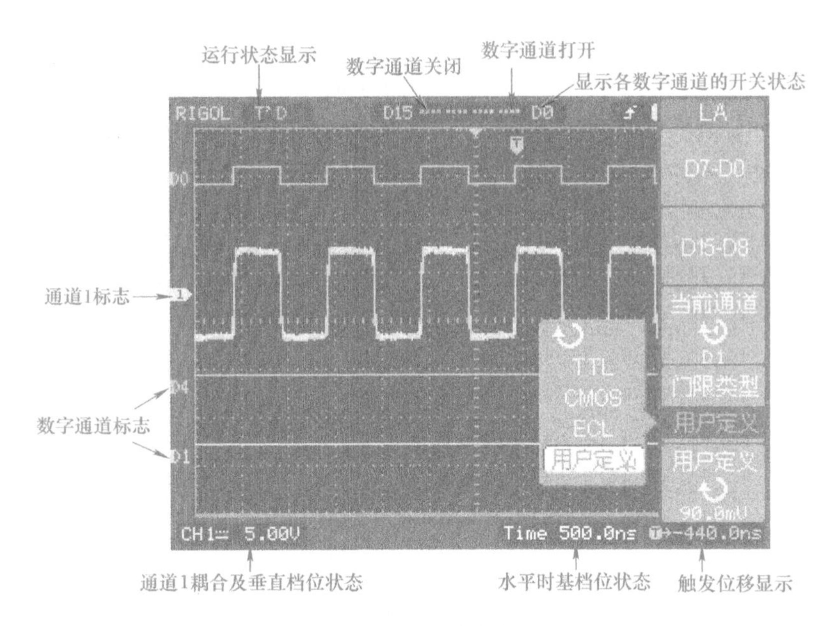

图 2-17 显示屏内容注释 2

任务实施

步骤1：参照主板维修工具作业指导书（见附录A），打开示波器；调整显示图像的水平位置旋钮，使示波器上显示的波形在水平方向上。调整垂直位置旋钮，使示波器上显示的波形在垂直方向上。将示波器的探头（BNC插头）连接到校正信号输出端，测出校正信号，读出校正信号的频率和幅值。显示为方波，读出的幅度为2V，频率为1kHz的波形，则示波器校准正确，如图2-18所示。

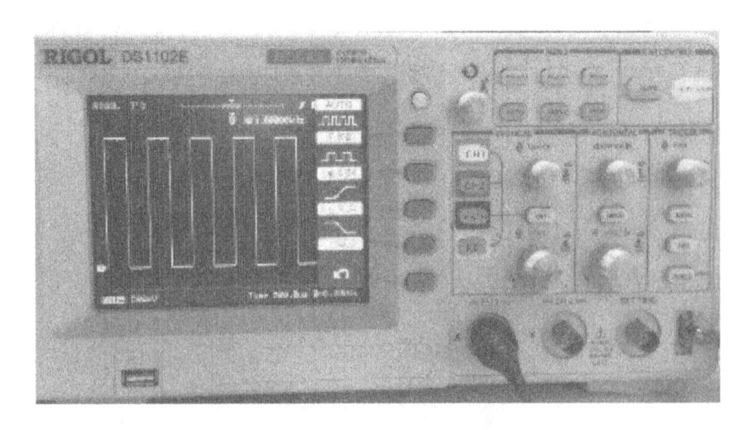

图 2-18 示波器校准

步骤2：练习板通电后，使用数字示波器测量练习板上PWM波形输出端的对应波形，并读出相应的频率与幅值。输出的波形应为占空比可调节的PWM波；调节RP1、RP2可观察到波形的占空比发生变化，如图2-19所示。

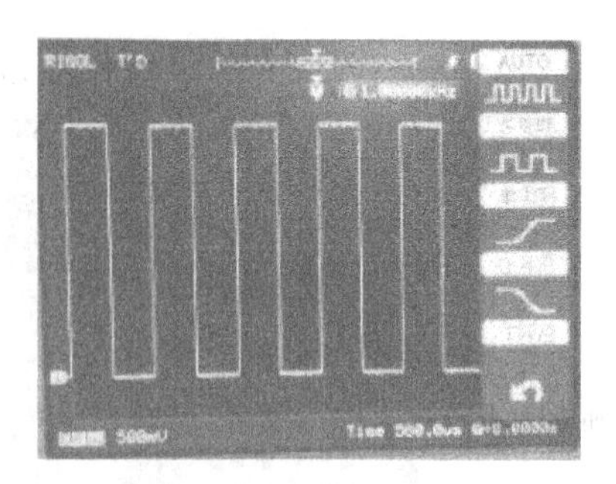

图 2-19　PWM 波形测试

步骤3：关闭示波器表；检查各工具的损耗情况，并记录；按照“6S”标准整理好工位。

温馨提示

1）示波器的使用注意参照示波器作业指导书（见附录A）。

2）测量过程注意做好静电防护，相关标准参考防静电作业指导书（见附录A）。

3）工位的整理参照“6S”标准。

任务5　主板故障诊断卡使用方法

任务描述

对主板进行检修，学会测量工具的使用是很重要的，常用的工具有万用表、示波器、主板故障诊断卡等。本任务主要学习主板故障诊断卡的使用方法。

任务分析

主板检测维修过程中，要判断硬件出现的故障，故障诊断卡将用代码显示出来，再通过本书查出该代码所表示的故障原因和部位。主板故障诊断卡实物图，如图2-20所示。

图 2-20　故障诊断卡

知识准备

(1) 诊断卡的用途

诊断卡是通过捕获BIOS自检时的测试过程码并通过数码管以十六进制形式显示出来，尤其当主板不能引导操作系统、黑屏、喇叭不鸣响时，要能帮助查出故障原因。诊断卡按照接口形式可分为ISA诊断卡、PCI诊断卡、PCI/ISA双口诊断卡、LPT诊断卡和PCI/LPT双口诊断卡等。主板复位后，将依次对CPU、芯片组、存储器、键盘、显卡、硬盘、软驱等各个部件进行严格测试，一切正常后，再引导操作系统。当机器出现故障，尤其是出现关键性故障，屏幕无显示时，将诊断卡插入PCI槽内，即可得知出错码。

(2) 主板故障诊断卡指示灯的含义，见表2-1。

表 2-1 故障诊断卡指示灯的含义

指示灯类型	指示灯含义	说明
CLOCK	总线时钟	接通电源就应常亮，否则CLK信号坏
RDY	主设备准备好	有IRDY信号时才闪亮，否则不亮
FRAME	帧周期	PCI插槽有循环帧信号时灯才闪亮
RERST	复位	开机或按了<RESET>键开机后亮0.5s熄灭属正常，若不灭，常因主板上的复位插针接上了加速开关或复位电路损坏
12V	电源	给主板通电后，上电应常亮，否则无此电压或主板有短路
-12V	电源	给主板通电后，上电应常亮，否则无此电压或主板有短路
5V	电源	给主板通电后，上电应常亮，否则无此电压或主板有短路
3.3V	电源	上电应常亮，部分主板PCI插槽的主板本身无此电压，则不亮

任务实施

步骤1：首先将电源供电断开，利用观察法，检查整机各部件的外观情况，是否有明显的外观不良和烧毁的痕迹。

步骤2：如果没发现异常，则再利用硬件最小系统法，将主板诊断卡插在ISA或PCI槽上（如果主板带ISA槽，则建议先选择ISA槽；如果没有ISA槽，则再选择PCI槽。选择PCI槽时最好是靠近中间的槽，因为该卡与少量主板有兼容性问题，使用第一个或最后一个PCI槽时可能引起“00”无显示），连接好扬声器与主板SPEAKER插座的连线。

步骤3：接通电源，启动最小系统。观察主板诊断卡显示的代码，对照故障代码表，确认故障。此时也可通过指示灯状态、扬声器声音来判断故障。

步骤4：如果在最小系统下没发现问题，则再利用逐步添加法，逐一添加其他设备，观察诊断卡显示代码的情况，找出故障件。

温馨提示

联想G41T-CM3主板故障诊断常见的错误代码。开机正常跑代码流程：B3→D5→2R→38→3C→78→85→00。

知识补充：

主板故障诊断常见的错误代码

1）显示FF、OO表示状态CPU未工作，可以判断主板或CPU有故障。

2）显示C1（或C开头）、D3（或D开头）表示CPU已工作正在寻找内存，可以判断内存坏或接触不良。

3）显示C0、D1表示CPU已发出寻址指令并已选中BIOS，但是BIOS没有响应，可以判断BIOS、南桥芯片或I/O芯片损坏。

4）显示C1～C5或D3～D5循环跳变，可以判断BIOS芯片、I/O芯片损坏。

5）显示OB、26、2R时，一般可点亮屏幕，如不亮，则可以判断显卡损坏。

任务6 BGA芯片返修台使用方法

任务描述

对主板进行检修，学会测量工具的使用是很重要的，常用的工具有万用表、示波器、主板故障诊断卡等。本任务主要学习使用BGA返修台拆焊BGA芯片的方法。

任务分析

主板检测维修过程中，要判断芯片组出现故障，更换BGA是维修板卡必不可少的工序，板卡在使用过程中会造成BGA空焊或烧坏，引起板卡功能不良，如不更换BGA就只能报废处理，为了减少报废，降低成本，所以要更换BGA。

知识准备

1）认识BGA返修台结构。以ZM-R6821为例介绍BGA返修台主要部件，如图2-21所示。

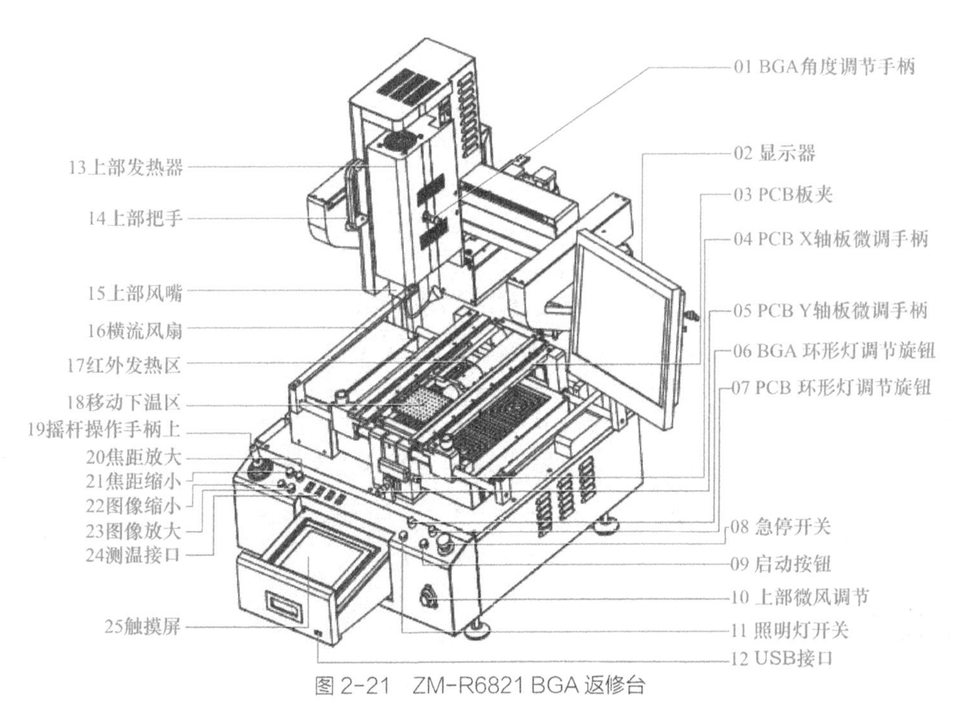

图 2-21 ZM-R6821 BGA 返修台

2）BGA返修台的温度曲线设定方法。

与正常生产的再流焊温度曲线相比，维修过程对温度控制的要求则要高得多。因为在常规的再回流焊炉腔内，温度流失几乎为零。而对于维修而言，一般情况都是将PCB暴露在空气中对单个器件实施高温处理，在这种情况下，温度的流失非常严重，对此，决不能单靠升温来达到温度的补偿。这是因为一方面对于器件而言，过高的温度会损坏器件本身，而另一方面，升温必然造成BGA的受热不均匀引起弯曲变形等负面影响。因此，设定合适的温度曲线是BGA维护的关键。为了达到满意的效果，也就是对不同的PCB上的每一种器件设定一条专用的温度曲线。

任务实施

步骤1：烘烤。经过客户使用过的不良品，此种板卡在空气中裸露时间太长，这样PCB和BGA便会吸收空气中的水分，在拆、装BGA时温度需要达到200℃以上，且时间短，在如此高温下，PCB和BGA所含的水分很难在短时间内挥发出来，加热后容易在PCB和BGA里面形成气泡，造成PCB和BGA起包，最终报废。

经验分享

为了减少 PCB 和 BGA 的损伤，降低维修成本，必须在拆装 BGA 前对板卡进行烘烤，把 PCB 与 BGA 所含水分烘干。烘烤温度一般在 80 ～ 90℃之间，烘烤时间必须在 24h 以上。

步骤2：量点。对BGA不良板卡进行故障确认，根据确认的不良故障来判定BGA是否完好，并对PCB焊盘进行检查，对掉点焊盘进行修复。用万用表确认PCB标点是否正常；按标点跟线到PCB焊盘对应点并检查PCB线路是否导通；按PCB上的焊盘点找出BGA相对应的焊点；用万用表确认BGA上焊点值是否正常。

步骤3：拆BGA芯片。将板卡放在返修台定位支架上进行固定；选择合适的热风嘴并把热风嘴移到被拆芯片正上方，向下移动至离芯片1～2mm的高度，使被拆芯片完全罩在热风嘴里面；选择合适的温度曲线，启动机器进行加热，温度曲线执行结束后把喷嘴提起，然后将芯片拆下，取下板卡平放在工作台上进行冷却。

经验分享

为了防止 BGA 损坏，拆 BGA 时必须要知道此板 BGA 是什么制程（无铅锡的熔点是217℃，有铅锡的熔点是183℃），因为有铅与无铅的操作温度不一样。

步骤4：执锡。把拆卸完芯片的板卡平放在工作台上，取少量的松香膏均匀涂在PCB焊盘上；用烙铁把焊盘上的残留锡拖干净，使焊盘不会有太多的锡渣；用烙铁轻轻地压住吸锡铜线在焊盘上移动，使焊盘上多余的锡完全吸附在吸锡铜线上，达到焊盘平整。用洗板水把焊盘清洗干净并用手触摸感觉焊盘平整即可。

温馨提示

执锡在BGA返修过程中起着关键性的作用，执锡的质量直接影响到BGA焊接的效果，影响到板卡的稳定性。

步骤5：植球。用吸锡线把BGA上的锡点拖平，并清洗干净，在BGA上涂上薄薄一层松香膏；把BGA放在对应规格的钢网上，然后把锡球倒入钢网中，使每一个孔中都有锡球；轻轻地取下钢网，把BGA小心地放到耐高温板上；用风筒加热让锡球和BGA焊盘进行有效焊接。

步骤6：安装BGA芯片。拿出要安装的板卡，在板卡焊盘和BGA上都涂上一层锡膏；把板卡固定到返修台支架上；拉出对位系统进行对位，使芯片上的锡球与焊盘上的焊点完全重合；选择曲线，开始焊接；温度曲线执行结束，把板取下进行冷却。

知识补充

调节适合的温度曲线要注意以下几点：

1）将返修台放置于空气通畅无风无尘工作环境内。

2）返修台放置在不易受到震动及平稳的工作台上。

3）工作时不要用电扇或其他设备对返修台吹风，否则会导致加热异常升温，影响焊接质量。

4）开机后，任何物体不能直接接触高温发热区，否则可能会引起火灾或爆炸，待安装板卡应放在支架上。

5）板卡 PCB 的材质厚薄以及 PCB 的布线，会影响 PCB 的吸热温度，影响温度曲线。

6）PCBA 板的本身工艺（有铅或无铅），BGA 料件锡球大小及成分（有铅或无铅），BGA 本体的大小和锡球排列情况。

7）PCBA 板设计 BGA 的位置及板上离 BGA 近的元器件所吸收热量的多少。

8）BGA 旁边的金属元器件（如铜柱、USB 接口等）都会影响温度曲线。

项目评价 PROJECT EVALUATION

1. 成果展示

小组内选择出1～2组同学，在班级中讲解自己的成功之处，并填写表2-2。

表2-2 成果展示

收获	
体会	
建议	

2. 评分

按自评、小组评、教师评的顺序进行评分，各小组推荐优秀成员，填写表2-3。

表2-3 评分表

项目	考核要求	评分	评分标准	自评	组评	师评
元器件的安装	正确安装元器件	10	每错一个，扣2分			
元器件的焊接	根据焊点的质量	20	一个焊点不标准扣2分			
元器件的拆焊	根据要求完成拆焊	20	少拆一个，扣1分			
电阻测量	档位选择正确，数据记录正确，动作符合规范	15	每错一次扣5分			
电压测量	档位选择正确，数据记录正确，动作符合规范	15	每错一次扣5分			
示波器使用	档位选择正确，数据记录正确，动作符合规范	10	两个通道信号校准各3分，两信号测量各2分			
6S管理	工作台上工具排放整齐、严格遵守安全操作规程	5	工作台上杂乱扣2～5分，违反安全操作规程扣5分			
加分项	团结小组成员，乐于助人，有合作精神，遵守实训制度	5	评分为优秀组长或组员加5分，其他组长或组员评分由教师、组长评分			
总分						
教师点评						

项目总结 PROJECT SUMMARY

1）掌握电路焊接中元器件的安装和拆焊。

2）万用表是一种多功能、多量程的便携式电工电子仪表，一般的万用表可以测量直流电流、交直流电压和电阻，有些万用表还可以测量电容、功率、晶体管直流放大系数等。

3）示波器是电子技术中非常关键的仪器，掌握使用方法将会使学习者的技能提高一个档次。

4）主板芯片组故障由BGA返修台完成更换。

PROJECT 3

PROJECT 3 项目 3

认识主板构架

项目概述

本项目主要讲了台式机主板的架构，在认识架构的过程中，让学生了解主板的构成，便于后续了解各功能电路的工作原理，以及在检修的过程中更加快速地进行故障位置的确定。

项目目标

1）通过对比寻找的方法，认识主板的总体架构。

2）能够根据要求找出对应的卡口插槽，并正确进行安装。

3）在对主板架构认识的基础上完成整机的连接组装。

任务1 认识主板各种插槽

任务描述

主板作为组成计算机的重要部件，它的结构和组成看似复杂，但只要认识主板各种插槽，就可以了解主板部分电路结构特点及工作原理。

任务分析

根据不同类型主板，主板各硬件配置不同，分析不同主板插槽接口，认识主板作为组成计算机的重要部件，并完成主板维修基础技能要求。

知识准备

主板插槽主要包括：CPU插座、内存插槽、显卡插槽、IDE接口、硬盘接口Series-ATA、电源接口、风扇接口、前置音频和USB接口、PCI插槽接口、前置面板接口等。下面来认识主流ATX结构主板的各种插槽及作用。以精英H81H3-M7型主板为例进行讲解，实物图如图3-1所示。

图 3-1　主板各种插槽和插座

任务实施

步骤1：认识CPU插座；H81H3-M7主板采用的Intel公司LGA 1150用于安装CPU的插座。CPU接口类型不同，插孔数、体积、形状都有区别，所以不能互相接插，如图3-2所示。

图 3-2　CPU 插座

步骤2：认识DIMM内存插槽；H81H3-M7主板有两条DDR3 DIMM插槽共有120×2=240个针脚，通常把它叫作240线的内存专用插槽，其工作电压为1.5V，如图3-3所示。

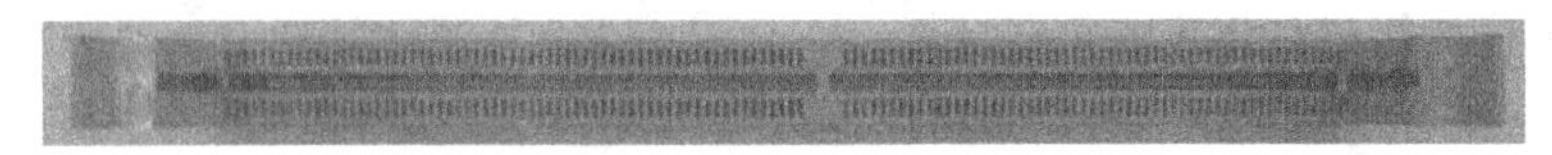

图 3-3　DIMM 内存插槽

温馨提示

内存插槽是主板上用来安装内存的地方。需要注意的是不同类型的内存插槽引脚、电压、性能功能都不尽相同，不同的内存在不同的内存插槽上互相不兼容。

步骤3：认识PCI-E插槽；H81H3-M7主板有两条PCE-E1X插槽，一条PCI-E16X插槽，以满足不同系统设备对数据传输带宽的需求。目前主要用于显卡的接口上。图3-4所示为PCI-E16X插槽。

图 3-4　PCI-E16X 插槽

步骤4：认识SATA插槽；H81H3-M7主板一共有4个SATA接口，该接口采用串行连接方式，一般接硬盘，如图3-5所示。

图 3-5　SATA 插槽

温馨提示

SATA接口是目前硬盘的主流接口，它的传输速度比IDE接口快，可以达到300MBit/s，与IDE接口相比，SATA还有一大优点就是支持热插拔。

步骤5：认识ATX电源插座；H81H3–M7主板供电的接口主要有24针插座，是电源为主板供电的插座，如图3–6a所示。还有一个给CPU单独供电的接口，有4针、6针和8针3种，常用的是4针，如图3–6b所示。

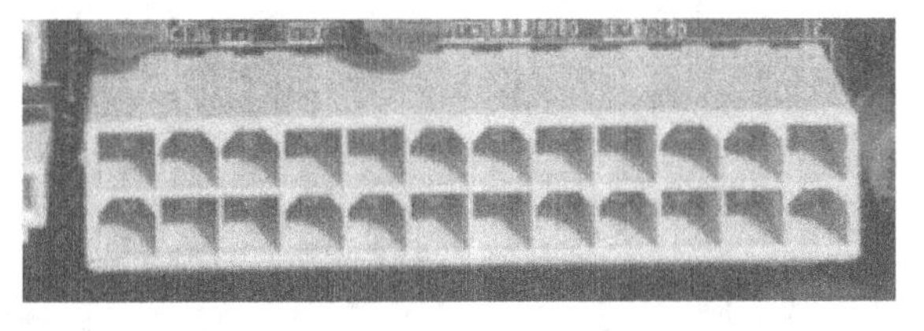

a）

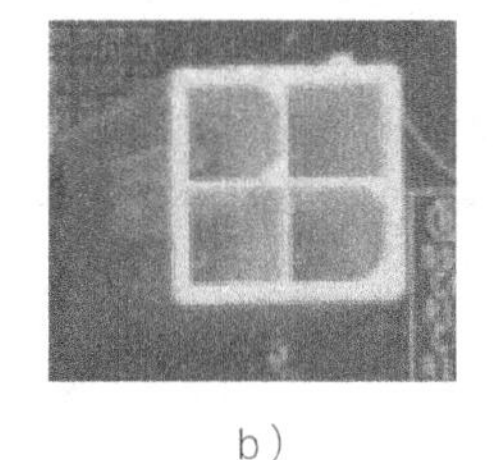

b）

图 3-6 ATX 电源插座

a）24 针插座 b）4 针插座

温馨提示

早期主板，部分ATX电源采用20针插座。

步骤6：认识CPU风扇插座；H81H3–M7主板给CPU风扇供电，当CPU温度超过额定温度，风扇就启动；温度降低，风扇就静止。一般CPU风扇4条线的颜色为黑色：负极（接地线）；红：正极（接正12V）；黄：FG输出（转速输出）；蓝：FWM控制（转速控制线），如图3–7所示。

图 3-7 CPU 风扇插座

温馨提示

计算机主板上还有一种3针的插座，一般标示为SYS_FAN，这一般是给扩展给南桥或者北桥加风扇用的。

知识补充

1）CPU 插座，有 Intel 公司的插座，还有 AMD 公司的 Socket754 插座、Socket939、Socket940 插座，如图 3-8 所示。

图 3-8　AMD 公司的 CPU 插座

2）PCI 插槽。PCI 插槽是基于 PCI 局部总线的扩展插槽。如图 3-9 所示，颜色一般为乳白色。PCI 总线的工作频率为 33 MHz，位宽主要为 32 位和 64 位。PCI 插槽可以插接显卡、声卡、网卡、USB 2.0 卡、IEEE 1394 卡以及其他种类繁多的扩展卡，PCI 插槽是主板的主要扩展插槽，如图 3-9 所示。

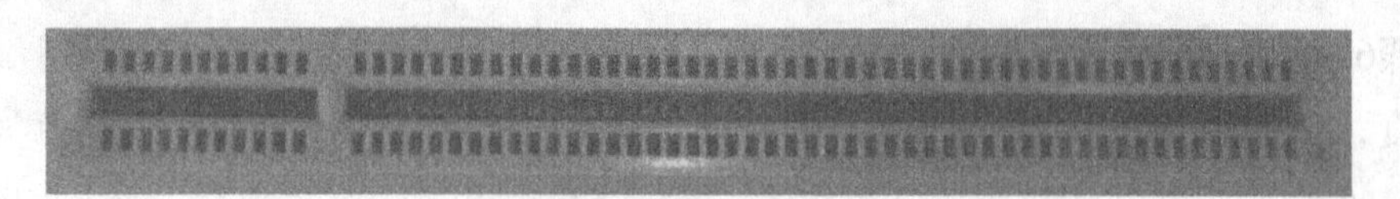

图 3-9　PCI 插槽

3）IDE 插槽。IDE（Integrated Drive Electronics）是电子集成驱动器的简称，本意是指把“硬盘控制器”与“盘体”集成在一起的硬盘驱动器。一般主板上都有两个 IDE 接口，如图 3-10 所示。通常主板中标注 IDE1 和 IDE2，IDE 接口多用于连接 IDE 设备，主要是硬盘和光驱，此接口有 39 根针。IDE 有主从之分，若两个接口分别接一个硬盘，则 IDE1 口上的为主盘，IDE2 口上的为从盘。一般计算机启动都是从主盘启动。若在一个 IDE 口上接两个硬盘，则必须用硬盘跳线设置一个硬盘为主盘，另一个为从盘，这样才能正常工作。IDE 是电子集成驱动器的简称，本意是指把“硬盘控制器”与“盘体”集成在一起的硬盘驱动器。

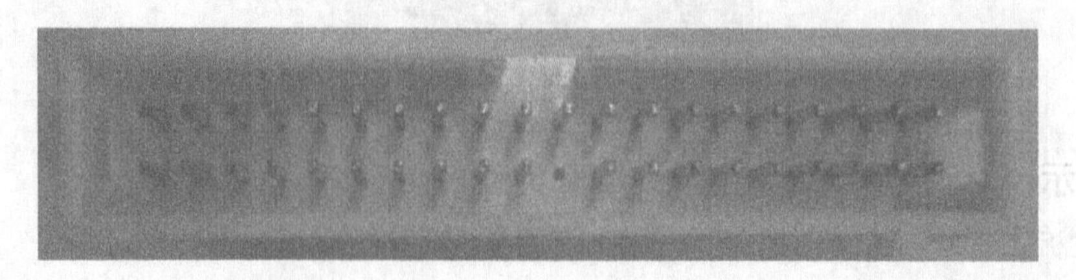

图 3-10　IDE 插槽

任务2 认识主板各种芯片

任务描述

主板作为计算机的重要部件，只要认识主板各种芯片，就可以了解主板部分电路结构特点及工作原理。

任务分析

如果有人问主板上都有什么，大部分人会回答有CPU、内存、散热器、硬盘、主板、显卡、机箱、电源等，但主板是整台计算机的根基，上面的各种小芯片也负责各种功能，不能小看它们。现在来给大家科普一下主板上常见的芯片。

知识准备

1）芯片组是计算机主板的灵魂和核心，如果把CPU比作人的大脑，那么南北桥芯片组就是神经。按照所采用的芯片组数量不同，主板的核心组成部分可以分为单芯片芯片组、标准的南北桥芯片和多芯片芯片组（主要用于高档服务器），H81H3-M7就是单芯片芯片组。

2）BIOS芯片是SPI-ROM-S-64M的基本输入输出系统，其内容集成在主板上的一个ROM（只读存储器）或Flash ROM（闪速存储器）芯片上，存储的是一个编辑好的软件。

3）I/O芯片大都是集成电路，通过CPU输入不同的命令和参数，并控制相关的I/O电路和简单的外设作相应的操作，常见的接口芯片如定时计数器、中断控制器、DMA控制器、并行接口等，负责实现CPU通过系统总线把I/O电路和外围设备联系在一起。

4）电源管理芯片是根据电路中反馈的信息在内部进行调整后，为输出电路供电或提供控制电压。例如，CPU供电电路的电源管理芯片主要负责识别CPU供电的幅值。

5）声卡主要是将数字声音信号进行解码处理；网卡芯片主要通过网络传输数据信息，具有双向传输的功能，可以接收来自网络的数据，也可以通过网络发送数据。

6）串口管理芯片一般位于串口插座或I/O芯片附近。串口接口电路是由I/O芯片通过串口管理芯片对其进行管理的。

任务实施

步骤1：认识南桥芯片。H81H3-M7主板是采用Intel H81南桥芯片。南桥芯片负责I/O总线之间的通信，如PCIE总线、USB、LAN、ATA、SATA、音频控制器、键盘控制器、实时时钟控制器、高级电源管理等，如图3-11所示。

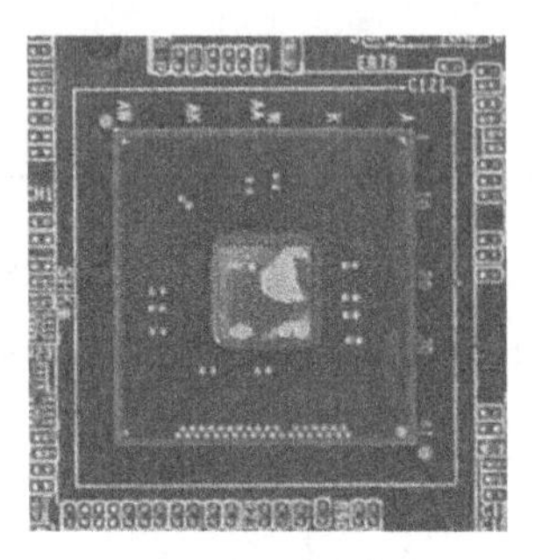

图 3-11　南桥芯片

温馨提示

目前，市场流行主板的南桥芯片有VIA的8235、8237等；Intel有CH4、CH5、CH6、CH8等。而南桥芯片上面一般都覆盖了散热片。

步骤2：认识BIOS芯片。靠近南桥大多数有插座，其内容包括加电自检程序、引导程序和功能设置程序等。

步骤3：认识I/O控制芯片；H81H3-M7主板I/O控制芯片是为用户提供一系列输入输出的接口，如鼠标键盘接口（PS/2）、串口（COM口）、并口（LPT）、软驱（FDD）接口等都统一由I/O芯片控制。I/O芯片的工作电压为5V和3.3V，如图3-13所示。

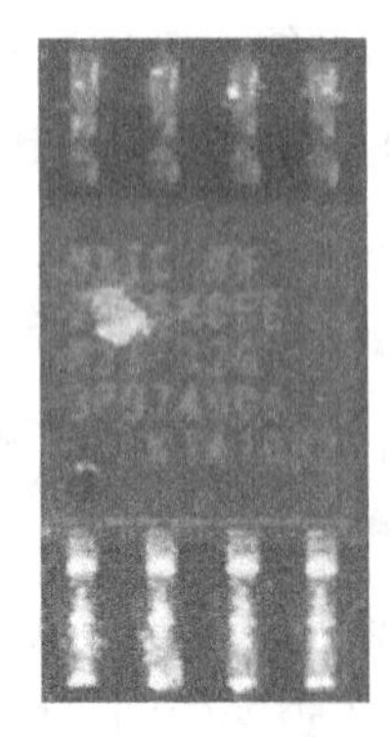

图 3-12　BIOS 芯片

图 3-13　I/O 控制芯片

经验分享

目前，I/O 芯片常见的型号有 W83627、IT8705F、IT8712F、W8378ID。

步骤4：认识网卡芯片。网卡芯片是处理网络数据的芯片。H81H3-M7主板采用的是

RTL8111G-CG网卡芯片，如图3-14所示。

步骤5：认识声卡芯片。H81H3-M7主板的声卡芯片采用ALC662-VD型号芯片，是属于板载声卡芯片。但板载声卡较独立声卡需要有更多的CPU资源协同处理音频数据流，如图3-15所示。

图3-14　网卡芯片

图3-15　声卡芯片

温馨提示

大部分主板都集成声卡，一般位于主板的声卡接口附近。

步骤6：认识电源管理芯片。H81H3-M7主板有CPU和内存供电电源管理芯片。CPU供电电路的电源管理芯片如图3-16所示。

步骤7：认识串口芯片。主板接口一般有一个串行接口，通常为9针D形接头。串口芯片如图3-17所示。

图3-16　电源管理芯片

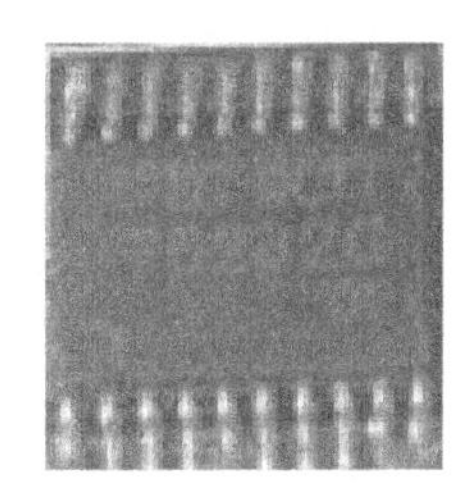
图3-17　串口芯片

知识补充

1）北桥芯片，如图3-18所示。北桥芯片主要负责控制管理高速设备，功耗大，产生的热量也大，所以北桥芯片上大多数都覆盖着散热器用来加强散热。它主要负责联系CPU和控制内存，提供对CPU类型，主频，内存类型及容量，PCI，AGP插槽等硬件设备的支持。北桥芯片又名图形和内存控制中心，属高速设备，部分集成显示芯片，实现动态缓存管理。

图3-18　北桥芯片

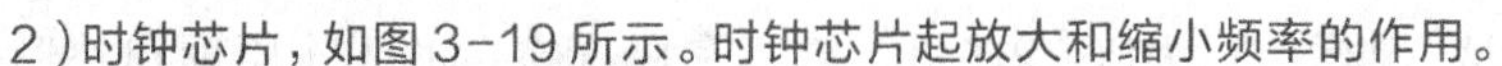
2）时钟芯片，如图3-19所示。时钟芯片起放大和缩小频率的作用。

它的内部有一个振荡器和多个分频器，通过分频器和晶振产生的14.318MHz频率脉冲信号放大和缩小成不同大小的时钟频率，提供给CPU芯片组和各级总线（CPU总线、AGP总线、PCI总线、LPC总线等）及主板的各个接口电路等部件。

图3-19　时钟芯片

任务3　认识主板各种接口

任务描述

主板作为组成计算机的重要部件，本任务要认识主板各种接口，了解主板部分电路结构特点及工作原理。

任务分析

主板作为计算机的主体部分，提供多种接口与各部件进行连接工作。随着科技的不断发展，主板上的各种接口与规范也在不断升级、不断更新换代。面对主板上如此多的接口，你都知道它们的用途吗？本任务将学习主板中的众多接口。区别出主板各种接口及作用。主板各接口实物图，如图3-20所示。

图3-20　精英主板H81H3-M7接口实物图

知识准备

计算机主板（简称主板）上的接口电路，就是指连接键盘/鼠标接口、USB接口、串口、并口（打印口）、IDE硬盘接口、VGA接口等的电路。

1）主板上常见的键盘/鼠标接口为PS/2接口，键盘和鼠标接口的工作原理和外形是一样的。

2）DVI是基于TMDS（Transition Minimized Differential Signaling），转换最小差分信号技术来传输数字信号，TMDS运用先进的编码算法把8位数据（R、G、B中的每路基色信号）通过最小转换编码为10位数据（包含行场同步信息、时钟信息、数据DE、纠错等），经过DC平衡后，采用差分信号传输数据，它和LVDS、TTL相比有较好的电磁兼容性能，可以用低成本的专用电缆实现长距离、高质量的数字信号传输。DVI是一种国际开放的接口标准，在PC、DVD、高清晰电视（HDTV）、高清晰投影仪等设备上有广泛的应用。

3）HDMI是一种数字化视频/音频接口技术，是适合影像传输的专用型数字化接口，其可同时传送音频和影像信号，最高数据传输速度为18Gbit/s（2.0版）。同时无需在信号传送前进行数—模或者模—数转换

4）串口是主板主要的外部接口，主板一般都集成两个串口，供用户使用。串口又称为COM口，一般主板上有1～2个COM口。

5）并口是主板上的一个重要接口，一般用来连接打印机等外接设备，因此这个接口又被称为打印口（LPT），供用户外接打印机设备使用。

6）USB接口的正式名称是Universal Serial Bus，即通用串行总线，它是一个扁平的长方形接口，其优点在于支持热插拔（不用关闭、重启系统就能添加配置设备）和即插即用，而且传输速率快，理论上可以支持127个USB设备同时工作。现在可使用USB接口的外设多种多样，包括鼠标、键盘、Modem、活动硬盘、扫描仪、打印机等。

7）声卡接口是多媒体技术中最基本的组成部分，是实现声波/数字信号相互转换的一种硬件。声卡的基本功能是把来自话筒、磁带、光盘的原始声音信号加以转换，输出到耳机、扬声器、扩音机、录音机等声响设备，或通过音乐设备数字接口（MIDI）使乐器发出美妙的声音。

8）网络接口是指网络设备的各种接口，目前正在使用的网络接口都为以太网接口。

任务实施

步骤1：认识键盘、鼠标接口。键盘（蓝色）、鼠标（绿色）接口是一种6针的圆形接口，用于产生同步时钟信号和读写数据，如图3-21所示。

步骤2：认识串口，如图3-22所示。

图3-21 键盘、鼠标接口

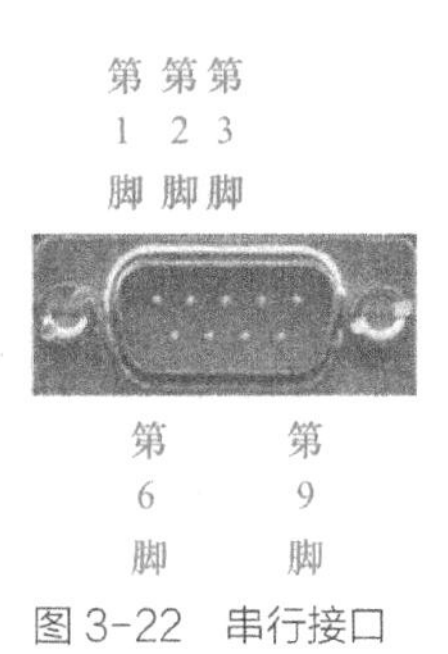

图3-22 串行接口

步骤3：认识并行接口，如图3−23所示。

步骤4：认识USB接口，通常USB接口使用4针脚的插头作为标准插头，如图3−24所示。

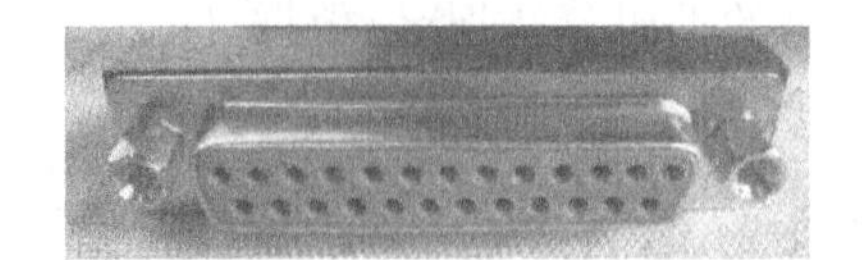

图 3−23　并行接口

图 3−24　USB 接口

步骤5：认识VGA接口，VGA接口是显卡上输出模拟信号的接口，VGA显卡应用最为广泛。VGA接口是D形接口，共有15个引脚，分成3排，每排5个引脚，如图3−25所示。

步骤6：认识DVI接口，如图3−26所示。

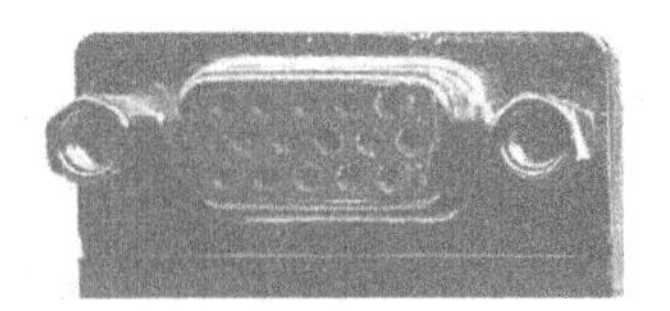

图 3−25　VGA 接口

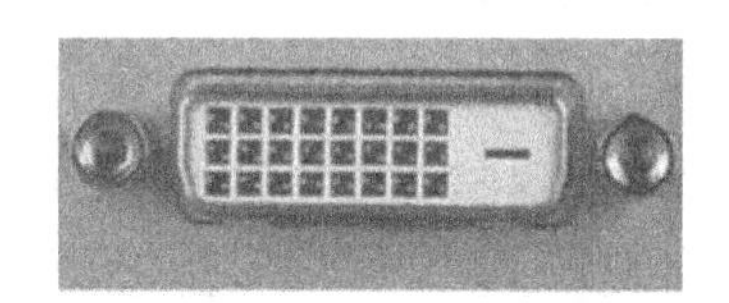

图 3−26　DVI 接口

步骤7：认识HDMI接口，如图3−27所示。

步骤8：认识网络接口，如图3−28所示。

步骤9：认识声卡接口，如图3−29所示。

图 3−27　HDMI 接口

图 3−28　网络接口

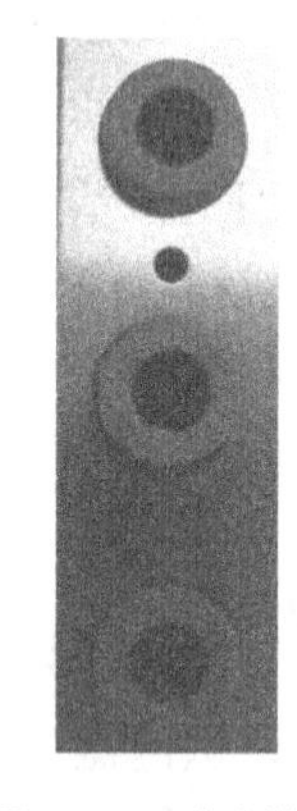

图 3−29　声卡接口

知识补充

1）光纤接口，如图 3−30 所示。光纤接口是用来连接光纤线缆的物理接口。其利用了光从光密介质进入光疏介质会发生全反射的原理。通常有 SC、ST、FC 等几种类型，它们由日本 NTT 公司开发。FC 是 Ferrule Connector 的缩写，其外部加强方式是采用金属套，紧固方式为螺纹连接。ST 接口通常用于 10Base−F，SC 接口通常用于 100Base−FX。

图 3−30　光纤接口

2）美国电气和电子工程师学会（IEEE）制定了IEEE 1394标准。1394接口，如图3-31所示。它是一个串行接口，但它能像并联SCSI接口一样提供同样的服务，而其成本低廉。它的特点是传输速度快，适合传送数字图像信号。

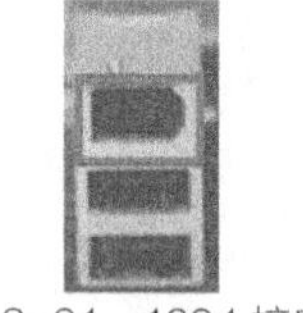

图3-31　1394接口

项目评价 PROJECT EVALUATION

1. 成果展示

小组内选择出1～2组同学，在班级中讲解自己的成功之处，并填写表3-1。

表3-1　成果展示

收获	
体会	
建议	

2. 评分

按自评、小组评、教师评的顺序进行评分，各小组推荐优秀成员，填写表3-2。

表3-2　评分表

项目	考核要求	评分	评分标准	自评	组评	师评
正确认识接口	按要求识别不同接口	30	错一个，扣2分			
正确认识插槽	按要求识别不同插槽	30	错一个，扣2分			
正确认识IC	按要求识别不同IC	30	错一个，扣2分			
6S管理	工作台上工具排放整齐、严格遵守安全操作规程	5	工作台上杂乱扣2～5分，违反安全操作规程扣5分			
加分项	团结小组成员，乐于助人，有合作精神，遵守实训制度	5	评分为优秀组长或组员加5分，其他组长或组员的评分分别由教师和组长评定			
总分						
教师点评						

项目总结 PROJECT SUMMARY

1）主板上的接口主要有键盘鼠标接口、USB接口、串行接口、并行接口、IDE接口、VGA接口等。

2）主板上的插槽主要有CPU插槽、内存插槽、PCI插槽、PCI-E插槽、风扇插槽、电源插槽、SATA插槽等。

3）主板上的IC芯片主要有I/O控制芯片、声卡芯片、网卡芯片、南桥芯片、BIOS芯片、串口芯片等。

PROJECT 4

PROJECT 4 项目 4

认识主板电路

项目概述

本项目主要讲台式机主板的电路维修基础知识，在认识电路的过程中，让学生了解主板电路的重要概念，电路板对应的原理图和电路板中的英语标识，以及在检修的过程中打好扎实基础。

项目目标

1）通过实际电路分析，认识主板电路的基础知识。

2）通过实际电路实物对比，认识主板电路板和元件位置。

3）对主板英文缩写解析，认识主板各种英文标识。

任务1 掌握主板电路的基础知识

任务描述

学习好电路的相关知识在电路维修中是非常重要的。本任务主要学习电子电路中的基础知识。

任务分析

在芯片级检测维修过程中，了解主板各单元组成电路，掌握各组成电路中的基础知识是非常重要的。

知识准备

电子基础中的概念如电路、电流、电压、电源、反馈等，是芯片级维修前重要的准备知识。

电路：电路指电流流过的路，或者说是各种电路元件互相连接而构成的回路。

电流：电荷有规律的定向移动称为电流。电流的单位有安（A）、毫安(mA)、微安（μA）。

电压：电压是指电场中两点之间的电位之差。电压的单位有伏（V）、毫伏（mV）、微伏（μV）。

电源：电源是把其他形式的能转换成电能的装置。

反馈：反馈是指从放大器的输出端取出一部分电压或者电流信号，通过一定的电路送回到输入端。使放大器倍数增大的叫正反馈，使放大器倍数减小的叫负反馈。

旁路：电路中，与某元器件或某电路相并联，其中某一脚接地。

周期：交流电完成一次完整的变化所需要的时间叫做周期。

频率：交流电在1s内完成周期性变化的次数叫频率。如100MHz就是每秒振荡100万次。

脉冲信号：瞬间突然变化且作用时间极短的电压或电流称为脉冲信号。

短路：电路中不该接通的两点之间通了，称为这两点之间的短路状态。

开路：电路中不该断开的两点之间断开了，称之为这两点之间的开路状态。

模拟信号：模拟信号指信号的电压或电流随时间连续变化的信号。

数字信号：数字信号指信号的电压或电流在时间和数值上都是不连续的、离散的。

任务实施

步骤1：认识电路，如图4−1所示。

步骤2：认识电流，如图4−1中的I_F。

步骤3：认识电压，如图4−1中的V1所示。

步骤4：认识电源，如图4−2中的BT所示。

步骤5：认识反馈电阻。图4−3中的R2是反馈电阻。

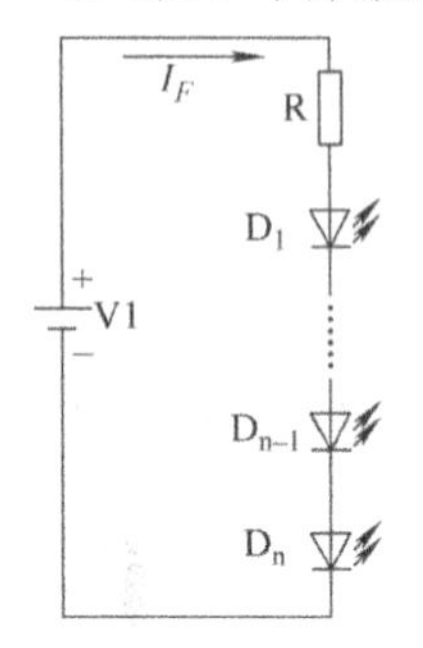

图 4-1　电路、电流、电压

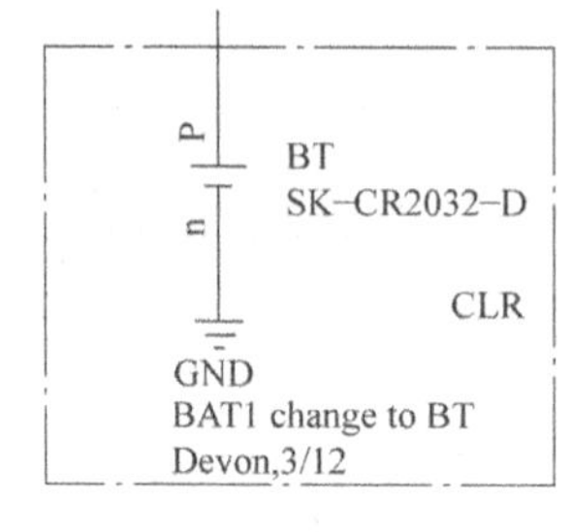

图 4-2　电源

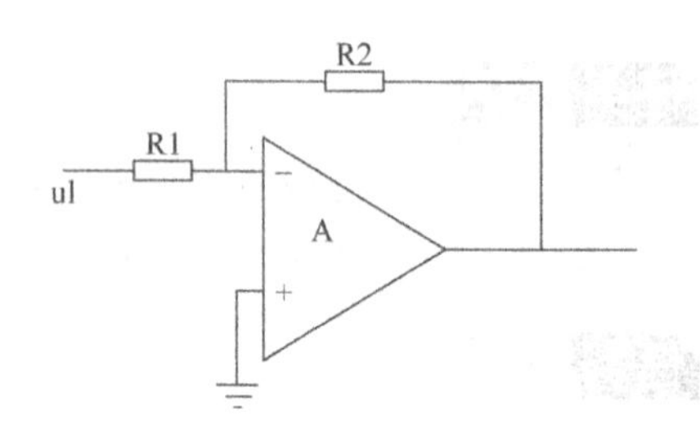

图 4-3　反馈电阻

温馨提示

打开主机箱，主板上南桥附近，有一个背面有加号，直径在2cm左右的银白色圆片纽扣电池。

步骤6：认识旁路，如图4−4中的C28所示。

步骤7：认识周期，周期的单位是秒（s）、毫秒（ms）、微秒（μs），如图4−5所示。

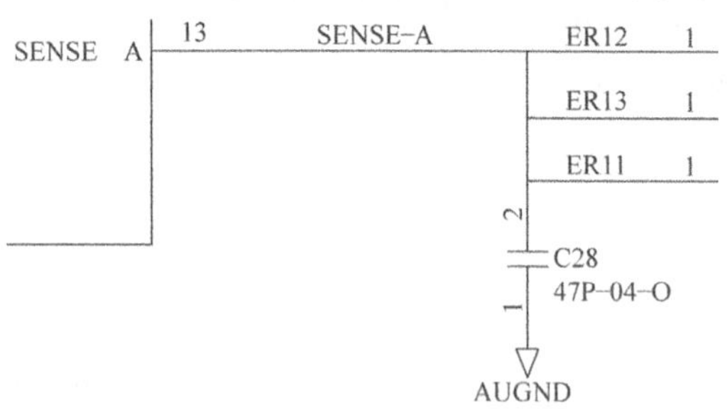

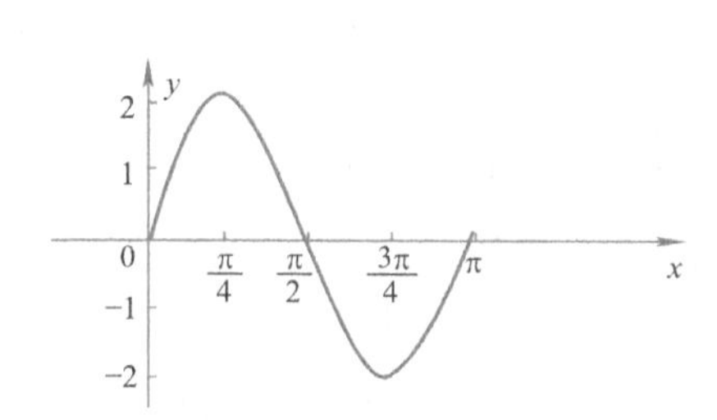

图 4-4　旁路

图 4-5　周期

步骤8：认识频率，频率的单位是赫（Hz）、千赫（kHz）、兆赫（MHz），如图4−6所示。

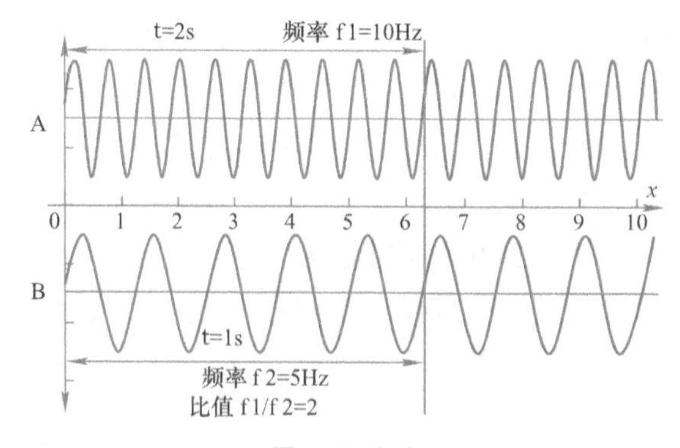

图 4-6　频率

步骤9：认识脉冲信号，如图4−7所示。

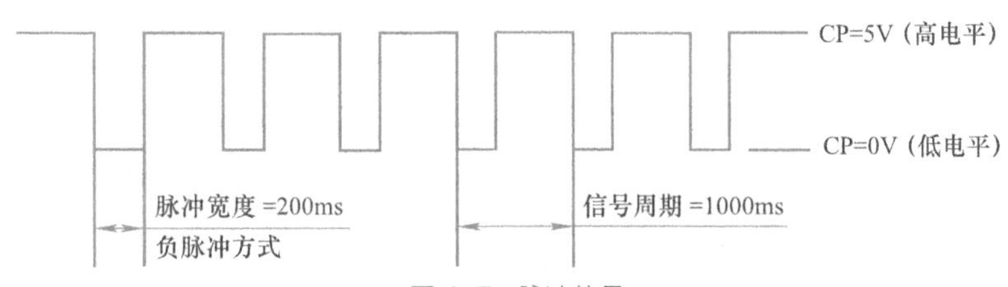

图 4-7　脉冲信号

步骤10：认识短路，如图4-8所示。

步骤11：认识开路，如图4-9所示。

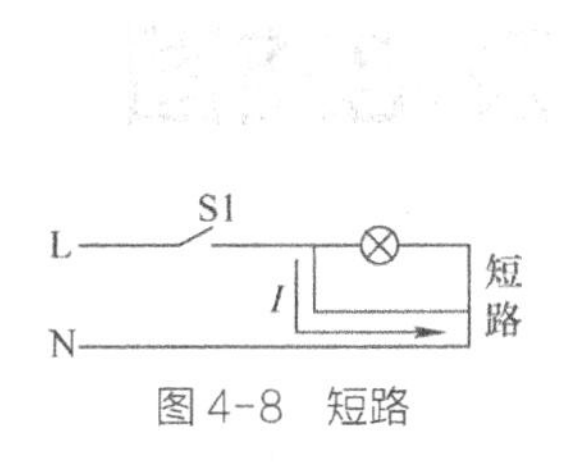

图 4-8　短路

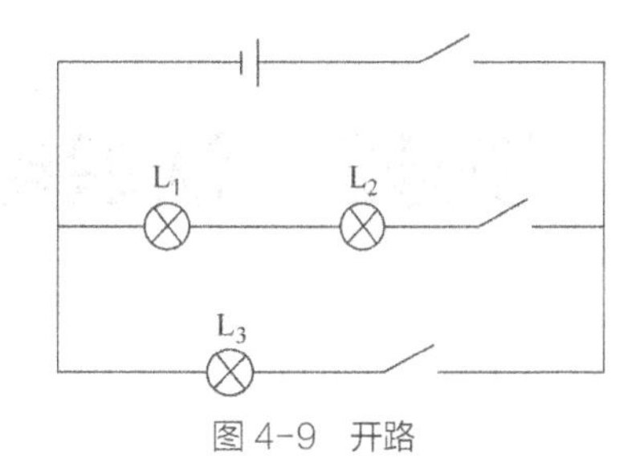

图 4-9　开路

步骤12：认识模拟信号，如图4-10所示。

步骤13：认识数字信号，如图4-11所示。

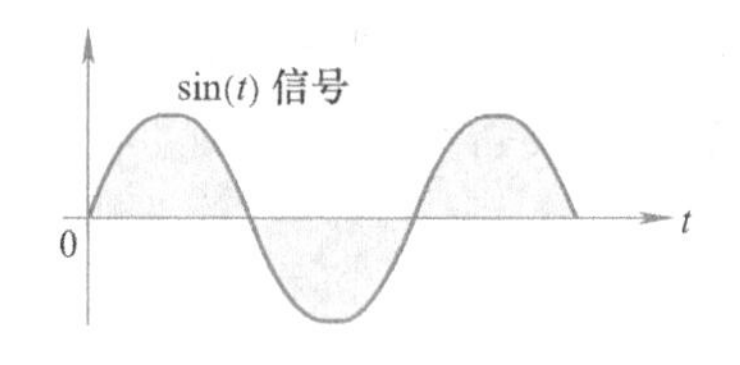

图 4-10　模拟信号

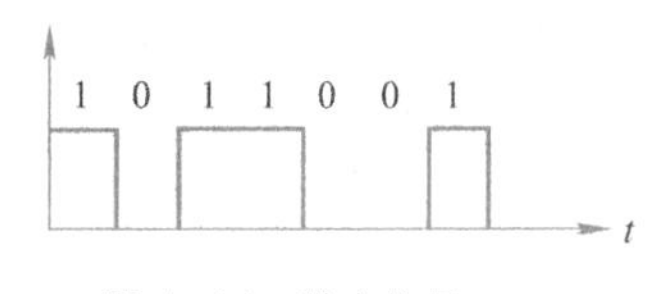

图 4-11　数字信号

知识补充

1）接触不良状态：电路的某一个点不能可靠地接触上，一会儿能接上，一会儿不能接上，称之为接触不良状态。

2）锁相环：将输入信号与基准信号的相位进行比较，以检出的相差为根据对输出进行修正，使其频率与基准信号同步的电路（PLL）。

3）平台：有一定的外形（规格），如 ATX 平台：宽：12in，长：9.6in。

4）信号幅度：指信号的大小，包括电流的大小，电压的大小和功率的大小。

5）信号相位：某瞬间信号大小变化的方向。有波形、矢量、“↑”“↓”和“+”“-”4种表示法。

6）位元：电流信号传输线，计算机里的任何工作，都可以简化为电流的信号活动。电流信号就像灯泡的开关一样，只有“开”和“关”两种状态，在数学上则用“1”和“0”表示，这就是位元这个名字的来源。一个位元代表一种“1”或“0”状态。电流信号在各种元件中传来传去这就是计算机的工作，因此计算机中的元件都跟位元有关。

7）退耦：消除或减轻两个电路间在某方面相互影响的方法。

8）耦合：将两个或两个以上的电路连接起来并使之相互影响的方法。

9）谐振：与电感并联或串联后，其振荡频率与输入频率同时产生的现象。电感和电容组成的回路，在外加交流电源的作用下，就会激起振荡。每一个振荡回路都有自己的固有频率。当外加交流电源的频率等于回路的固有频率的时候，振荡的幅度（电压或电流）达到最大值，这个情况叫作谐振。串联谐振叫电压谐振，并联谐振叫电流谐振。

10）限幅电路：就是限制电路中的某一点的信号幅度大小，在信号幅度大到一定程度时，不让信号的幅度再增大，当信号的幅度没有达到限幅的幅度时，限幅电路不工作，具有这种功能的电路称为限幅电路。

11）隔离电路：就是将电路中两点隔开的电路。可以是由电阻构成，也可以是由二极管构成。

任务2　认识电路板及电路图

任务描述

计算机主板电路图是主板内部各种元器件和电子线路走向的真实反映，通过它可以了解电子元器件与电路图形符号的对应关系，了解每个元器件在主板电路中所起的作用，甚至每个元器件的型号和生产厂家。看懂电路图是电子设备维修的基础，是电子设备维修的关键。本任务就来学习电路图的相关知识。

任务分析

在芯片级维修过程中，经常要接触到主板电子电路原理图、方框图、装配图和印板图。芯片级维修前，要掌握主板各电气图知识。

知识准备

1）原理图就是用来体现电子电路工作原理的一种电路图。由于它直接体现了电子电路的工作原理，所以一般用在设计、分析电路中。分析电路时，通过识别图样上所画的各种电子元器件符号以及它们之间的连接方式，就可以了解电路的实际工作情况。

2）方框图是一种用方框来表示电路工作原理和构成概况的电路图。它和原理图的主要区别是，原理图绘制了电路的全部元器件及连接方式，而方框图只是简单的电路按照功能划分为几个部分，将每个部分描绘成一个方框，在方框中加上简单的文字说明，用连线或箭头来说明各个方框之间的关系。所以方框图只能用来体现电路的大致工作原理。

3）装配图是为了进行电路装配而采用的一种图样。图上的符号是电路元件的实物的外形图。这种电路图一般是供初学者使用的。

4）印板图全名叫“印刷电路板图”，它和装配图其实属于同一类的电路图，都是供装配实际电路使用的。印刷电路板图是在一块绝缘板上先覆上一层金属箔，再将电路不需要的金属箔腐蚀掉，剩下的部分金属箔作为电路元器件之间的连接线，然后将电路中的元器件安装在这块绝缘板上，利用板上剩余的金属箔作为元器件之间导电的连线，完成电路的连接。

任务实施

步骤1：认识原理图，如图4-12所示。

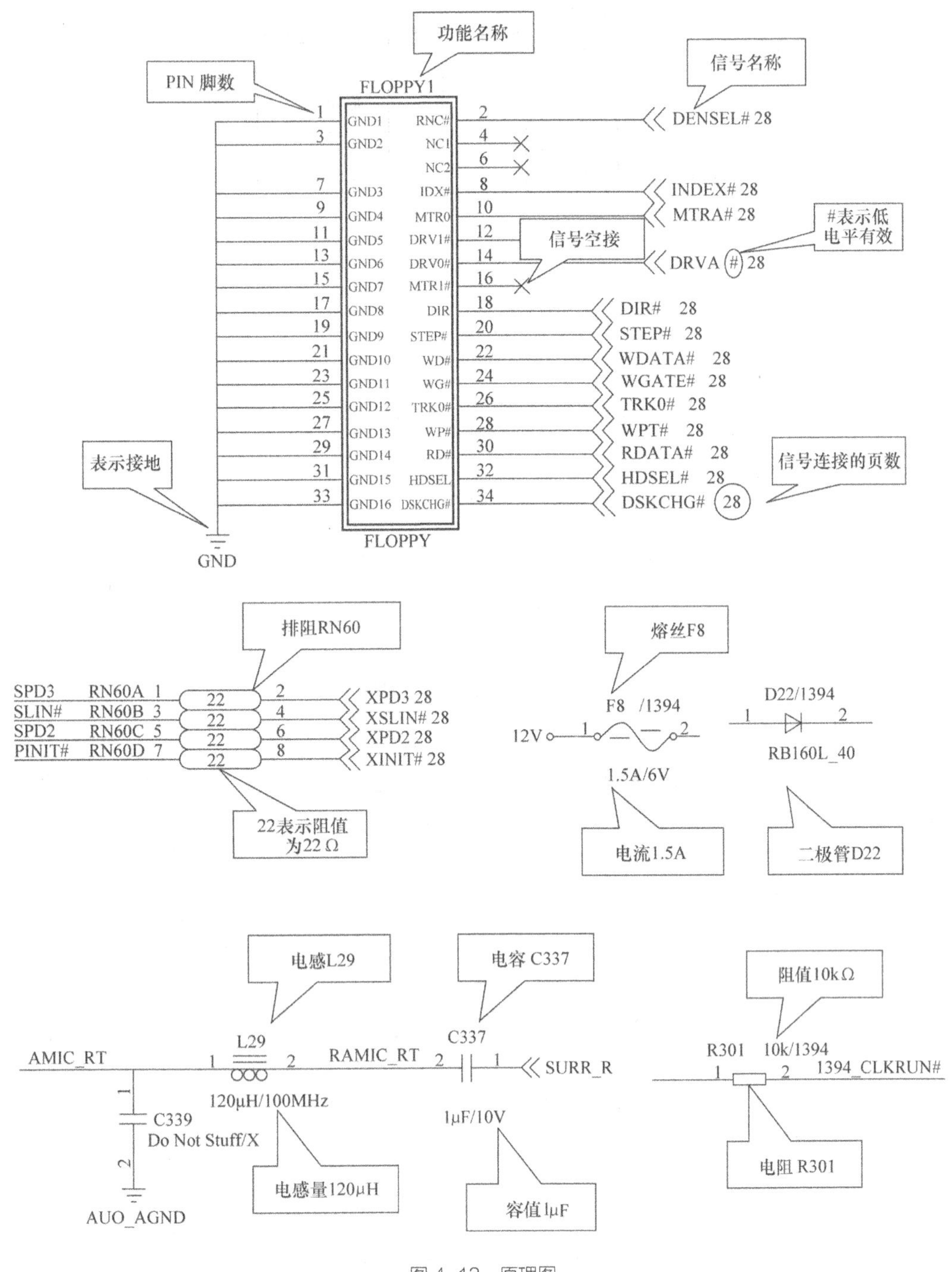

图 4-12 原理图

步骤2：认识方框图，如图4-13～图4-15所示。

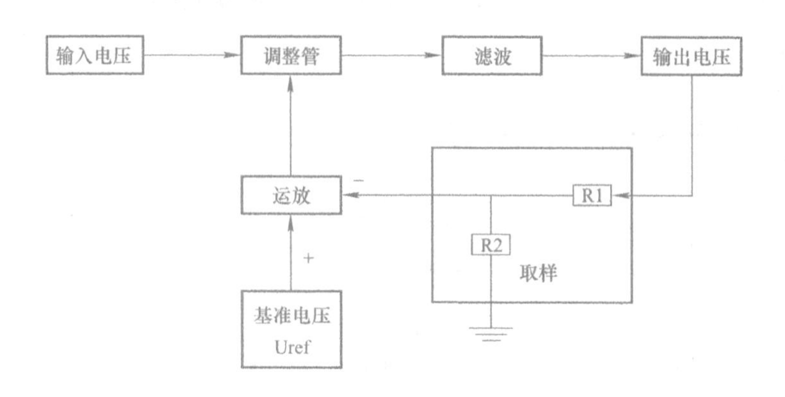

图 4-13　功能电路方框图

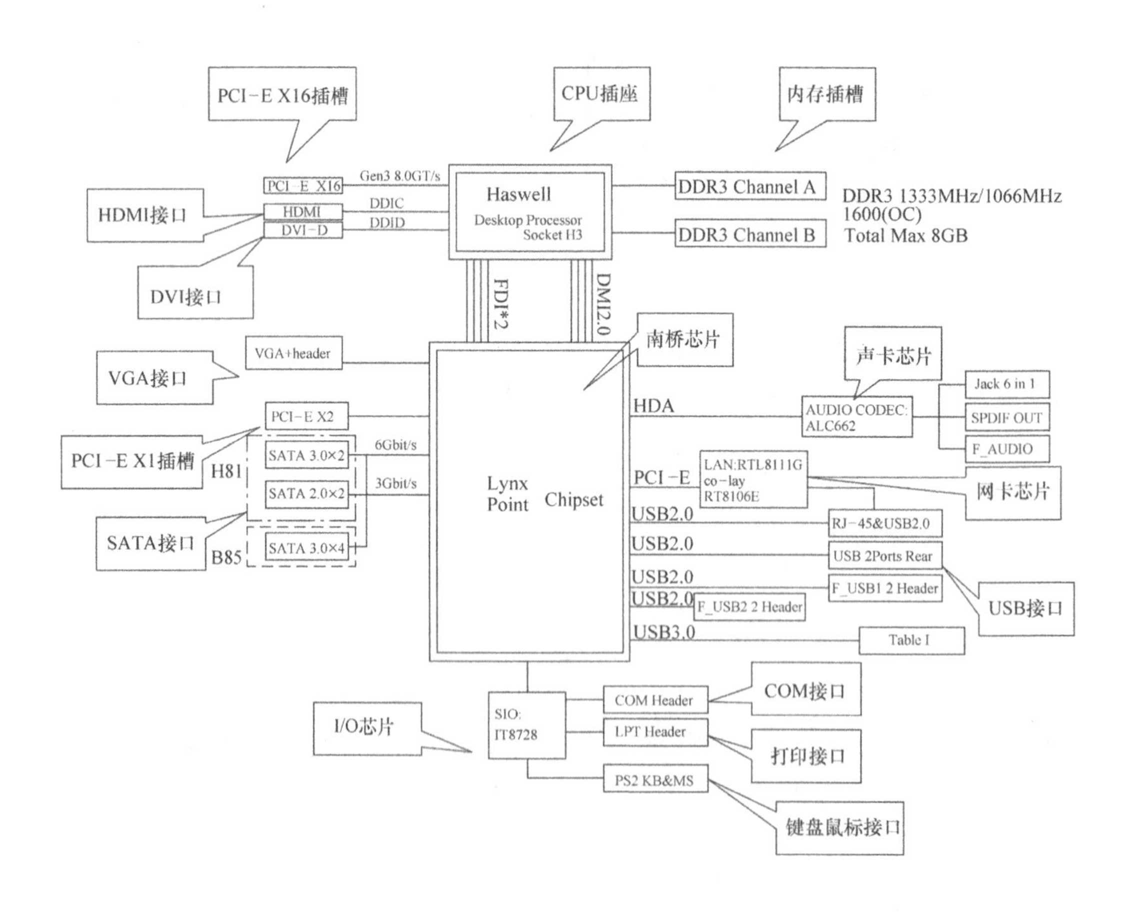

图 4-14　主板电路图封面方框图说明

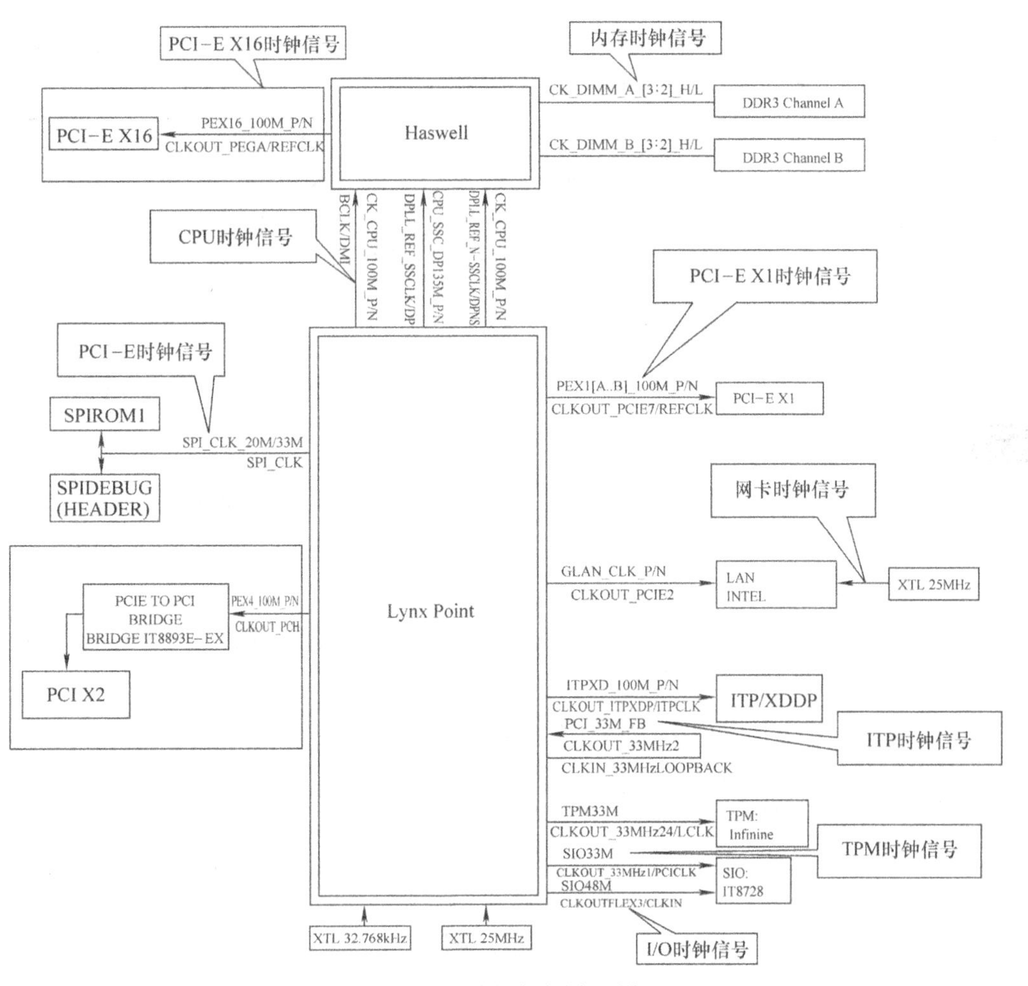

图 4-15　主板电路方框图说明

步骤3：认识装配图，如图4-16所示。

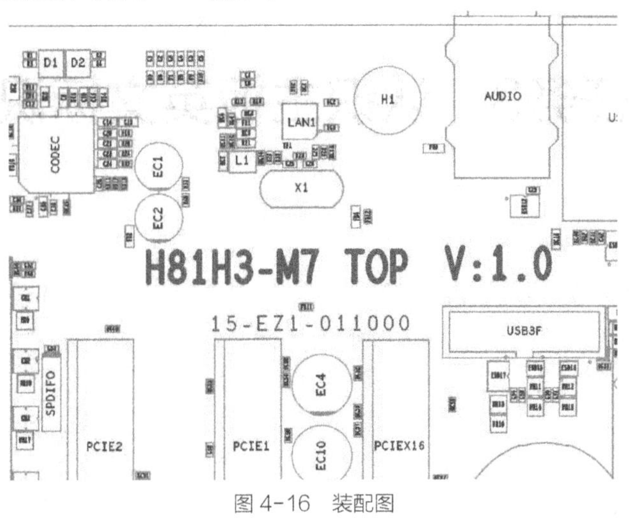

图 4-16　装配图

步骤4：认识印板图，如图4-17和图4-18所示。

图 4-17　印制电路板的正面图

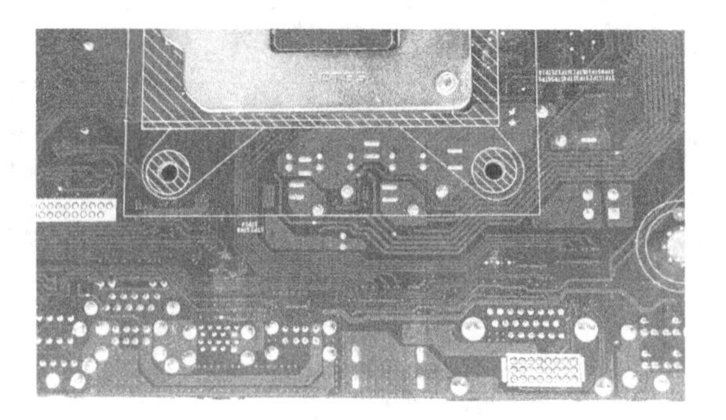

图 4-18　主板印制电路板的背面图

任务拓展

1）浏览全图，了解各部分电路的结构，区分自己熟悉与不熟悉的电路。注意：首先要理解以集成电路芯片为中心的单元功能电路，其次了解信号在各单元电路之间的传输流程，找出信号通道。

2）分清各部分电路的组成，遵循16字识图原则：分离头尾，割整为块，找出电源，各个突破。

① 割整为块：将整个电路分割成若干功能部件或部分，再逐个分析，了解各部分功能。

② 找出电源：找出直流供电电源。

③ 分离头尾：找出输入电路和输出电路。

④ 各个突破：指对已经分割为各个功能块的电路，逐个进行仔细分析，找出各个功能电路的信号情况、工作过程及其所实现的功能。

3）分析局部电路：分清部分电路的组成，如果还想对某一部分进行重点分析，则首先应把这部分电路从整个电路中分离出来，然后根据它们包含的集成电路芯片等分析它的逻辑功能，再根据所分析电路的功能及与之相连的前后级电路的功能，来判断它在整个电路中起的作用，最后再把各单元电路合并起来，找出整个数字电路或系统的逻辑功能。

任务3　认识主板英文标识

任务描述

标识在电路图中有着非常重要的作用，电路图中所有的文字都可以归入标识一类，用来说明元器件的型号、名称等。本任务主要学习主板中一些常见的接口、插槽的英文标识。

任务分析

为了让维修人员直观认识标识的名称及作用，主流主板通常采用缩写的方式进行标注并于主板上标示出来。

知识准备

下面以精英H81H3-M7主板的英语标识为例，认识主板上的英语标识。如图4-19所示。

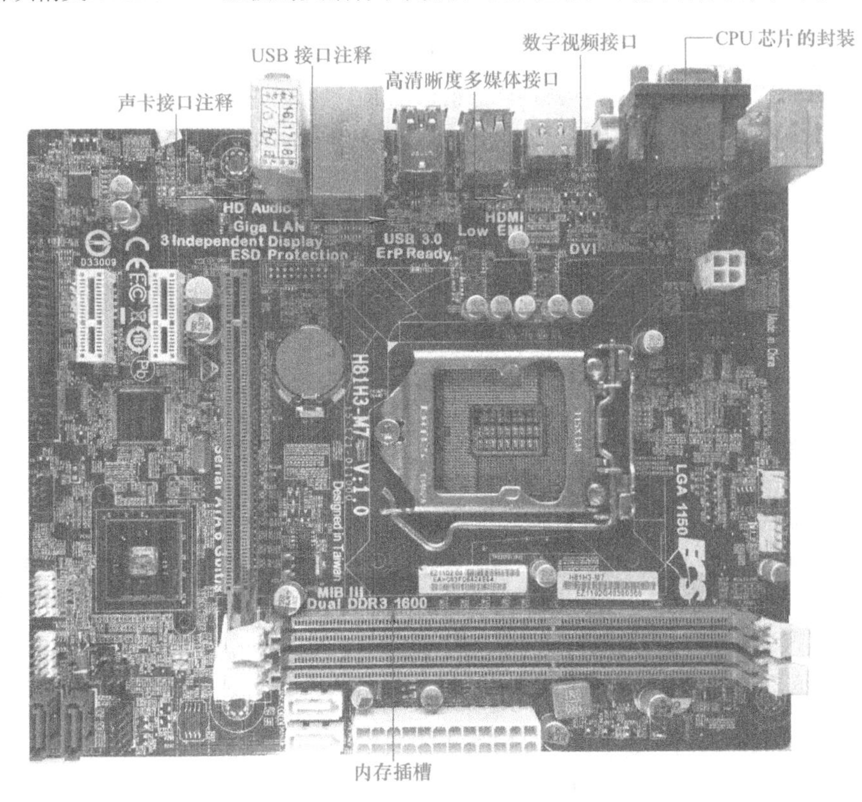

图 4-19　主板标识

任务实施

步骤1：认识CPU插座的标识。LGA 1150是LGA（Land Grid Array，触点阵列）封装（芯片的封装方式），如图4-19所示。

步骤2：认识内存插槽的标识。DDR（Double Data Rate，双倍速率）同步动态随机存储器英文缩写为DDR SDRAM，人们习惯称为DDR，如图4-19所示。

步骤3：认识电源接口标识。Advanced Technology Extended（简称ATX），译为ATX结构或者ATX主板标准接口。实物图与原理图如图4-19所示。

步骤4：认识前置面板接口标识。F_PANEL全称Front Panel表示前置面板接口；PWR全称POWER表示电源开关；RST全称reset表示复位；HDD LED全称Hard Disk Drive LED表示硬盘指示灯；MSGLED全称Message Waiting LED表示电源灯。实物图与原理图如图4-20所示。

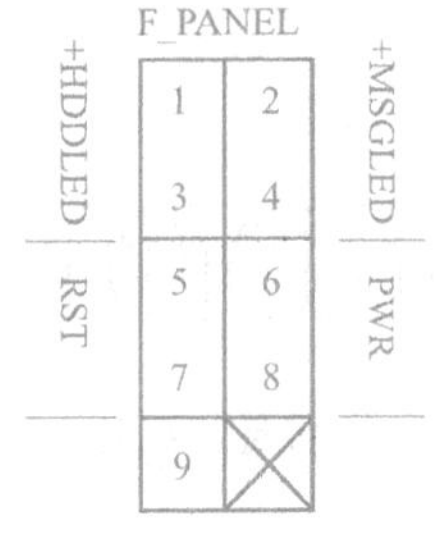

图 4-20　前置面板接口注释

知识补充

通用主板上的英文标识：

1）VCC GND：晶体管型数字集成电路的供电端。

2）VDD VSS：场效应管型数字集成电路的供电端。

3）PWROK：电源准备 OK 信号（电源好信号）说明是主机板电源的标志。

4）ATXPG：ATX 电源 OK 信号，说明 ATX 电源工作正常的标志。

5）VTTPWRGD：供电的 OK 信号。

6）VRMGD：VCORE 电压的电源 OK 信号。

7）RTCRST：实时时钟复位信号，用来保存数据。

8）RSMRST：重置复位信号，南桥上电的必须条件。

9）PLTRST：南桥芯片发出的先于 PCIRST 的复位信号。

10）PCIRST：给 PCI 设备提供的复位信号。

11）CPURST：CPU 工作的复位信号（初始化）。

12）DMA：Direct Memory Access，直接内存存取，是计算机的重要特色，它允许不同速度的硬件装置之间通信，而不需要依赖于 CPU 的大量中断负载。

13）SLP-S3：休眠信号。

14）SLP-S4：休眠信号（有时用 SUSC# SUSB# 代替）。

15）PWRBTN#：开机信号。

16）PSON#：电源启动信号（低电平的开机信号）。

17）DUAL：双电源。

18）RAM：可读可写存储器，存储资料掉电易消失。

19）BIOS：Basic Input Output System，基本输入输出系统的英文缩写。

20）CMOS：互补金属氧化物半导体存储器，属于硬件。

21）VCORE：CPU 的核心电压。

22）VID：自动识别电压。

23）EN：控制信号。

24）REF：基准电压。

25）FB：反馈电压。

项目评价 PROJECT EVALUATION

1. 成果展示

小组内选择出1−2组同学，在班级中讲解自己的成功之处，并填写表4−1。

表 4-1 成果展示

收获	
体会	
建议	

2. 评分

按自评、小组评、教师评的顺序进行评分，各小组推荐优秀成员，填写表4-2。

表 4-2 评分表

项目	考核要求	评分	评分标准	自评	组评	师评
认识电路知识、概念	按要求回答电路知识、概念	30	错一个，扣5分			
认识主板上的标识	按要求回答接口、插槽等标识	30	错一个，扣5分			
认识电路图相关知识	按要求回答出电路图类型	20	错一个，扣5分			
6S管理	工作台上工具排放整齐、严格遵守安全操作规程	15	工作台上杂乱扣2～15分，违反安全操作规程扣15分			
加分项	团结小组成员，乐于助人，有合作精神，遵守实训制度	5	评分为优秀组长或组员加5分，其他组长或组员的评分分别由教师和组长评定			
总分						
教师点评						

项目总结 PROJECT SUMMARY

1）在电子技术中有几个概念是非常重要的，如电路、电流、电压、电源、反馈等。

2）在电子设备维修中常遇到的电子电路图主要分为原理图、方框图、装配图和印板图。

3）主流台式机主板通常采用缩写的方式进行标注并于主板上标示出来。

PROJECT 5

PROJECT 5 项目5

主板开机电路分析及故障检修

项目概述

本项目主要讲了台式机模拟开机功能板电路和台式机主板开机电路检测维修流程，在开机功能板和台式机主板开机电路故障检测与排除过程中，让学生学会分析电路，了解各功能电路的工作原理，记录检测过程，确定故障点，排除故障。故障排除后要填写好维修工单，进行总结，积累维修经验。

项目目标

1）通过标识方法，认识主板开机模拟电路。

2）使用适当的工具，测量开机功能板检测流程，并正确找到故障位置。

3）能够遵循故障检测原则，对计算机主板开机电路进行故障检测，并准确记录检测结果。

任务1 主板开机功能板电路故障检修

任务描述

本任务使用维修工具检测维修台式计算机主板开机功能板电路，根据电路原理进行分析，对开机电路常见的故障准确判断故障位置并进行检测维修，完成后撰写故障报告。

任务分析

主板开机功能板是根据G41类型主板模拟出来的。在维修前，应学习了解功能板的电路结构，比如，接连ATX电源的开机控制晶体管、二极管、开机实时晶振、谐振电容、南桥芯片、I/O芯片、门电路芯片等。并按照电路图正确地使用检测工具进行检测与维修。

知识准备

1．主板开机功能板的结构

主板开机功能板是依据G41类型主板模拟出来开机电路，具有一定的代表性。主板开机功能板主要由ATX电源插座、南桥芯片、I/O芯片、CMOS跳线、开机复位按键连接插座、实时晶振、CMOS电池等元件组成，如图5-1所示。

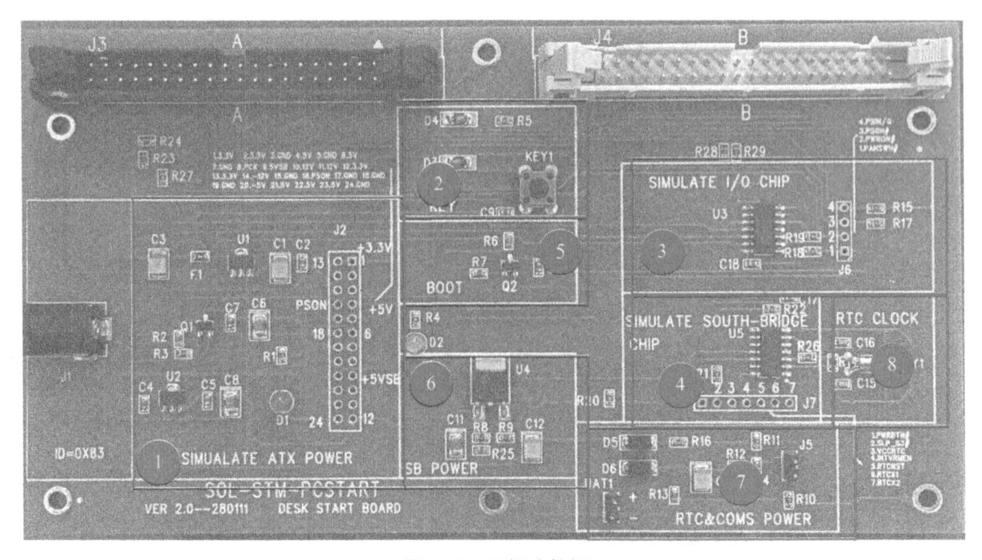

图5-1 开机功能板

2. 主板开机部分电路作用

1）ATX电源区域是将适配器输入的10V电压转换电路所需要的3.3V、+5V、5VSB电压，如图5−1中1所示。而实际主板ATX电源接口电路主要输出±5V、±12V、3.3V等工作电压。

2）KEY区域是开机键触发I/O（MC74HC74A）的PANSW引脚产生开机信号，如图5−1中2所示。

3）SIMULATE I/O CHIP区域是I/O（MC74HC74A）芯片发出主电源开机信号（PWRON）到南桥（CD4011B）区域，模拟开机触发信号，如图5−1中3所示。

4）SIMULATE SOUTH−BROGE CHIP区域是南桥（CD4011B）当接收到I/O的主电源开机信号（PWRON）后经过内部转换，发出SLP_S3区域，模拟南桥发给I/O的开机信号，如图5−1中4所示。

5）BOOT信号产生区域是利用晶体管的导通原理来拉低开机启动信号PSON引脚，如图5−1中5所示。

6）SB POWER区域是三端稳压器5V转换为3.3V给CMOS电路供电，如图5−1中6所示。

7）RTC&CMOS POWER区域是南桥芯片供电电路，如图5−1中7所示。

8）RTC CLOCK区域是将ATX电源的3.3V或CMOS电池供电后，保证实时晶振与南桥芯片相连，产生工作时钟频率，如图5−1中8所示。

任务实施

步骤1：使用万用表直流电压档测量电容C1的正极电压是否为5V。电路原理图及电路板实物如图5−2所示。测量结果如图5−3所示。从图5−3中可以看出，电容C1的正极电压正常，排除此故障原因。

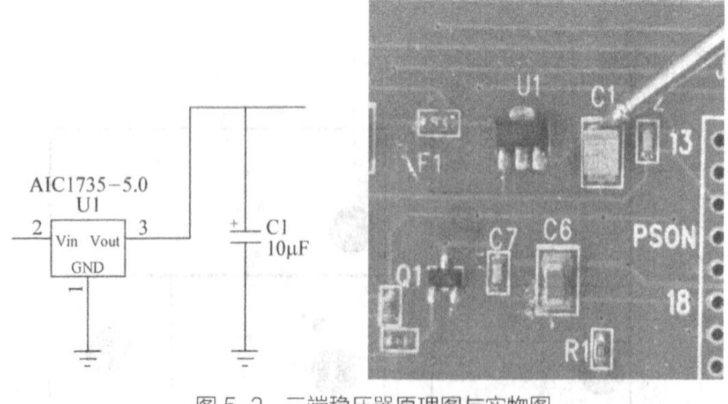

图 5−2　三端稳压器原理图与实物图

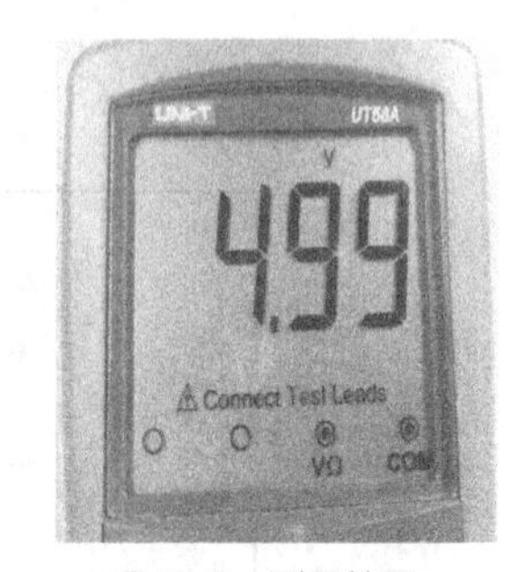

图 5−3　测量结果

步骤2：使用万用表直流电压档测量三端稳压器U4第2脚电压是否为3.3V。电路原理图及电路板实物如图5−4所示。测量结果如图5−5所示。从图5−5中可以看出，3VSB（3V Stand By，3V待机电压）的电压正常，排除此故障原因。

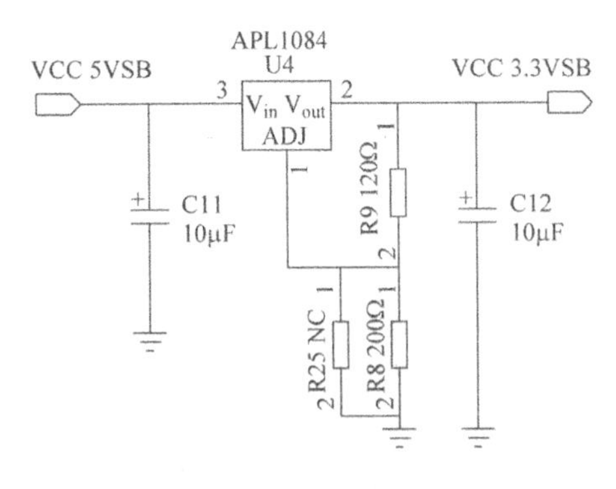

图 5-4　三端稳压器原理图与实物图

图 5-5　测量结果

步骤3：使用万用表直流电压档测量开关没有按下的时候，测试PANSW（R5的右端），为高电平和低电平。电路原理图及电路板实物如图5-6所示。测量结果如图5-7所示。从图5-7中可以看出，高低电平转换正常，排除此故障原因。

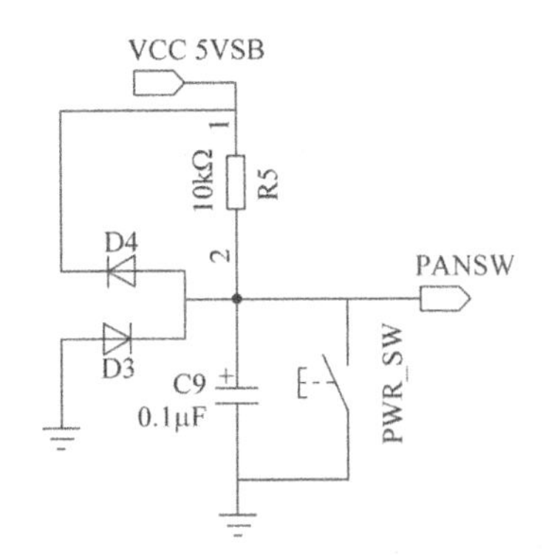

图 5-6　二极管原理图与实物图

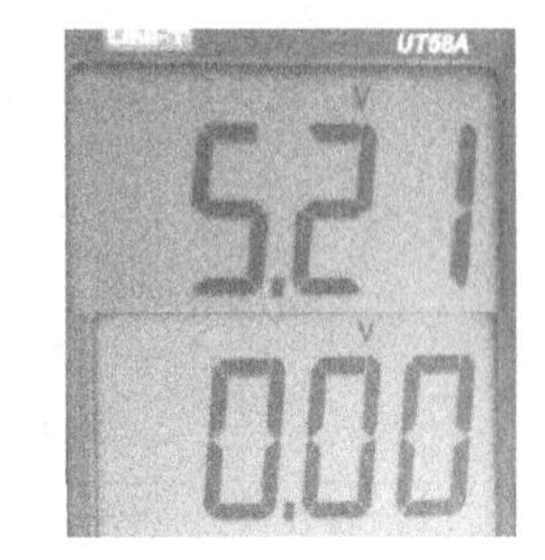

图 5-7　测量结果

步骤4：使用万用表直流电压档测量插针J7的3、4、5脚，插针J7的5脚是否为3.3V电压。电路原理图及电路板实物如图5-8所示。测量结果如图5-9所示。从图5-9中可以看出3.3V电压正常，排除此故障原因。

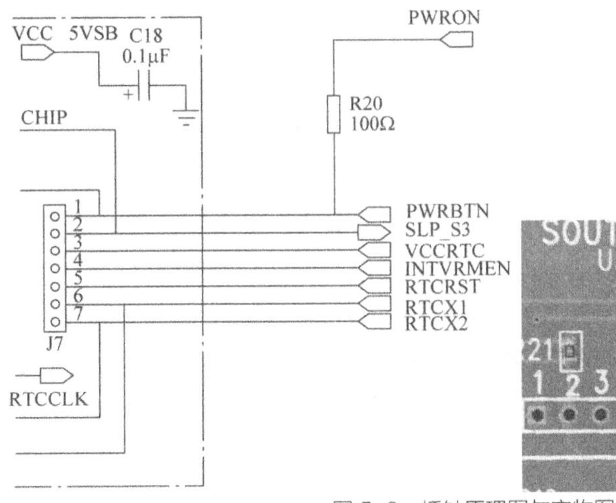

图 5-8　插针原理图与实物图

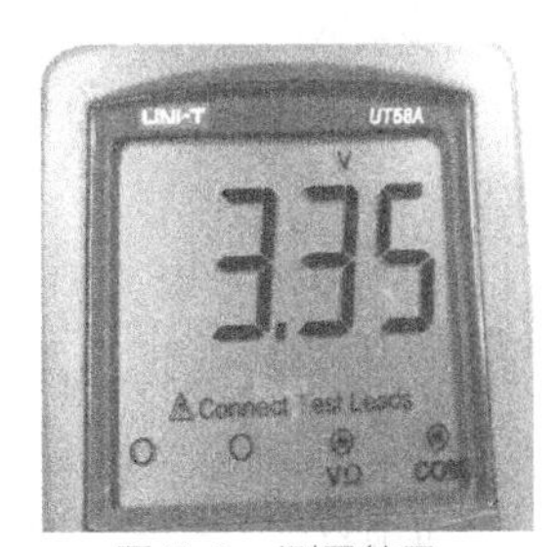

图 5-9　测量结果

步骤5：使用万用表直流电压档测量D5右端或R16左端是否为3.3V电压。电路原理图及电路板实物如图5-10所示。测量结果如图5-11所示。从图5-11中可以看出，3.3V的电压正常，排除此故障原因。

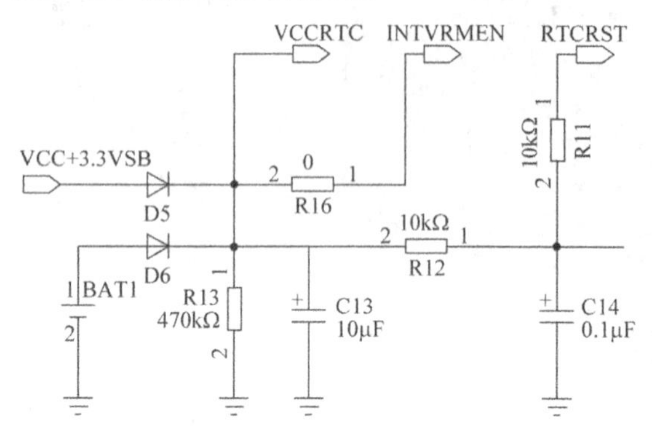

图 5-10　二极管原理图与实物图

图 5-11　测量结果

步骤6：开关按下，使用万用表直流电压档测量J6的第2脚是否由高电平跳变为低电平。电路原理图及电路板实物如图5-12所示。测量结果如图5-13所示。从图5-13中可以看出，高低电平转换正常，排除此故障原因。

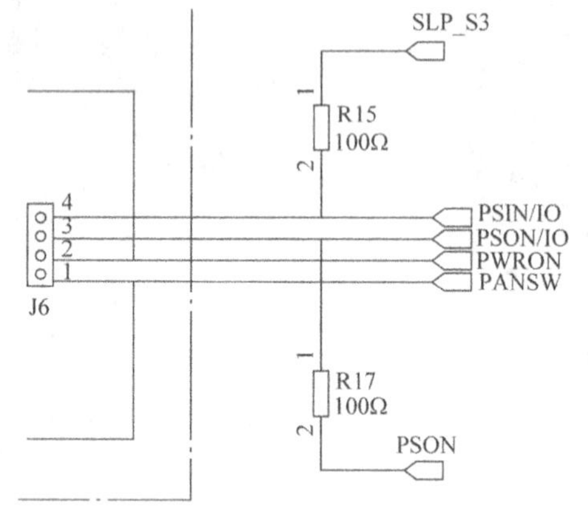

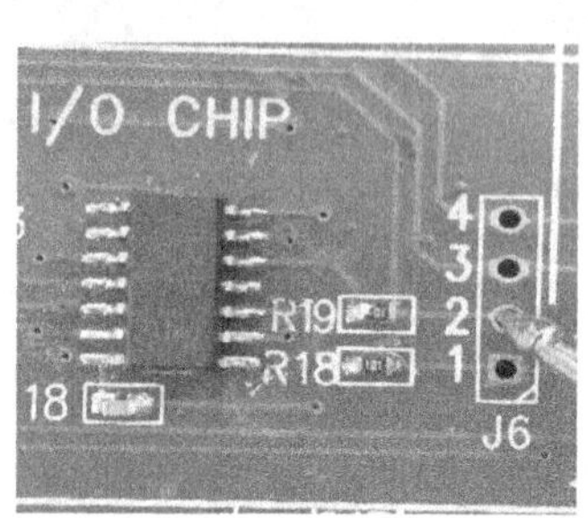

图 5-12　插针原理图与实物图

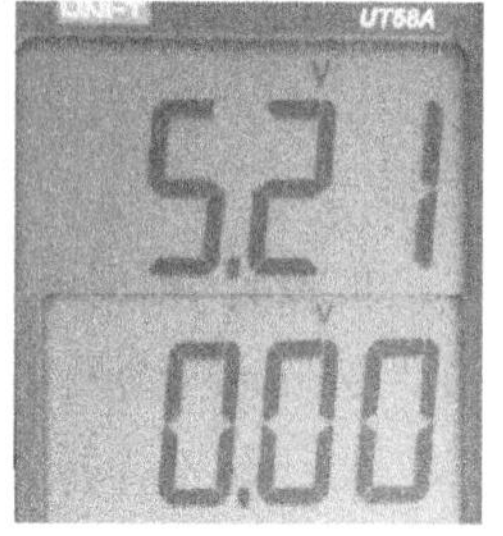

图 5-13　测量结果

步骤7：使用万用表直流电压档测量Q2的C极，按键按下变为低电平。电路原理图及电路板实物如图5-14所示。测量结果如图5-15所示。从图5-15中可以看出，高低电平转换正常，排除此故障原因。

步骤8：使用万用表直流电压档测量Q1的D极是否为5V电压。电路原理图及电路板实物如图5-16所示。测量结果如图5-17所示。从图5-17中可以看出，5V电压正常，排除此故障原因。

步骤9：使用万用表直流电压档测量三端稳压器U2的第3脚是否为3.3V电压。电路原理图及电路板实物如图5-18所示。测量结果如图5-19所示。从图5-19中可以看出，3.3V电压正常，排除此故障原因。

步骤10：使用示波器测量Y1是否有32.768kHz的频率。电路原理图及电路板实物如

图5-20所示。测量结果如图5-21所示。从图5-21中可以看出，晶振波形频率正常，排除此故障原因。

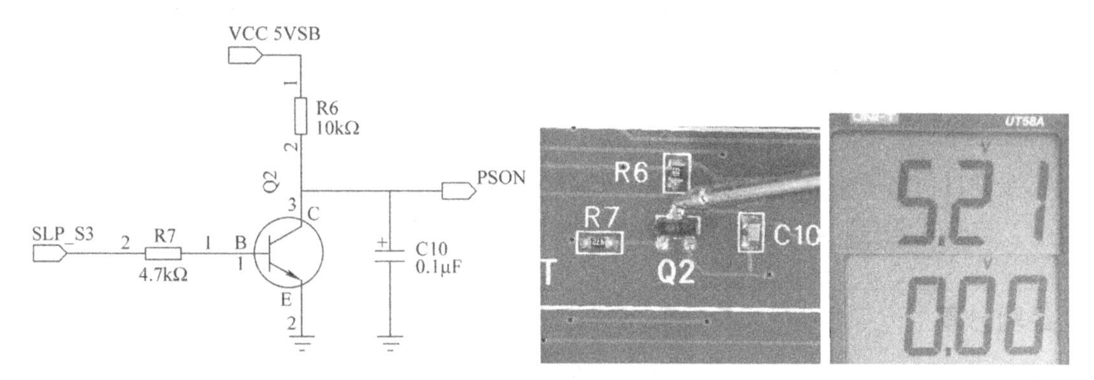

图5-14　Q2原理图与实物图　　图5-15　测量结果

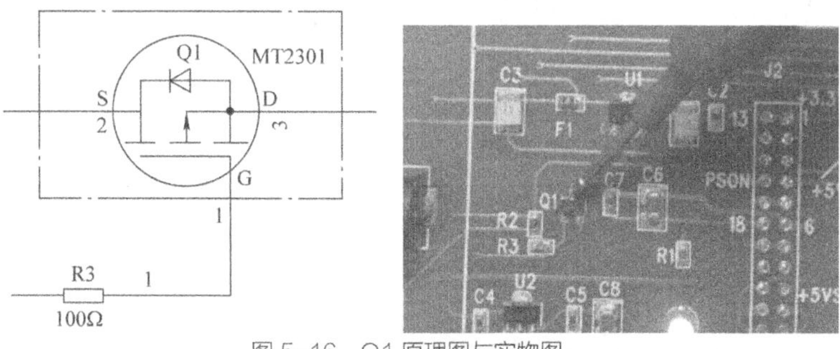

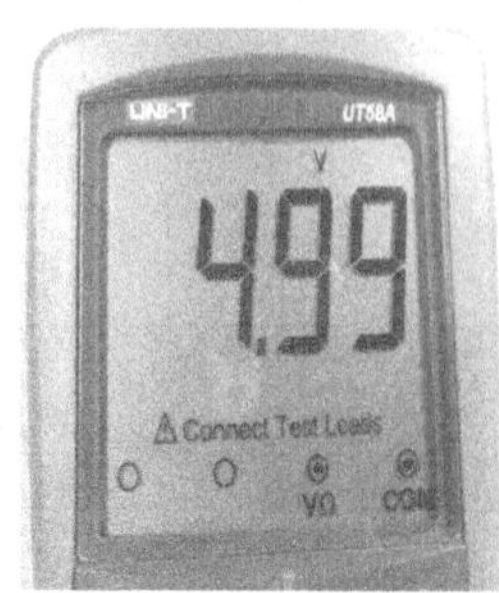

图5-16　Q1原理图与实物图　　图5-17　测量结果

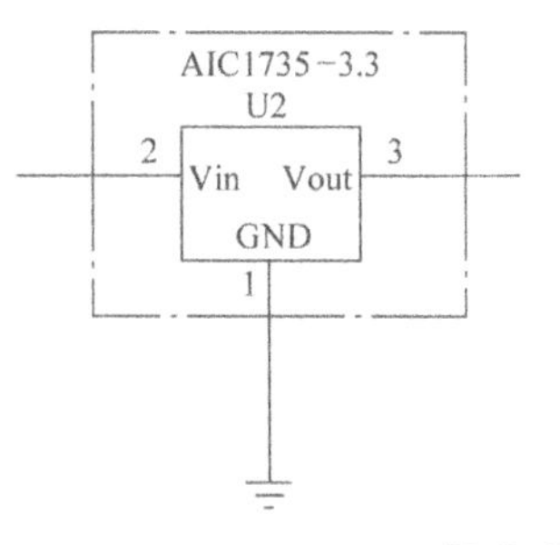

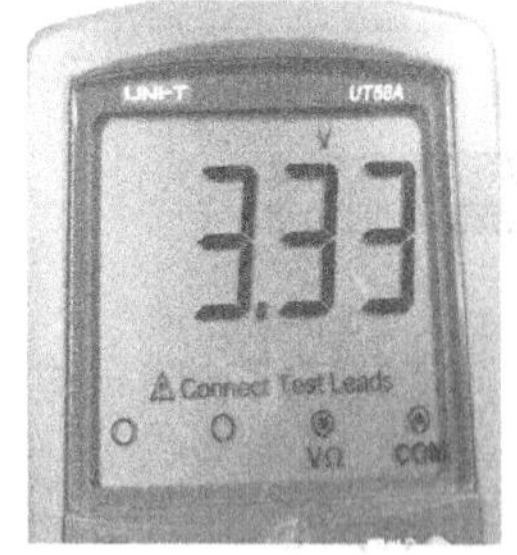

图5-18　插针原理图与实物图　　图5-19　测量结果

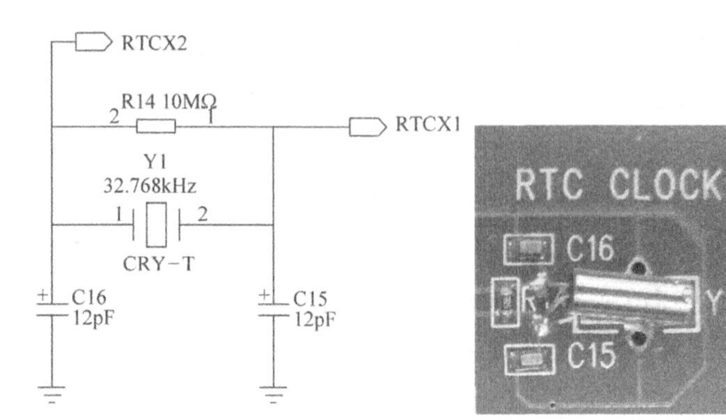

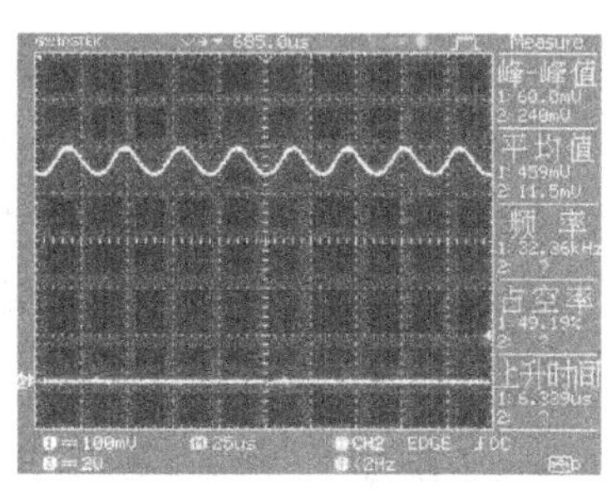

图5-20　晶振原理图与实物图　　图5-21　测量结果

温馨提示

测量电压时，要注意正负极之分。高低电平的划分：对于TTL来说高电平是：2.4～5.0V，低电平是：0.0～0.4V，对于CMOS来说高电平是：4.99～5.0v，低电平是：0.0～0.01v。

步骤11：如果使用万用表直流电压档测量二极管D5负极电压，正确为3.3V电压。结果：读值为0V电压。可以判断该区域电路故障引起电压不正常。

经验分享

根据原理图分析，二极管D5和D6是模拟开机电路ATX电源和COMS电池给南桥芯片提供待机工作电压，如果该区域电路故障会引起开不了机。

步骤12：撰写维修报告。按照表5-1的格式填写维修报告。

表 5-1　维修报告

故障 项目	故障一	故障二	故障三
故障元器件位置编号			
故障表现概述			

任务拓展

完成开机功能板电路三端稳压器U4损坏引起故障维修，并撰写维修报告。

知识补充

根据主板的设计不同，主板的开机电路控制方式也不同，有通过南桥直接控制的，有通过 I/O 直接控制的，也有通过开机芯片电路控制的。不管开机电路控制方式如何，开机电路的功能都是相同的，即通过开机键实现计算机的开机和关机。主板开机电路是主板中的重要单元电路，它的主要任务是控制 ATX 电源给主板输出工作电压，使主板开始工作。主板开机电路通过电源开关（PW-ON）触发主板开机电路，开机电路中的南桥芯片或 I/O 芯片对触发信号进行处理后，最终发出控制信号，控制晶体管或门电路将 ATX 电源的第 16 针脚（24 针电源插头）或第 14 针脚（20 针电源插头）的高电位拉低（ATX 电源关闭状态下此脚的电压为 3.5V 以上），以触发 ATX 电源主电源电路开始工作，使 ATX 电源各针脚输出相应的工作电压，为主板等设备供电。

任务2 台式机主板开机电路故障检修

任务描述

本任务以精英主板H81H3-M7为例。使用维修工具检修台式机主板开机电路，根据电路原理分析和功能板检修思路，对开机电路常见的故障准确判断故障位置并进行检修，完成后撰写故障报告。

任务分析

开机电路中常见故障现象包括：1）主板无法加电。2）开机后，过几秒就自动关机。3）无法开机。4）无法关机。5）通电后自动开机。引发这些故障现象的原因有很多，比如，接连ATX电源绿线的开机控制晶体管、二极管、开机实时晶振、谐振电容、南桥芯片、I/O芯片、门电路芯片等损坏。本任务根据主板开机电路一般检测流程图进行检修，如图5-22所示。

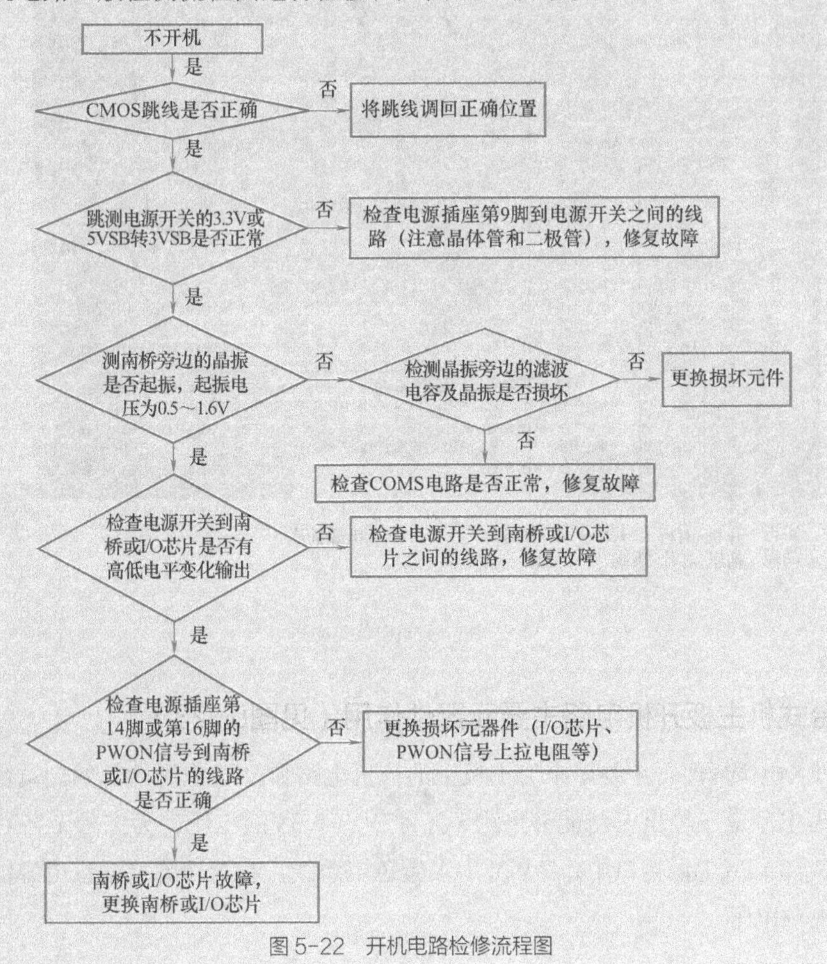

图5-22 开机电路检修流程图

知识准备

1. 台式机主板开机电路结构

主板的开机电路主要负责控制ATX电源给主板输出工作电压，使主板开始工作。以精英主板H81H3-M7为例，主板中开机电路主要由ATX电源插座、南桥芯片、I/O芯片、CMOS跳线、开机复位按键连接插座、实时晶振、CMOS电池等元件组成，如图5-23所示。目前主流主板开机电路由南桥芯片和I/O芯片组成，智能芯片和I/O芯片组成，单芯片组和I/O芯片组成；非主流主板开机电路由南桥芯片和门电路组成。

图5-23 开机电路实物图

2. 台式机主板开机电路主要元器件作用（见图5-23）

1）ATX电源插座：主要用来为主板上的待机电路和ATX电源内部的启动电路提供工作电压。主电源电压输出电路能够输出5V、12V、3.3V的电压，为主板上各功能电路供电。其中24针ATX电源接口中，第9脚（5V紫色电源线）和第16脚（绿色电源线）为开机电路提供电源电压。

2）南桥芯片：当按下开机按键时，南桥内部的开机触发电路在接收到开关发来的触发信号或I/O芯片发来的触发信号后，直接向ATX电源插座的第16脚（24针脚）输出控制信号，控制开机。

3）I/O芯片：在主板的开机电路中，电源的第16脚由I/O芯片内部电路控制接收或发送开机触发信号，控制开机。

4）开机键（PW-ON）：开机键一端接地，另一端连接ATX电源接口的第9脚，再连接南桥芯片或I/O芯片，当开机键操作时，向南桥芯片或I/O芯片发出触发信号。

5）三端稳压器：三端稳压器是将ATX电源的输出电压由5V稳压后转变为3.3V，为开机电路供电。

6）CMOS电池：在计算机关闭以后，继续为主板上的BIOS模块供电以保存BIOS设置信息。电池没电主板不能正常启动。

7）实时晶振：产生南桥芯片工作时钟信号。

3. 台式计算机主板开机电路工作原理（见图5-24）

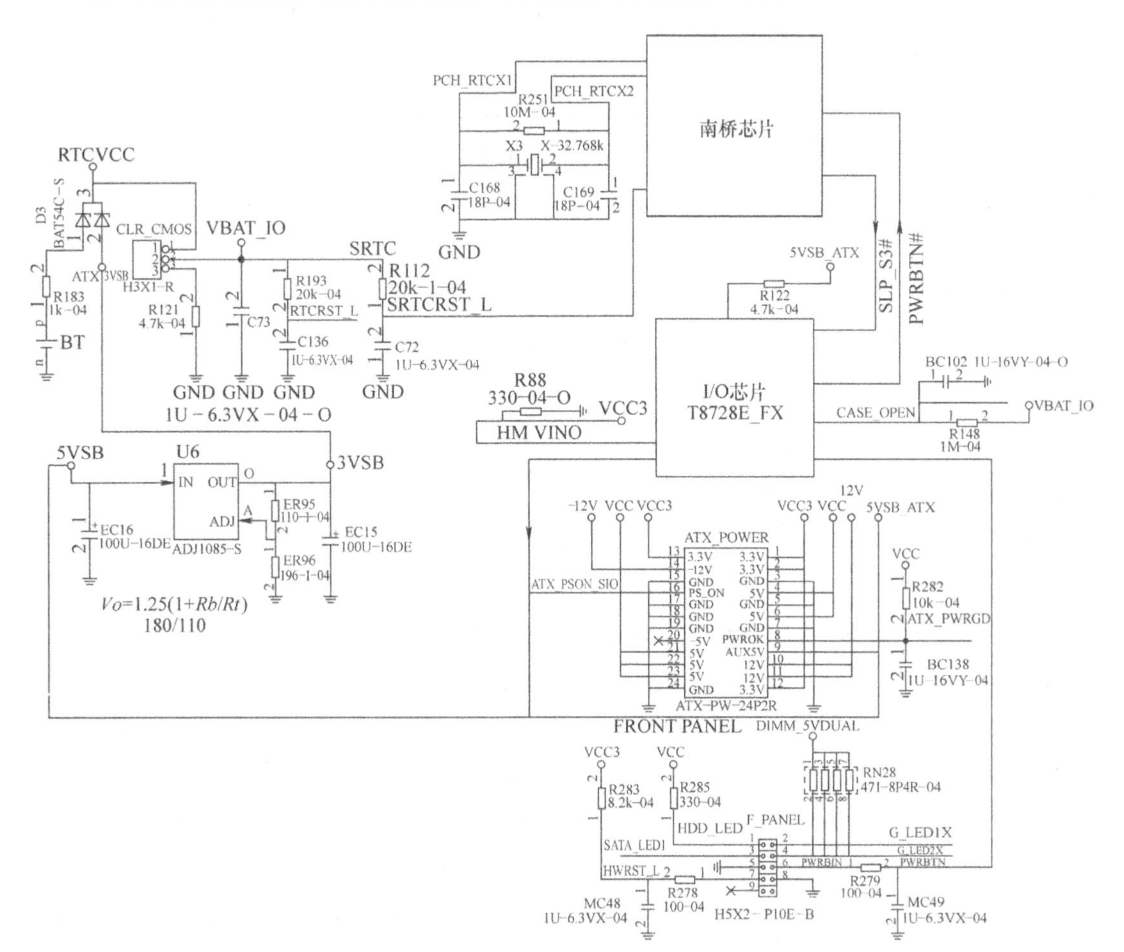

图5-24 南桥芯片和I/O芯片组成的开机电路

由南桥芯片和I/O芯片组成的开机电路的工作原理：在ATX电源没有接通市电时，由CMOS电池提供3V的供电电压，该电压通过三端稳压二极管D6、CMOS跳线和电阻R112为南桥芯片等供电，以保证主板BIOS等的存储设置。此时与南桥连接的实时晶体在获得供电后，开始工作输出32.768kHz的时钟频率，提供开机所需要的时钟信号。

三端稳压器U6是用来对ATX电源插座第9引脚输出的±5V待机电压进行稳定的，经过U6稳压后输出3.3V工作电压，在待机状态下为南桥和I/O芯片、CMOS电路供电。南桥向I/O芯片发送RSMRST_L复位信号。

开启主板时，当计算机主机的ATX电源接通市电220V后，ATX电源中的待机电路开始工作，它的第9脚开始输出5V的待机电压到三端稳压器U6，经过稳压后变为3V输出电压，经三端稳压二极管和CMOS跳线为南桥芯片供电，此时CMOS电池不再为二极管供电。同时ATX电源的第9脚输出的5V电压经过到达开关机按键和I/O芯片第19脚ATX_PWRGD端口，使开机键和I/O芯片ATX_PWRGD端的电压为高电平。此时I/O芯片内部的触发电路没有被触发（触发条件是电平由低变高的跳变），南桥没有通过PCH_PLTRST_L端口接收到触发信号。因此从I/O端口PSON# 输出到ATX电源第16针为高电平，ATX电源没有工作。

当按下开机键的瞬间，开机键的高电平被接地，电压变成了低电平，此时开机键的电压FP_PWRBTN_L信号由高变低，I/O芯片内部的触发器没有被触发（触发器在得到由低变高的跳变后触发），其输出端保持原状态不变。所以ATX电源第16针依然为高电平，ATX电源没有工作。

当松开开机键的瞬间，开机键与地断开，开机键的电压又变成了高电压，此时开机键向I/O芯片发送PANSHW#信号，I/O内部的触发器发送了一个触发信号。I/O芯片内部触发器被触发，同时通过PSON#端口向南桥的PWRBTN#输送低电平的触发信号，南桥在接收到触发信号后，通过内部开机控制模块，由端口SLP3_L将低电平输出到I/O 芯片的SUSB#端口，然后经过I/O内部的开机控制器，由端口PSON#输出到ATX电源的第16针。第16针处电压由高压由高电平变成低电平，ATX电源开始工作。此时ATX电源通过第8针脚为CPU、时钟和复位电路供电，主板完成开机。

当要关闭主板时，在按下开机键的瞬间，开机键的电压再次变为低电平，I/O芯片内部触发模块没有被触发，主板依然保持开机状态。

在松开开机键的瞬间，开机键的电压由低电平变成高电平，此时I/O芯片内部的开机触发模块被触发，I/O芯片通过PSON#端口向南桥发出触发信号，南桥在收到触发信号后，经过内部的开机控制模块，由端口SLP3_L输出到I/O芯片的SUSB#端口，然后I/O内部的开机控制器由低电平转换为高电平，经端口PSON#/GP42输出到ATX电源的第16针，第16针处的电平变为高电平，ATX电源停止工作，主板没有了供电而被关闭。

知识补充

常见的集成了开机控制模块的 I/O 芯片主要有 W83627HF、W83627F、W83697F、W83997、IT8702、ITE8702F、IT8728E_FX 和 IT8772F-EX 等。

任务实施

步骤1：使用万用表直流电压档测量三端稳压器U6输出电压是否为3VSB。电路原理图及电路板实物如图5-25所示。测量结果如图5-26所示。从图5-26中可以看出，3VSB的电压正常，排除此故障原因。

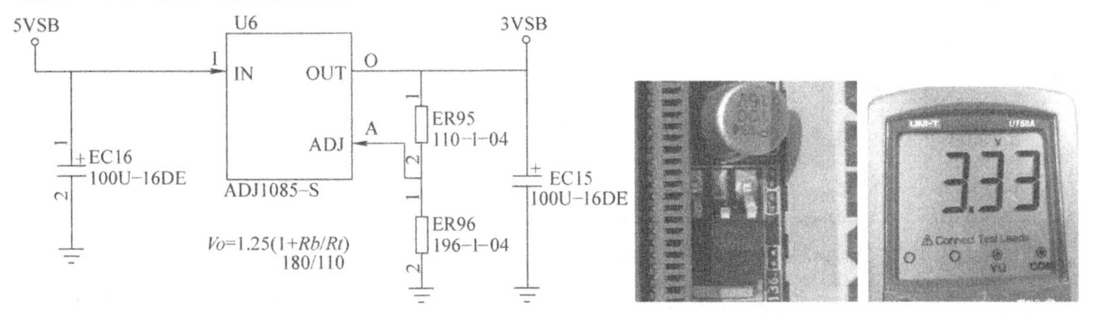

图 5-25 三端稳压器电路原理图及电路板实物　　图 5-26 测量结果

步骤2：使用万用表直流电压档测量电池BT的P极电压是否为3V左右。电路原理图及电路板实物如图5-27所示。测量结果如图5-28所示。从图5-28中可以看出，电池BT的P极电压正常，排除此故障原因。

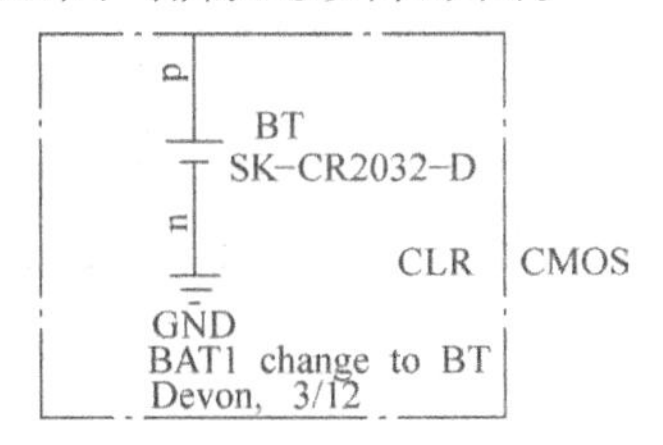

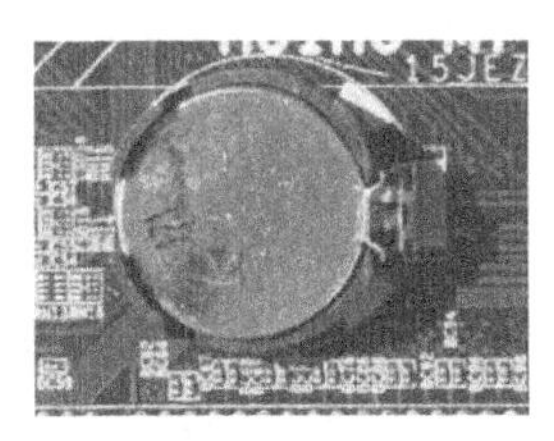

图 5-27 电池原理图及电路板实物　　图 5-28 测量结果

步骤3：使用万用表直流电压档测量双向二极管的第2脚电压是否为3.3V左右。电路原理图及电路板实物如图5-29所示。测量结果如图5-30所示。从图5-30中可以看出，双向二极管的第2脚电压正常，排除此故障原因。

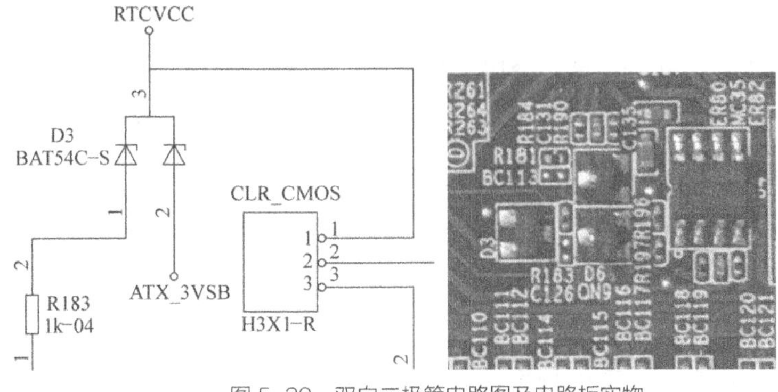

图 5-29 双向二极管电路图及电路板实物　　图 5-30 测量结果

步骤4：使用万用表直流电压档测量双向二极管的第3脚电压是否为3.3V左右。电路原理图及电路板实物如图5-29所示。测量结果如图5-31所示。从图5-31中可以看出，双向二极管的第3脚电压为0，由此可以初步断定故障发生在双向二极管的第3脚。

图 5-31　测量结果

步骤5：更换双向二极管，对主板加电，可以正常开机。故障已经排除。

经验分享

主板的CMOS电池电量不足也不能开机。使用3年以上的台式机主板，如果开不了机，首先检测CMOS电池是否有2.6V以上的电压。

步骤6：根据以上操作，撰写故障检测维修工单，见表5-2。

表 5-2　检测维修工单

故障现象	主板开机显示器不显示，数码卡灯不亮				
检测过程	首先用万用表测量ATX电源5VSB、COMS电池3V左右正常，其次检查CMOS跳线连接正确，再次用万用表测量D3第2脚，3.3V左右的电压正常，最后用万用表测量D3第3脚电压异常				
检测结论	二极管D3损坏引起RTC与COMS区域电压无电压输出，不能开机				
维修所消耗的元器件					
序号	名称	型号	封装	数量	维修人（签工位号）
1	二极管	BAT54C-S	SOP	1	1
维修措施			提请用户注意事项	提醒用户市电工作电压不稳定，所以要注意接入稳定电压	

温馨提示

主板开机电路修复后，记得利用CMOS跳线跳至2、3脚，重置CMOS出厂设置，再开机测试。

任务拓展

请根据以下几种故障现象进行分析并填写故障分析记录，见表5-3。

1）主板没法开机。

2）开机后，过几秒就自动关机。

3）主板无法关机。

4）通电后自动开机。

提示：分析故障现象，要制定故障检测方案。

要求：在故障分析记录中详细记录故障现象，结合维修原则分析检测过程，并描述故障排除方法，最后给用户提出一些建议。

表 5-3 故障分析记录

故障现象	
检测过程	
检测结论	
提请用户注意事项	

知识补充

开机电路相关的信号：

RTC：Real Time Circuit 的简写，即实时时钟电路，PC 的时间产生由这部分电路产生，也是上电的关键电路，集成于 ICH7 内部。

RTCVDD：为 RTC（Real Time Circuit，实时时钟电路）供电的电压，电压为 3.3V。

RTCRST#：RTC 电路 RESET 信号，低电位有效，用于 RESET 与 RTC 相关的寄存器。正常情况为 3.3V 的高电位。

RSMRST#：ICH7 内部电位逻辑电路 RESET 信号。正常时该信号为 3.3V 的高电位。

INTVRMEN：ICH7 内部 1.05V 电压调整器的使能端。接 RTC VDD 时，内部电压调整器可用，接 VSS 时内部电压调整器不可用。

晶振：32.768kHz 的石英晶体，是产生 RTC 时钟的必要条件。

SUSCLK：该信号为一 CLK 信号，当 ICH7 内部的 RTC 电路正常时，ICH7 将发出该信号用于芯片内部刷新电路。

-PWRBTSW：是前面板向 I/O 发出一个开机信号，此信号为负脉冲信号，正常电位为 5V 或 3.3V。

PWRBTSW：是 I/O 发出到 ICH7 的信号，此信号为负脉冲信号，正常电位为 3.3V。

PSON#：用于控制 ATX 的 PSON 信号，正常开机该信号为低电位。

VBAT: CMOS 电池，在无市电的情况下维持实时时钟电路、CMOS RAM 等的供电。同时，5VSB、5VDUAL、3VDUAL 也是上电的必要条件。

项目评价 PROJECT EVALUATION

1. 成果展示

小组内选择出1～2组维修工单，在班级同学中展示，讲解自己的成功之处，并填写表5-4。

表 5-4 评价表

故障位置	
检测维修成功方法	

2. 评分

按自评、小组评、教师评的顺序进行评分，各小组推荐优秀成员，填写表5-5。

表 5-5 评分表

项目	考核要求	评分	评分标准	自评	组评	师评
故障现象描述	正确描述故障现象	10	部分内容不正确扣5分			
检测维修过程	选择正确的维修工具、数据记录正确、动作符合规范	20	档位选择有误扣10分，数值有误扣5分			
故障位置	元件器标识符号和型号	10	未能正确记录故障位置扣10分			
故障原因分析	详细记录电路分析	20	部分内容不正确扣10分			
故障维修措施	符合电烙铁、热风枪作业指导书操作规范	20	未能按操作规范使用维修工具扣10分			
焊点	电气接触好，机械接触牢固，外表美观	10	焊点不符合三要素扣5分			
6S管理	工作台上工具排放整齐、严格遵守安全操作规程	5	工作台上杂乱扣2～5分，违反安全操作规程扣5分			
加分项	团结小组成员，乐于助人，有合作精神，遵守实训制度	5	评分为优秀组长或组员加5分，其他组长或组员评分由教师、组长评分			
总分						
教师点评						

项目总结 PROJECT SUMMARY

1）主板不开机是一种比较常见的故障现象。计算机主板引起不能开机是开机控制有关模块电路不正常工作引起的，如开机控制晶体管、二极管、开机实时晶振、谐振电容、南桥芯片、I/O芯片、门电路芯片等。

2）维修人员根据开机功能板和真实主板开机电路分析和检修电路。要了解行业维修流程、维修原则，熟悉常见主板无法开机、无法关机、开机后自动关机等现象，掌握多种检测、维修方法，才能对故障进行检测维修与故障排除。

3）维修人员要善于积累维修经验，学会故障分析，查阅相关资料，从而更快更准确地进行故障检测与故障排除。

PROJECT 6

PROJECT 6 项目 6

主板CPU供电电路分析及故障检修

项目概述

本项目主要讲了台式机模拟功能板CPU供电电路和台式机主板CPU供电电路检测维修流程，在功能板CPU供电电路和台式机主板CPU供电电路故障检测与排除过程中，让学生学会分析电路，了解各功能电路的工作原理，记录检测过程，确定故障点，排除故障。故障排除后要填写好维修工单，进行总结，积累维修经验。

项目目标

1）通过标识方法，认识主板CPU供电电路的模拟电路。

2）使用适当的工具，测量CPU供电电路功能板检测流程，并正确找到故障位置。

3）能够遵循故障检测原则，对计算机主板CPU供电电路进行故障检测，并准确记录检测结果。

任务1　主板CPU供电电路功能板故障检修

任务描述

本任务使用维修工具检测维修台式机主板CPU供电仿真功能板电路，根据电路原理分析，对CPU供电电路常见的故障准确判断故障位置并进行检测维修，完成后撰写故障报告。

任务分析

主板CPU供电仿真功能板是根据G41类型主板模拟出来的。在维修前，应学习了解功能板的电路结构，比如，连接ATX电源的电源管理芯片、场效应管（MOSFET管）、电感线圈和电解电容等。并按照电路图正确使用检测工具进行检测与维修。

知识准备

1. 主板CPU供电功能板的结构

主板CPU供电仿真功能板电路是一个四相供电电路，主要由电源管理芯片、场效应管（MOSFET管）、电感线圈和电解电容等元件组成，如图6－1所示。

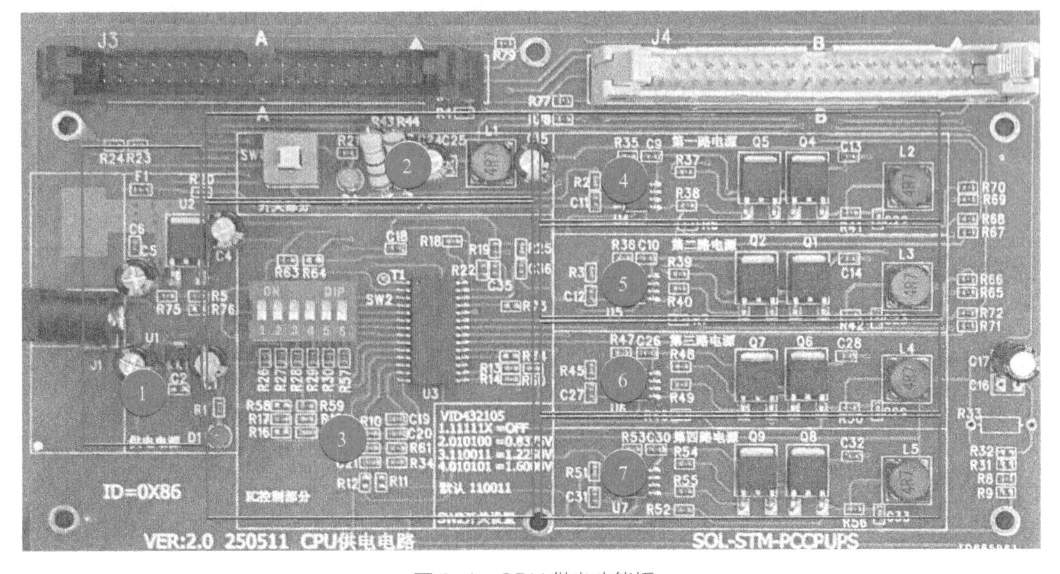

图6-1　CPU供电功能板

2. 主板CPU供电部分电路作用

1）ATX电源区域是将适配器输入的10V电压转换电路所需要的3.3V、5V、5VSB电压，如图6－1中标识1所示。

2）SW1区域是开机键触发I/O（MC74HC74A）的PANSW引脚产生开机信号，如图6－1中标识2所示。

3）电源管理芯片U3区域是发出控制信号至第一相、第二相、第三相和第四相CPU电压电路，如图6−1中标识3所示。

4）第一相电源区域是模拟CPU第一相供电电压电路，如图6－1中标识4所示。

5）第二相电源区域是模拟CPU第二相供电电压电路，如图6－1中标识5所示。

6）第三相电源区域是模拟CPU第三相供电电压电路，如图6－1中标识6所示。

7）第四相电源区域是模拟CPU第四相供电电压电路，如图6－1中标识7所示。

任务实施

步骤1：使用万用表直流电压档测量场效应管Q1对地电阻是否在300～800Ω之间。电路原理图及电路板实物如图6−2所示。测量结果如图6−3所示。从图6−3中可以看出，场效应管Q1对地电阻正常，排除此故障原因。

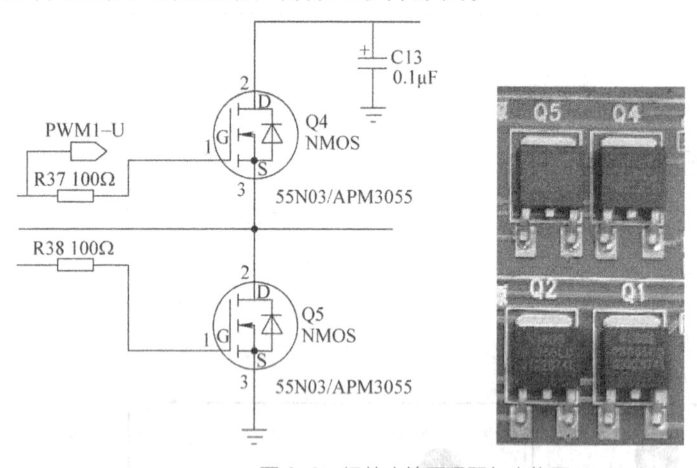

图6-2　场效应管原理图与实物图

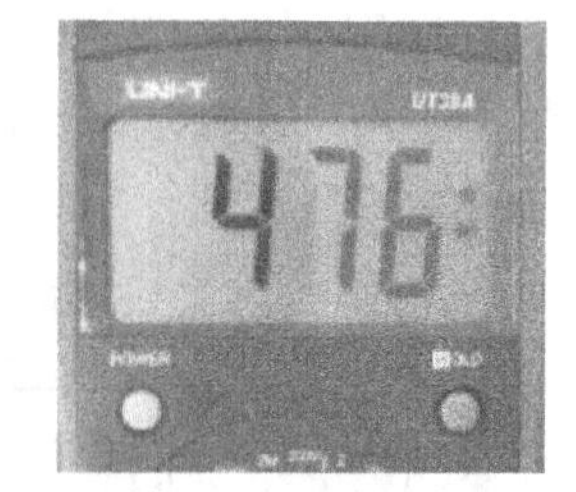

图6-3　测量结果

经验分享

场效应管在CPU供电电路中是易损坏器件。场效应管损坏导致CPU主供电没有电压输出，造成不能开机，所以在维修前首先检查场效应管是否正常。

步骤2：使用万用表直流电压档测量三端稳压器U1电压是否为5V。电路原理图及电路板实物如图6−4所示。测量结果如图6−5所示。从图6−5中可以看出，三端稳压器的电压正常，排除此故障原因。

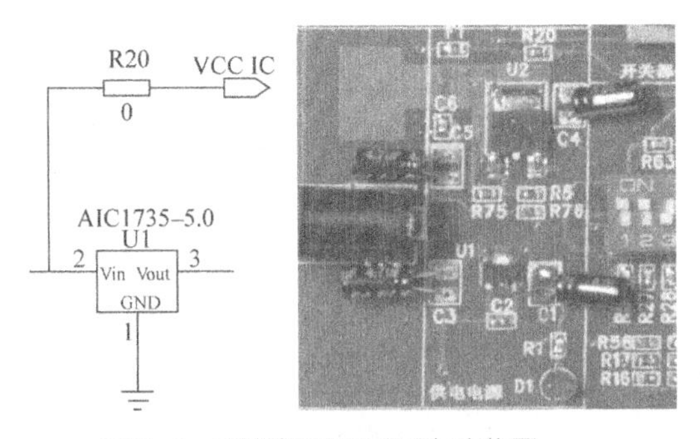

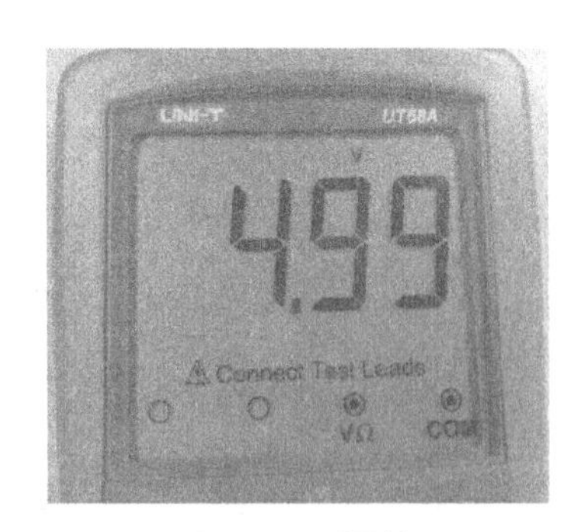

图6-4 三端稳压器原理图与实物图

图6-5 测量结果

步骤3：使用万用表直流电压档测量场效应管Q1的D极是否为9V电压。电路原理图及电路板实物如图6-2所示。测量结果如图6-6所示。从图6-6中可以看出，场效应管Q1D极电压正常，排除此故障原因。

步骤4：使用万用表直流电压档测量场效应管Q1的S极是否为1.25V电压。电路原理图及电路板实物如图6-2所示。测量结果如图6-7所示。从图6-7中可以看出，场效应管Q1的S极电压正常，排除此故障原因。

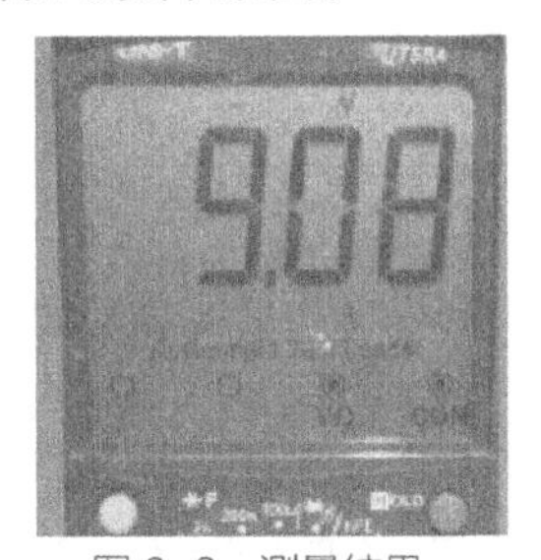

图6-6 测量结果

图6-7 测量结果

步骤5：使用万用表直流电压档测量三端稳压器U2第2脚电压是否4.2V的VCC-POWER电压。电路原理图及电路板实物如图6-8所示。测量结果如图6-9所示。从图6-9中可以看出，三端稳压器的第2脚电压正常，排除此故障原因。

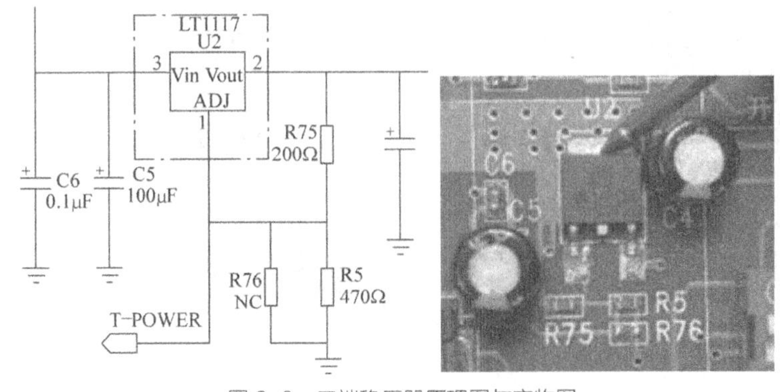

图6-8 三端稳压器原理图与实物图

图6-9 测量结果

步骤6：使用万用表直流电压档测量电源管理芯片U3第2脚PG信号是否有5V电压输出。电路原理图及电路板实物如图6-10所示。测量结果如图6-11所示。从图6-11中可以看出，电源管理芯片U3的电压正常，排除此故障原因。

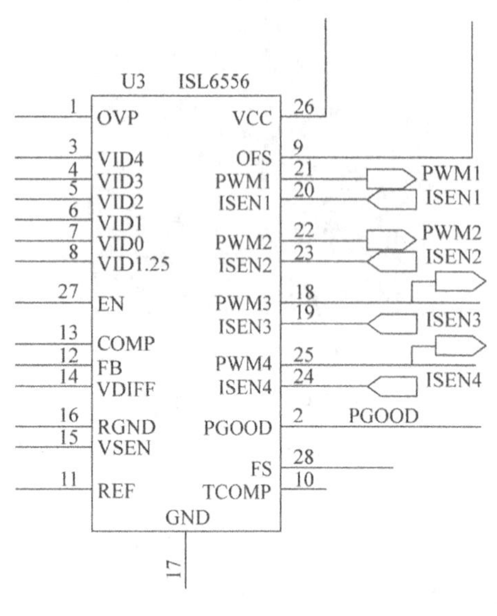

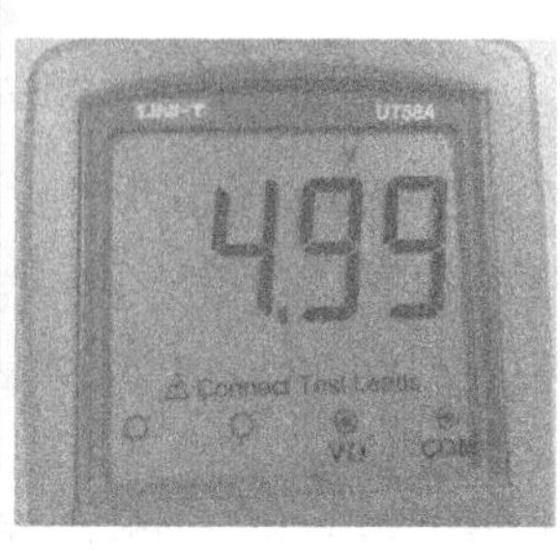

a） b）

图 6-10 电源管理芯片原理图与实物图 图 6-11 测量结果

经验分享

电源管理芯片损坏后，其输出端无电压信号输出，将无法控制场效应管工作，无法为 CPU 供电。

步骤7：使用万用表直流电压档测量电源管理芯片U3第18、21、22、25脚是否有2.2V控制电压。电路原理图如图6-10a所示。电路板实物如图6-12所示。测量结果如图6-13所示。从图6-12中可以看出，电源管理芯片U3的电压正常，排除此故障原因。

图 6-12 电源管理芯片原理图与实物图

图 6-13 测量结果

步骤8：使用万用表直流电压档测量U4、U5、U6、U7的第6、7脚电压是否为9V电压。电路原理图及电路板实物如图6-14所示。测量结果如图6-15所示。从图6-15中可以看出，测量的电压正常，排除此故障原因。

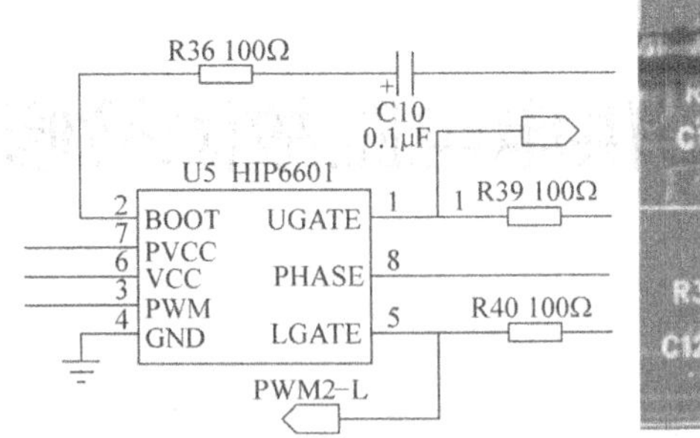

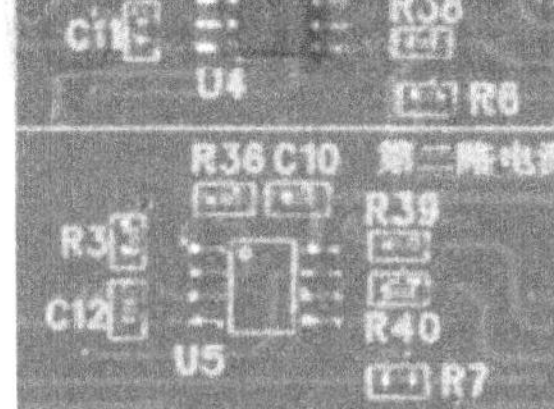

图6-14 电源管理芯片原理图与实物图

图6-15 测量结果

步骤9：使用万用表直流电压档测量U4、U5、U6、U7、的第1、5脚电压是否为4.8V电压。电路原理图及电路板实物如图6-14所示。测量结果如图6-16所示。从图6-16中可以看出，测量的电压正常，排除此故障原因。

步骤10：使用万用表直流电压档测量场效应管Q1的S极电压是否为1.25V电压。电路原理图及电路板实物如图6-2所示。测量结果如图6-17所示。从图6-17中可以看出，测量的电压为0V，初步断定故障发生在场效应管Q1上。

图6-16 测量结果

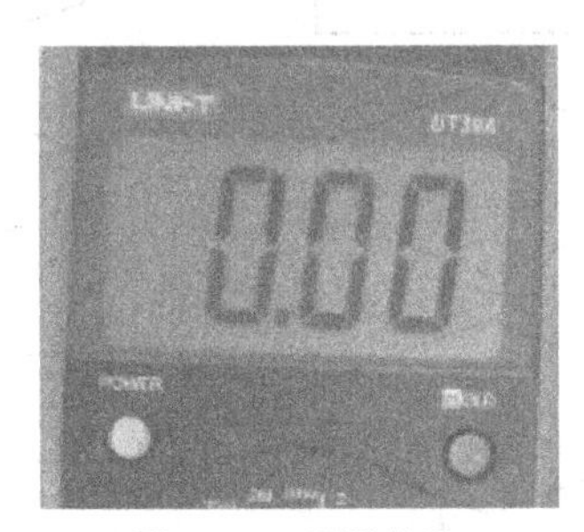

图6-17 测量结果

温馨提示

为了保证电流的连续，通常场效应管 Q1 应使用灵敏度高的场效应管。

步骤11：更换场效应管Q1，功能板通后测量电压正常。故障已经排除。

步骤12：撰写维修报告。按照表6-1的格式填写维修报告。

表6-1 维修报告

故障 项目	故障一	故障二	故障三
故障元器件位置编号			
故障表现概述			

知识拓展

描述由CPU供电功能板电路电源管理芯片U3损坏引起故障的维修检测流程。

任务2 台式机主板CPU供电电路故障检修

任务描述

使用维修工具检测维修台式机主板CPU供电电路——以精英主板H81H3-M7为例。

任务分析

CPU供电电路中常见故障现象包括：1）不能开机；2）主板工作不稳定。引发上述故障现象的原因主要出现在ATX电源12V电压电路、电源管理芯片供电电路、电源管理芯片、场效管、低通滤波电路中的电感电容等损坏。本任务根据主板CPU供电电路一般检测流程图进行检修，如图6-18所示。

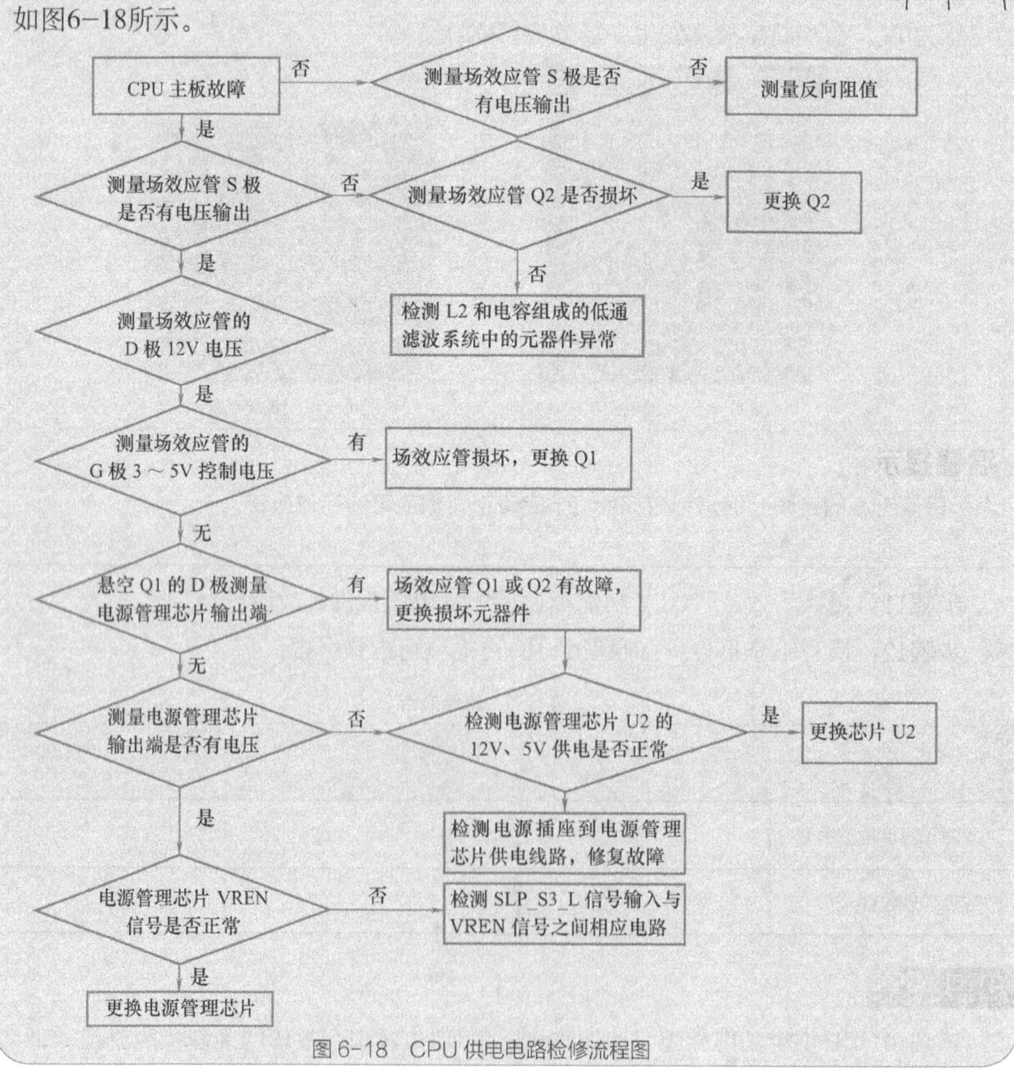

图 6-18 CPU 供电电路检修流程图

知识准备

1. CPU供电电路的组成

主板中CPU供电电路主要由电源管理芯片、场效应管（MOSFET管）、电感线圈和电解电容等元器件组成，在实际主板中，根据不同型号CPU工作的需要，CPU的供电方式主要有单相供电电路、两相供电电路、三相供电电路、四相供电电路、六相供电电路等几种。如果最大工作电流大于50A，为了给CPU提供稳定的供电电压，主板通常会使用三相供电电路来满足CPU工作的需求。图6-19所示电路是一个三相供电电路。

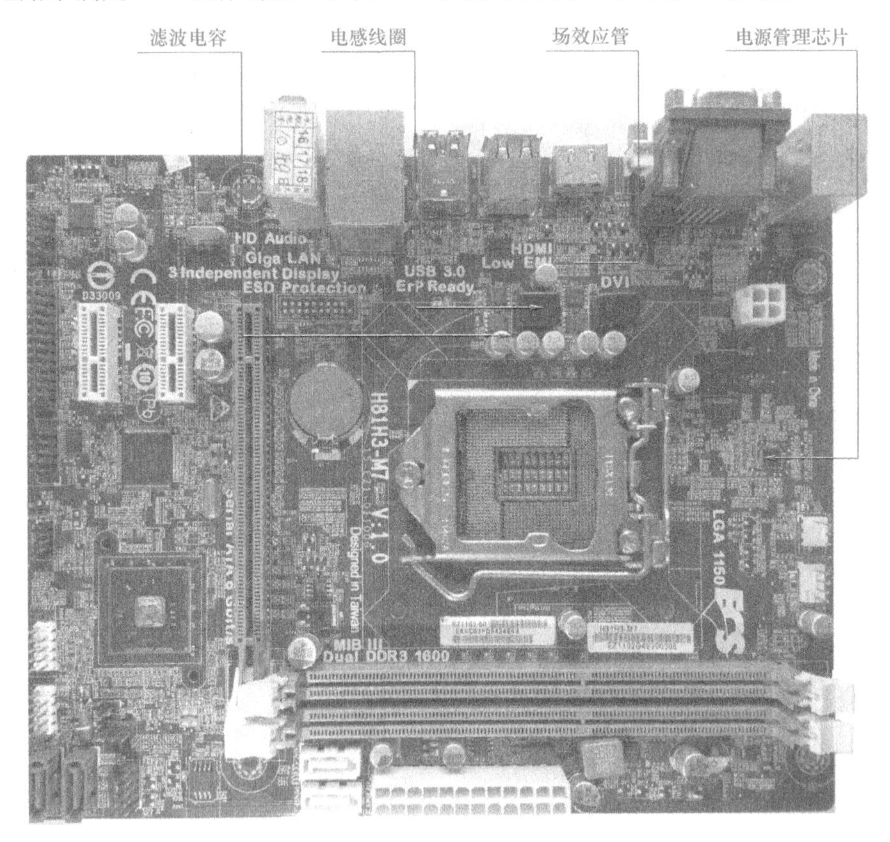

图6-19 CPU供电电路实物图

2. CPU供电电路主要元器件作用

1）电源管理芯片：主要负责识别CPU供电幅值，产生脉宽调制信号（PWM），去推动后级电路进行功率输出。

2）场效应管：在电源管理芯片脉冲信号的驱动下，不断地导通与截止，将ATX电源输出的电能储存在电感中，然后释放给负载。

3）电感线圈：电感线圈主要用来储存能量，它和场效应管、电容配合使用，为CPU供电；此外，它和电容组成低通滤波电路，过滤电路中的高频杂波。

4）滤波电容：它和电感组成低通滤波电路，过滤电路中的高频杂波。

3. 单控制芯片组成的供电电路原理图，如图6-20所示

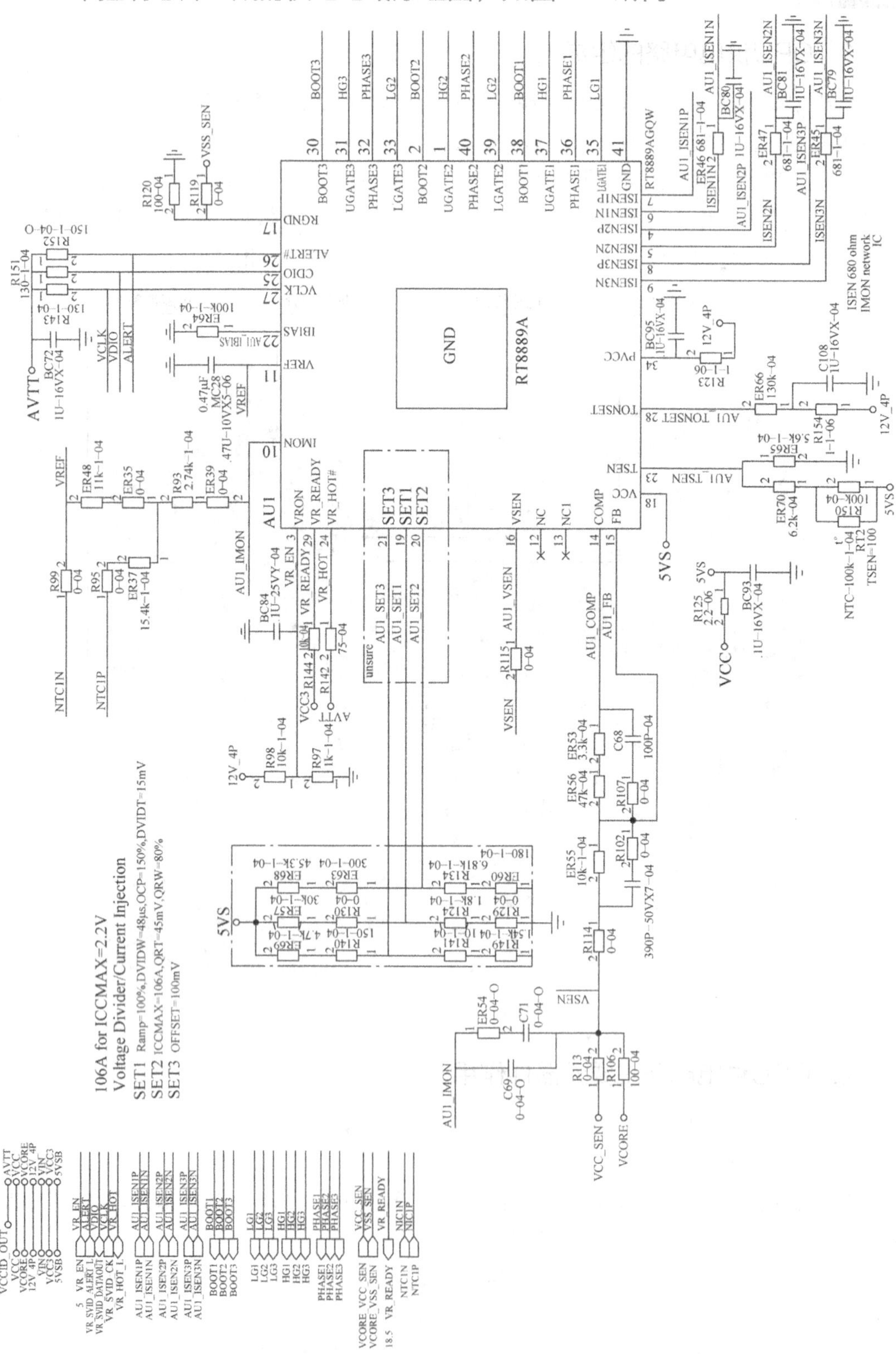

图 6-20　精英 H81H3-M7 主板由单芯片组成的 CPU 供电电路

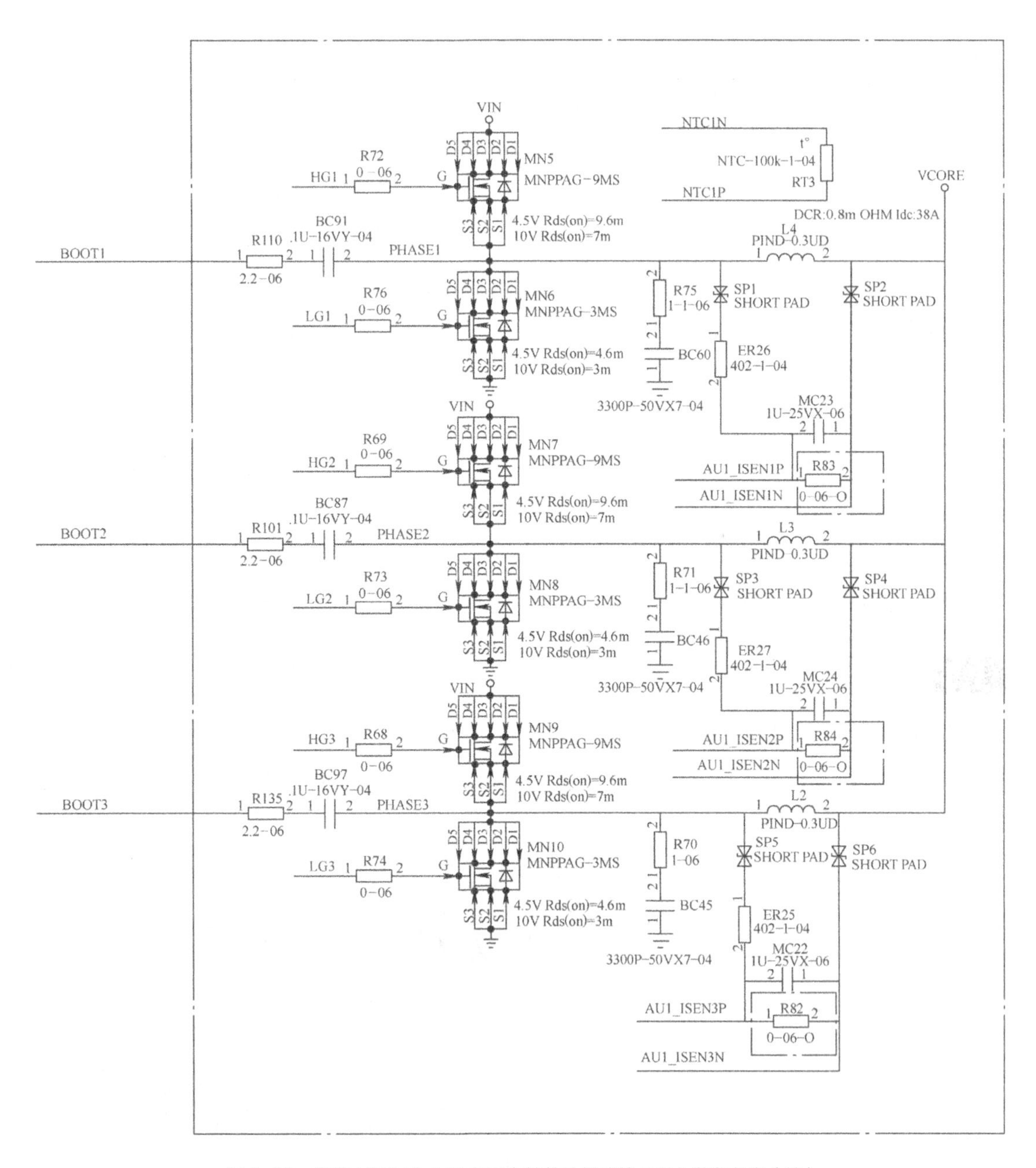

图 6-20 精英 H81H3-M7 主板由单芯片组成的 CPU 供电电路（续）

4. 单芯片组成的CPU供电电路工作原理

当按下开机键并松开后，ATX电源开始向主板供电，接着ATX电源输出的12V和5V电压通过滤波电容滤波后连接到电源管理芯片为电源管理芯片供电。而ATX电源输出的12V电压通过滤波电感及滤波电容为场效应管供电。

在ATX电源启动500ms后，ATX电源的第8脚输出PG信号，电源管理芯片接收到

SLP_S3_L信号后复位。同时CPU通过电源管理芯片接收到VR_EN电压识别信号。接着电源管理芯片AU1开始工作，从UGATE1/2/3引脚和LGATE1/2/3引脚分别输出3～5V互为反相的驱动脉冲控制信号（UGATE1/2/3引脚输出高电平时，LGATE1/2/3引脚输出低电平或相反）。当UGATE1端输出高电平信号给场效应管MN5时，导通，同时从LGATE1端输出低电平信号给场效应管MN6，MN6截止；当UGATE2端输出高电平信号给场效应管MN7时，MN7导通，同时从LGATE2端输出低电平信号给场效应管MN8，MN8截止；当UGATE3端输出高电平信号给场效应管MN9时，MN9导通，同时从LGATE3端输出低电平信号给场效应管MN10，MN10截止。电流通过滤波电感流入储能电感L4、L3、L2，并输出供电电压。最后三相供电互相叠加，并经过滤波电容滤波后，输出更为平滑纯净的电流，为CPU供电。

与此同时，电源管理芯片的电压反馈端（FB和COMP）将输出的CPU主供电电压反馈给电源管理芯片与CPU的标准识别电压进行比较，如果输出电压与标准不同（误差在7%以内视为正常），电源管理芯片将调整UGATE（1、2、3）端和LGATE（1、2、3）端输出的方波的幅宽，最终调整输出的CPU主供电电压，直至与标准电压一致。

任务实施

步骤1：使用万用表直流蜂鸣档测量MN9的S极对地电阻是否300～800Ω。电路原理图及电路板实物如图6-21所示。测量结果如图6-22所示。从图6-22中可以看出，对地电阻正常，排除此故障原因。

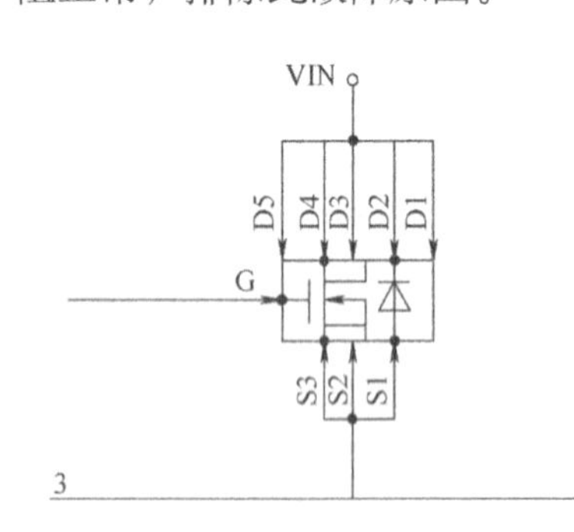

图6-21　场效应管电路原理图及电路板实物

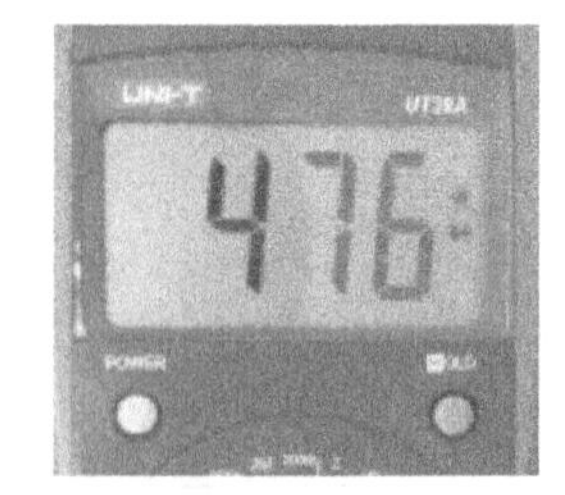

图6-22　测量结果

步骤2：使用万用表直流电压档测量MN9的S极电压是否为1.8V左右。电路原理图及电路板实物如图6-21所示。测量结果如图6-23所示。从图6-23中可以看出，测量的电压为0V，异常，初步断定为故障原因。

步骤3：使用万用表直流电压档测量MN9的D极电压是否为12V左右。电路原理图及电路板实物如图6-21所示。测量结果如图6-24所示。从图6-24中可以看出，测量的电压正常，排除此故障原因。

图 6-23 测量结果

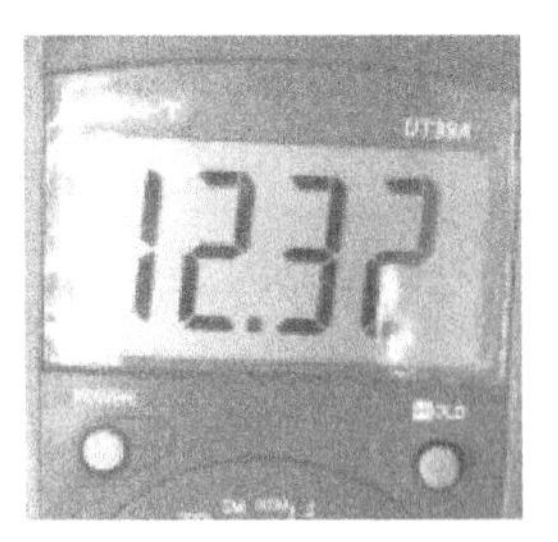

图 6-24 测量结果

温馨提示

MN9 的 D 极电压是由 4 针电源插座的 12V 的电压通过滤波后，分别为各场效应管供电。

步骤4：使用万用表直流电压档测量MN9 G极电压是否为3～5V左右。电路原理图及电路板实物如图6−21所示。测量结果如图6−25所示。从图6−25中可以看出，测量的电压正常，排除此故障原因。

步骤5：使用万用表直流电压档测量MN10 G极电压是否为3～5V左右。电路原理图及电路板实物如图6−21所示。测量结果如图6−26所示。从图6−26中可以看出，测量的电压异常，排除此故障原因。

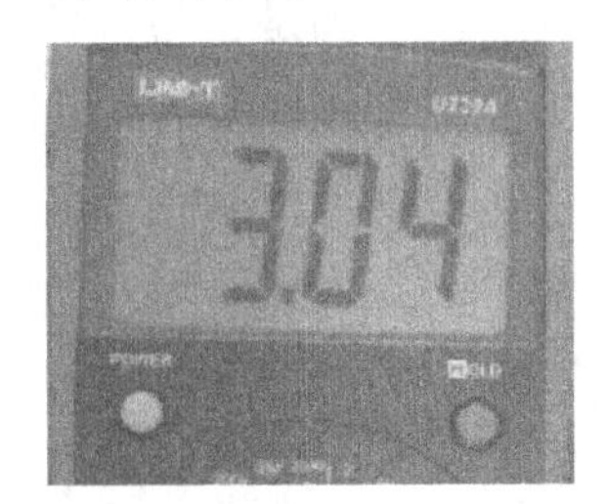

图 6-25 测量结果

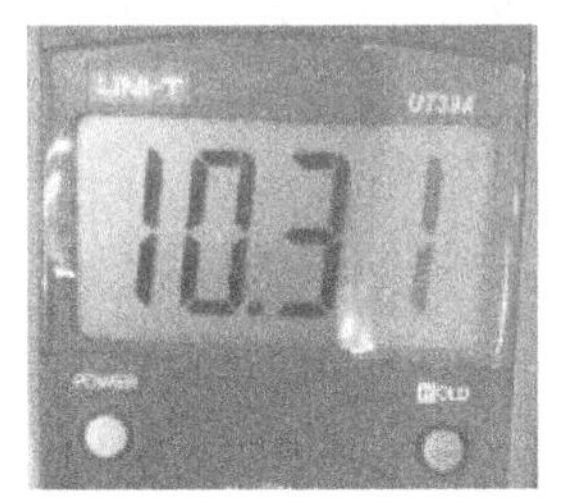

图 6-26 测量结果

步骤6：使用万用表直流电压档测量CPU电源管理芯片第34脚是否为12V左右。电路原理图及电路板实物如图6−27所示。测量结果如图6−28所示。从图6−28中可以看出，测量的电压正常，排除此故障原因。

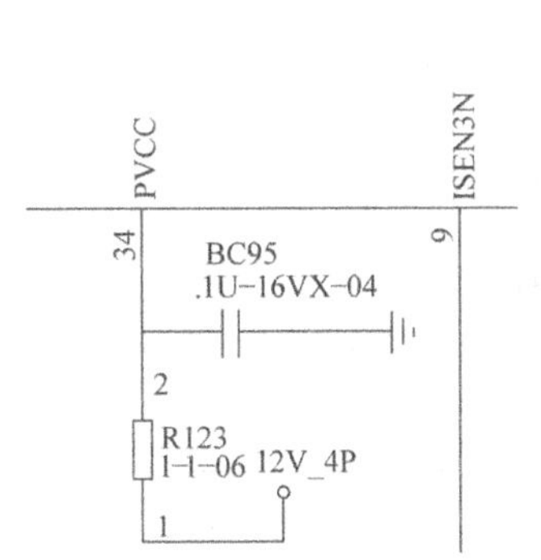

图 6-27 场效应管电路原理图及电路板实物

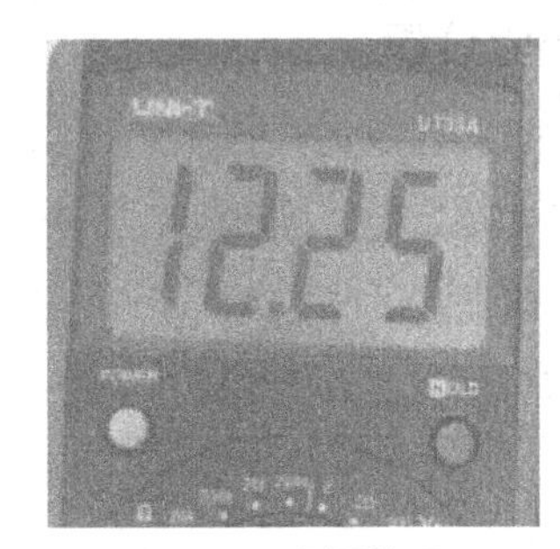

图 6-28 测量结果

步骤7：使用万用表直流电压档测量CPU电源管理芯片第18脚是否为5V左右。电路原理图及电路板实物如图6–29所示。测量结果如图6–30所示。从图6–30中可以看出，测量的电压正常，排除此故障原因。

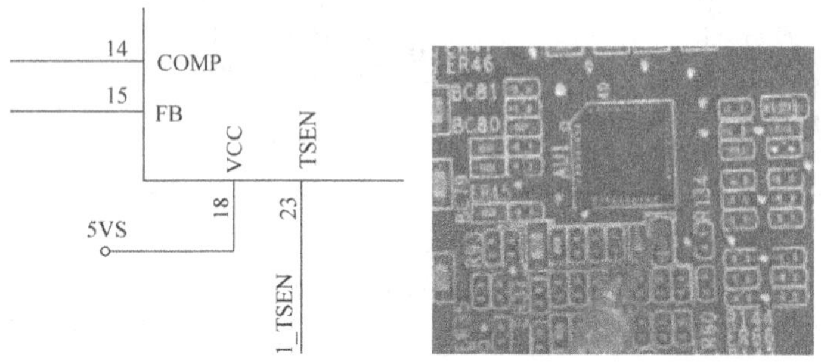

图6-29　场效应管电路原理图及电路板实物

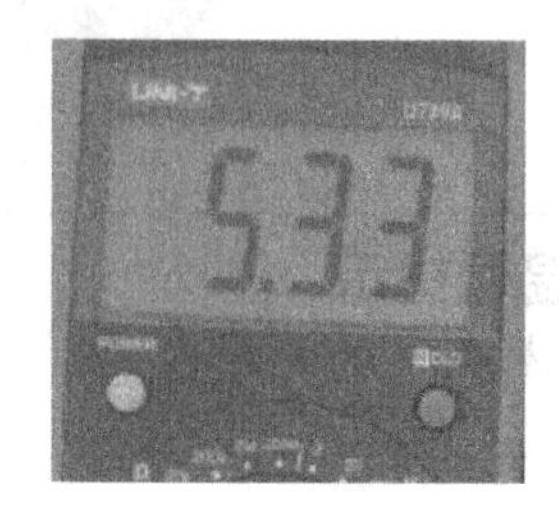

图6-30　测量结果

经验分享

判断电源管理芯片好坏的方法为：先测量芯片的供电脚（5V 或 12V）有没有电压，如有，则接着测量电源管理芯片的输出脚、EN 控制脚和 PG 信号脚有没有电压信号，如果无电压信号，则电源管理芯片损坏。

步骤8：使用万用表直流电压档测量CPU电源管理芯片第3脚是否为1.1V左右。电路原理图及电路板实物如图6–31所示。测量结果如图6–32所示。从图6–32中可以看出，测量的电压正常，排除此故障原因。

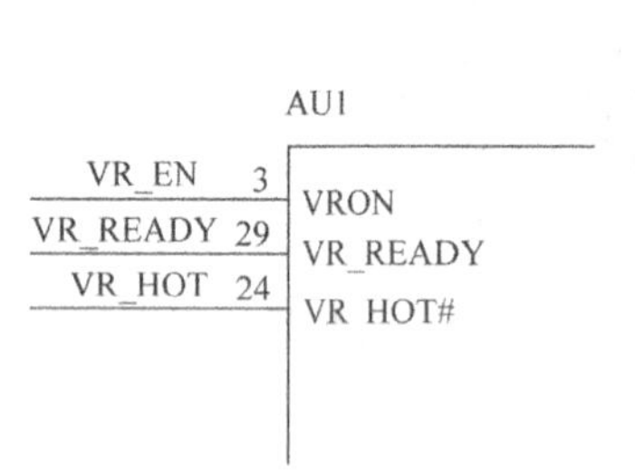

图6-31　场效应管电路原理图及电路板实物

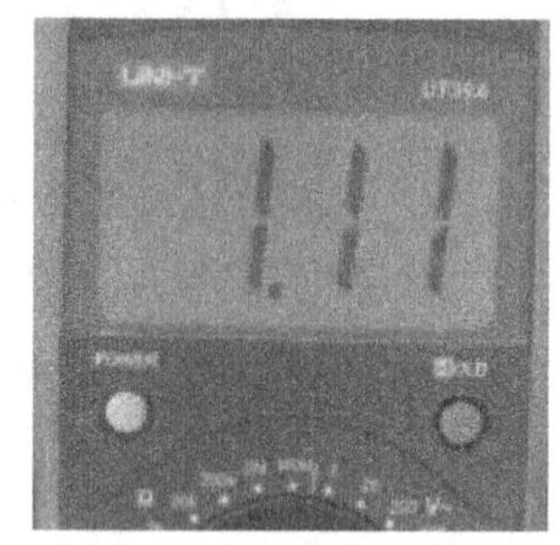

图6-32　测量结果

步骤9：更换场效应管MN10，主板通电后测量正常。故障已经排除。

经验分享

场效应管好坏判断方法：将数字万用表调至二极管挡，然后将效应管的 3 个引脚短接，接着用两支表笔分别接触场效应管 3 个引脚中的两个，测得 3 组数据。如果其中两组数据为 1，另一组数据为 300 ～ 800Ω，则说明场效应管正常；如果其中有一组数据为 0，则场效应管被击穿损坏。

步骤10：根据以上测量分析原因，并撰写故障检测维修工单。检测维修工单，见表6–2。

表 6-2 检测维修工单

故障现象	主板开机显示器不显示，数码卡灯显示“00”				
检测过程	首先用万用表测量场效管对地电阻是否正常，其次场效应管、电源管理芯片供电电压是否正常，再次用万用表测量场效应管的S极电压是否异常，最后用万用表电阻档测量场效管对地电阻为30Ω				
检测结论	场效管MN10损坏引起CPU供电电路无电压输出，不能开机				
维修所消耗的元器件					
序号	名称	型号	封装	数量	维修人（签工位号）
1	场效管	MNPPAG-9MS	SOP	1	1
维修措施			提请用户注意事项	提醒用户定时清理CPU风扇灰尘	

任务拓展

请根据以下两种故障现象进行分析并填写在故障分析记录中，见表6-3。

1）主板工作不稳定。

2）计算机使用过程死机。

表 6-3 故障分析记录

故障现象	
检测过程	
检测结论	
提请用户注意事项	

知识补充

通过台式机主板 CPU 供电电路的检测流程来讲解其中几种常见故障的处理方法。

1）故障现象：开机，显示器黑屏，数码卡灯显示“00”。

故障原因：在未装 CPU 的情况下，电源控制器的电压识别管脚（VID0 ~ VID4）没有得到 CPU 加过来的电压识别指令，无电平信号。所以电源控制器芯片内部电路就不能完全工作，也就是说电源控制器输出时不知把该电压控制在多少伏，同时电源控制器也不会向场效应管的 G 极输出脉冲控制电压，场效应管就不会工作。

解决方法：更换同型号电源管理芯片，装载 CPU，开机测试，故障排除。

2）故障现象：CPU 超频使用了几天后，一次开机时，显示器黑屏，重启后无效。

故障原因：因为 CPU 是超频使用，有可能是超频不稳定引起的故障。开机后，用手摸了一下 CPU 发现非常烫，故障可能在此。

解决方法：找到 CPU 的外频与倍频跳线，逐步降频后，启动计算机，系统恢复正常，显示器也有了显示。提示：将 CPU 的外频与倍频调到合适的状态后，检测一段时间看是否稳定，系统运行基本正常但偶尔会出问题（如非法操作，程序要单击几次才打开），此时如果不想降频，为了系统的稳定，可适当调高 CPU 的核心电压。

3）故障现象：开机突然黑屏。

故障原因：因为是突然死机，怀疑是硬件松动而引起了接触不良。打开机箱把硬件重新插拔一遍后开机，故障依旧。可能是显卡有问题，因为从显示器的指示灯来判断无信号输出，使用替换法检查，显卡没问题。也许是显示器有故障，使用替换的显卡同样发现问题，接着检查 CPU，发现 CPU 的针脚有点发黑和绿斑，这是生锈的迹象，看来故障应该在此。原来制冷片有结露的现象，一定是制冷片的表面温度过低而结露，导致 CPU 长期工作在潮湿的环境中，日积月累，产生太多锈斑，造成接触不良，从而引发这次故障。

解决方法：用橡皮仔细地把 CPU 的每一个针脚都擦一遍，然后把散热片上的制冷片取下，再装好机器，然后开机，故障即可排除。

4）故障现象：一台计算机在使用初期表现异常稳定，但后来似乎感染了病毒，性能大幅度下降，偶尔伴随死机现象。

故障原因：故障原因可能为感染病毒、磁盘碎片增多或 CPU 温度过高。计算机性能大幅下降的原因可能为处理器的核心配备了热感式监控系统，它会持续测温度。只要核心温度到达一定水平，该系统就会降低处理器的工作频率，直到核心温度恢复到安全界线以下为止。另外，CPU 温度过高也会造成死机。

解决方法：首先使用杀毒软件查杀病毒。接着用 Windows 的磁盘碎片整理程序进行整理。最后打开机箱发现 CPU 散热器的风扇出现问题，通电后根本不运转。更换新散热器，故障即可解决。

5）故障现象：一次误将 CPU 散热片的扣环弄掉了，后来又照原样把扣环安装回散热片，重新安装好风扇加电开机后，计算机经常重启。

故障原因：此故障可能是电源问题或 CPU 温度过高造成。首先检查其他部件都没问题，按照常规经验应该是散热部分的问题。有可能是主板侦测到 CPU 过热，自动保护。

解决方法：反复检查导热硅脂和散热片都没问题，重新安装回去还是反复重启。更换了散热风扇后，一切正常。经反复对比终于发现，原来是扣环方向装反了，造成了散热片与 CPU 核心部分接触有空隙，导致 CPU 过热，此时，将散热片重新安装即可。

6）故障现象：计算机启动后运行半个小时死机或启动后运行较大的游戏软件死机。

故障原因：这种有规律性的死机现象一般与 CPU 的温度有关。

解决方法：打开机箱侧板后开机，发现装在 CPU 散热器上的风扇转动时快时慢，叶片上还沾满了灰尘。关机取下散热器，用刷子把风扇上的灰尘刷干净，然后把风扇上不干胶巾纸揭起一大半，露出轴承，发现轴承处的润滑油早已干涸，且间隙过大，造成风扇转动时声音增大了许多。使用摩托车机油在上下轴承处各滴上一滴，然后用手转动几下，擦去多余的机油并重新粘好贴纸，把风扇装回到散热器，再重新装到 CPU 上面。启动计算机后，发现风扇的转速明显快了许多，噪声也小了许多，运行时不会死机。

项目评价 PROJECT EVALUATION

1. 成果展示

小组内选择出1～2组同学，在班级中讲解自己成功之处。并填写表6-4。

表 6-4 成果展示

收获	
体会	
建议	

2. 评分

按自评、小组评、教师评的顺序进行评分，各小组推荐优秀成员，填写表6-5。

表 6-5 评分表

项目	考核要求	评分	评分标准	自评	组评	师评
故障现象描述	正确描述故障现象	10	部分内容不正确扣5分			
检测维修过程	选择正确的维修工具、数据记录正确、动作符合规范	20	档位选择有误扣10分，数值有误扣5分			
故障位置	元件器标识符号和型号	10	未能正确记录故障位置扣10分			
故障原因分析	详细记录电路分析	20	部分内容不正确扣10分			
故障维修措施	符合电烙铁、热风枪作业指导书操作规范	20	未能按操作规范使用维修工具扣10分			
焊点	电气接触好，机械接触牢固，外表美观	10	焊点不符合三要素扣5分			
6S管理	工作台上工具排放整齐、严格遵守安全操作规程	5	工作台上杂乱扣2～5分，违反安全操作规程扣5分			
加分项	团结小组成员，乐于助人，有合作精神，遵守实训制度	5	评分为优秀组长或组员加5分，其他组长或组员的评分由教师或组长评定			
总分						
教师点评						

项目总结 PROJECT SUMMARY

1）主板CPU供电电路故障主要由电路的场效应管损坏，或为场效应管供电的电容、限流电阻或场效应管相连的低通滤波系统的电容或电源管理芯片损坏造成。

2）维修人根据CPU供电电路功能板和真实主板CPU电路分析和电路检修，了解CPU供电电路维修流程、维修原则，熟悉常见不能开机、主板工作不稳定、开机突然黑屏等现象，掌握多种检测、维修方法，才能对故障进行检测维修与故障排除。

3）维修人员要善于积累维修经验，学会故障分析，查阅相关资料，从而更快更准确地进行故障检测与故障排除。

PROJECT 7

PROJECT 7 项目 7

主板南北桥供电电路分析及故障检修

项目概述

本项目主要讲了台式计算机南北桥功能板电路和电路检测维修流程。在功能板和台式计算机主板故障检测与排除过程中，让学生学会分析电路，了解该电路功能电路的工作原理，记录检测过程，确定故障点，排除故障。故障排除后要填写好维修工单，进行总结，积累维修经验。

项目目标

1）通过标识方法，认识主板南北桥模拟电路。

2）使用适当的工具，测量南北桥功能板检测流程，并正确找到故障位置。

3）能够遵循故障检测原则，对计算机主板进行故障检测，并准确记录检测结果。

任务1　主板南北桥供电电路功能板故障检修

任务描述

本任务使用维修工具检测维修台式机主板南北桥供电电路功能板电路，根据电路原理分析，对南北桥供电电路常见的故障准确判断故障位置并进行检测维修，完成后撰写故障报告。

任务分析

主板南北桥芯片供电方式主要采用调压电路组成的供电电路，调压电路组成的供电电路主要有1.05V、1.5V、3.3V等工作电路。在维修前，应学习了解功能板的电路结构，并按照电路图正确使用检测工具进行检测与维修。

知识准备

1. 主板南北桥供电功能板的结构

主板南北桥供电电路功能板主要由运算放大器、场效应管等元器件组成，如图7-1所示。

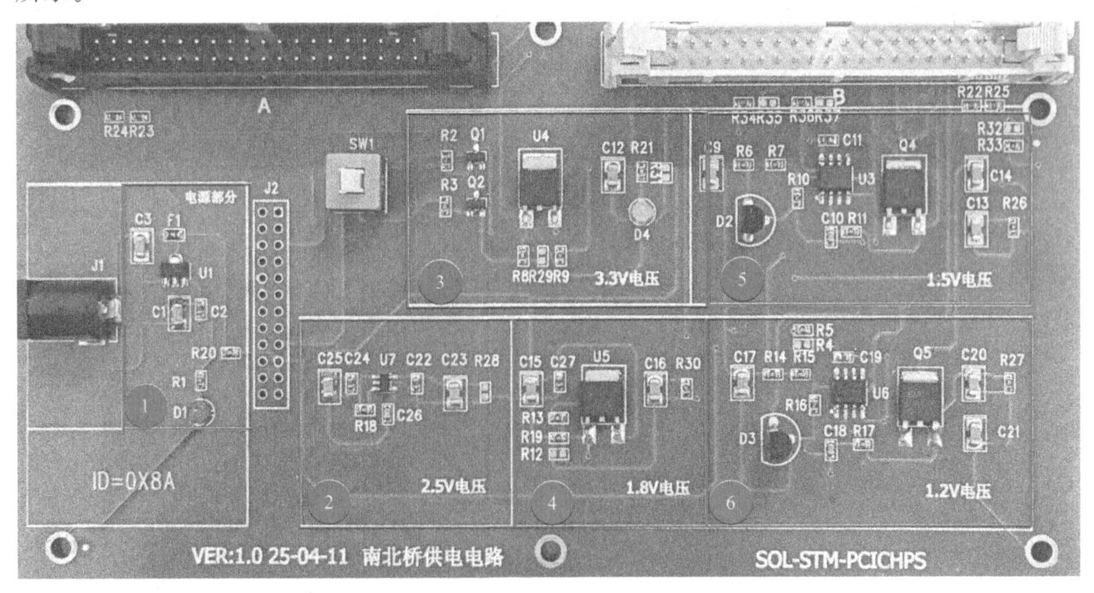

图7-1　主板南北桥仿真功能板

2. 主板南北桥供电功能板部分电路作用

1）ATX电源区域是将适配器输入的10V电压转换成电路所需要的5V电压，如图7−1中1所示。

2）南北桥供电电路2.5V区域，如图7−1中2所示。

3）南北桥供电电路3.3V区域，如图7−1中3所示。

4）南北桥供电电路1.8V区域，如图7−1中4所示。

5）南北桥供电电路1.5V区域，如图7−1中5所示。

6）南北桥供电电路1.2V区域，如图7−1中6所示。

任务实施

步骤1：使用万用表直流电压档测量电容C1的正极电压是否为5V。电路原理图及电路板实物如图7−2所示。测量结果如图7−3所示。从图7−3中可以看出，电容C1的正极电压正常，排除此故障原因。

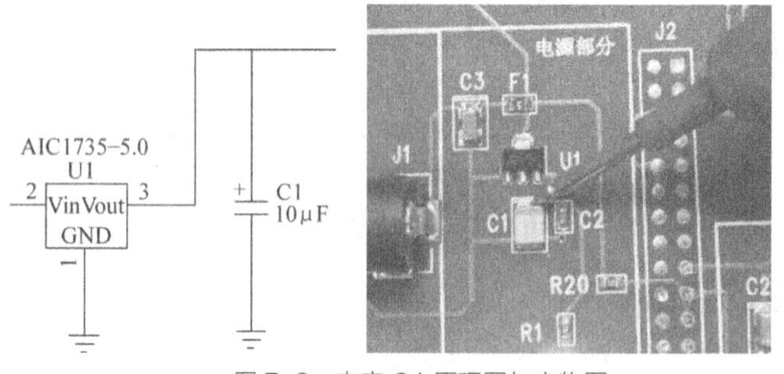

图7−2　电容C1原理图与实物图

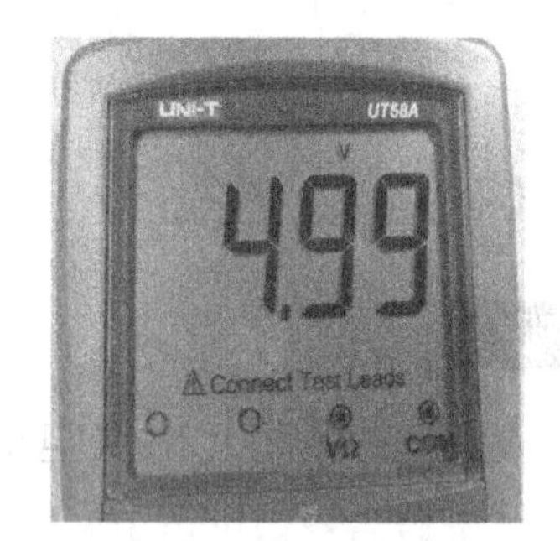

图7−3　测量结果

步骤2：使用万用表直流电压档测量三端稳压器U4第2脚电压是否为3.3V。电路原理图及电路板实物如图7−4所示。测量结果如图7−5所示。从图7−5中可以看出，测量的电压正常，排除此故障原因。

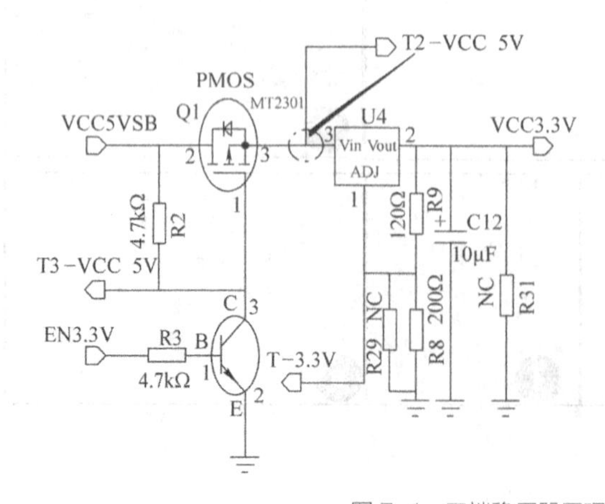

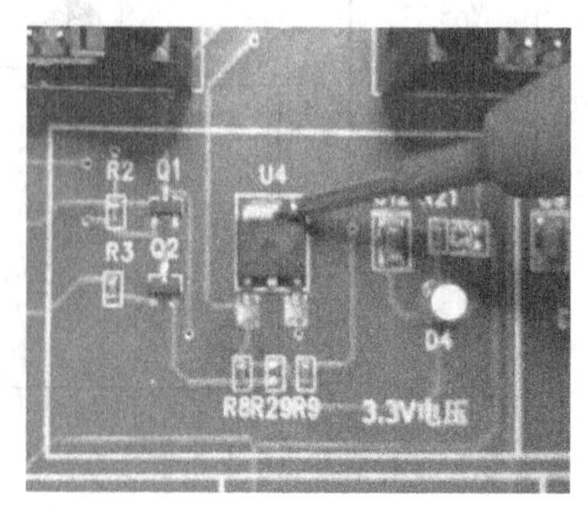

图7−4　三端稳压器原理图与实物图

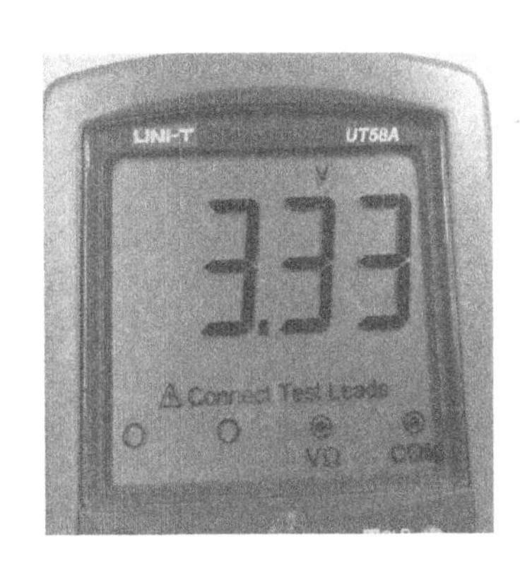

图 7-5　测量结果

知识补充

图 7-4 中，U4 为三端稳压器 APL1084，其中 VIN 引脚为电压输入端，VOUT 引脚为电压输出端；ADJ 引脚为调节端，此端通过电阻 R8 和 R9 组成反馈回路，实时侦测输出端电压，以保证输出的电压保持稳定。

步骤3：使用万用表直流电压档测量D2第3脚电压是否为2.5V。电路原理图及电路板实物如图7−6所示。测量结果如图7−7所示。从图7−7中可以看出，测量的电压正常，排除此故障原因。

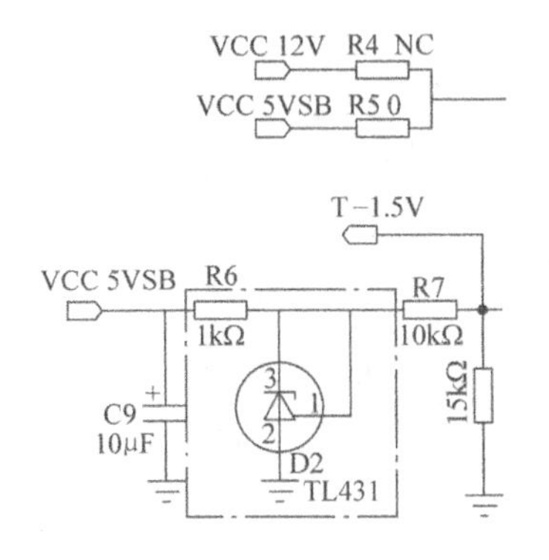

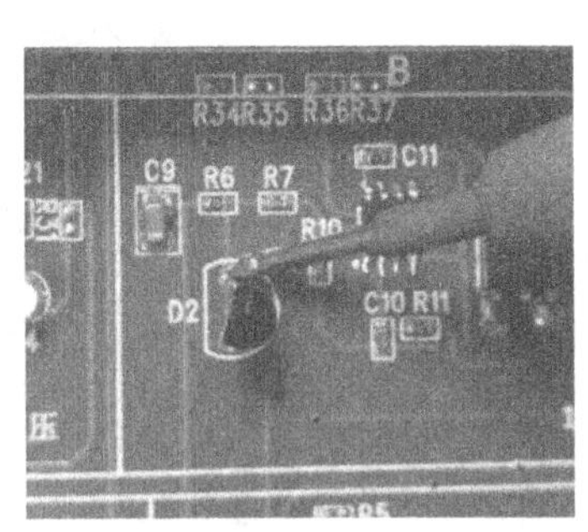

图 7-6　三端稳压器原理图与实物图

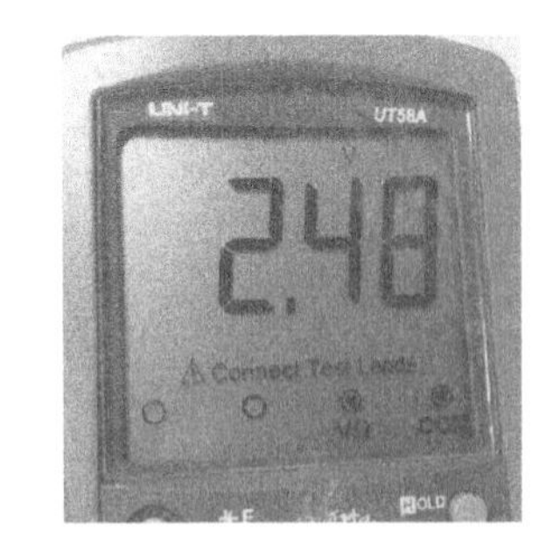

图 7-7　测量结果

经验分享

TL431 为精密稳压器，为供电电路提供 2.5V 基准电压。

步骤4：使用万用表直流电压挡测量U3第3脚电压是否为3.3V。电路原理图及电路板实物如图7−8所示。测量结果如图7−9所示。从图7−9中可以看出，测量的电压正常，排除此故障原因。

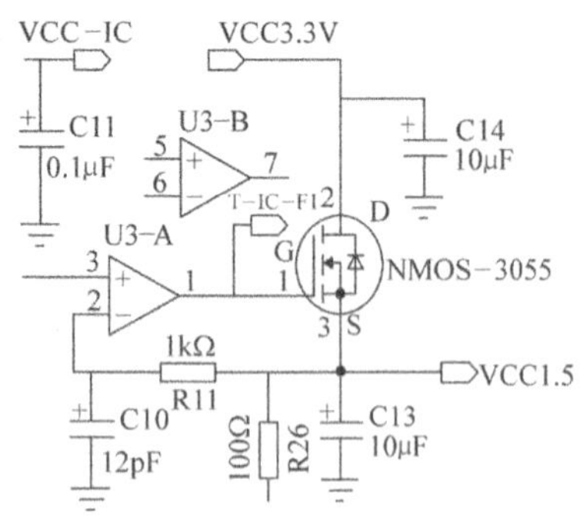

图 7-8　LM358 原理图与实物图

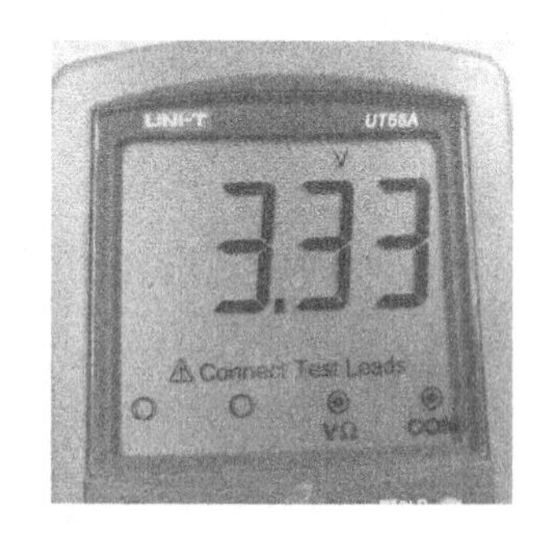

图 7-9　测量结果

知识补充

LM358 为双运算放大器，其内部有两个独立的、调增益、内部频率补偿的运算放大器，适合电源电压范围很宽的单电源使用，也适用于双电源工作模式，能够分别独立地输出标准 1.5 ~ 3.3V 电压。

步骤5：使用万用表直流电压档测量Q4第3脚电压是否为1.5V。电路原理图及电路板实物如图7-10所示。测量结果如图7-11所示。从图7-11中可以看出，测量的电压正常，排除此故障原因。

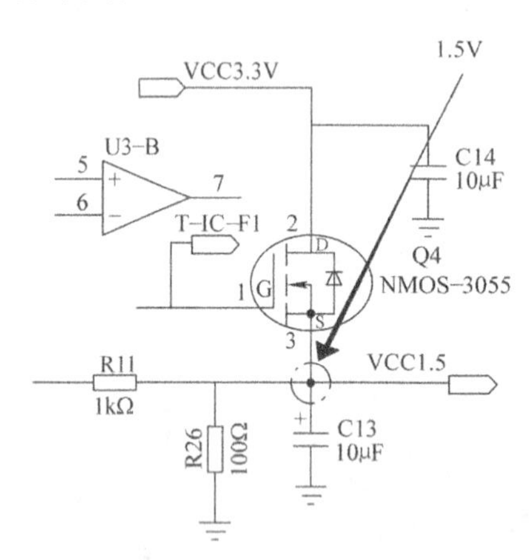

图 7-10　3055 原理图与实物图

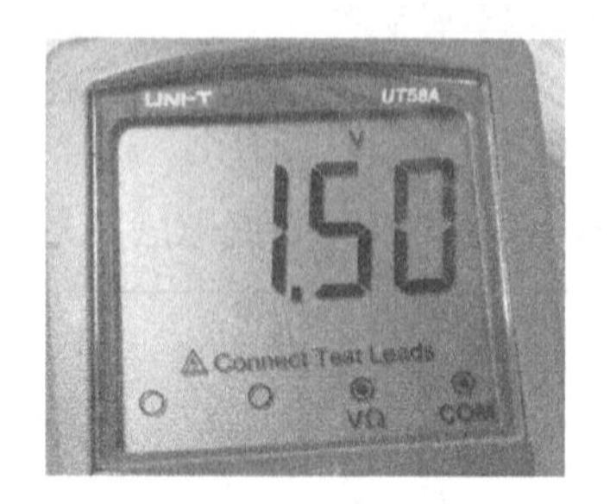

图 7-11　测量结果

步骤6：使用万用表直流电压档测量D3第3脚电压是否为2.5V。电路原理图及电路板实物如图7-12所示。测量结果如图7-13所示。从图7-13中可以看出，测量的电压正常，排除此故障原因。

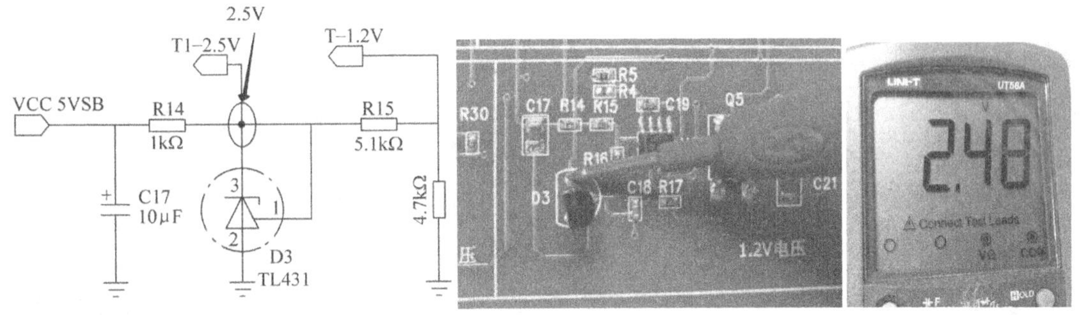

图7-12　Q4原理图与实物图　　　　图7-13　测量结果

步骤7：使用万用表直流电压档测量U6第3脚电压是否为3.3V。电路原理图及电路板实物如图7-14所示。测量结果如图7-15所示。从图7-15中可以看出，测量的电压正常，排除此故障原因。

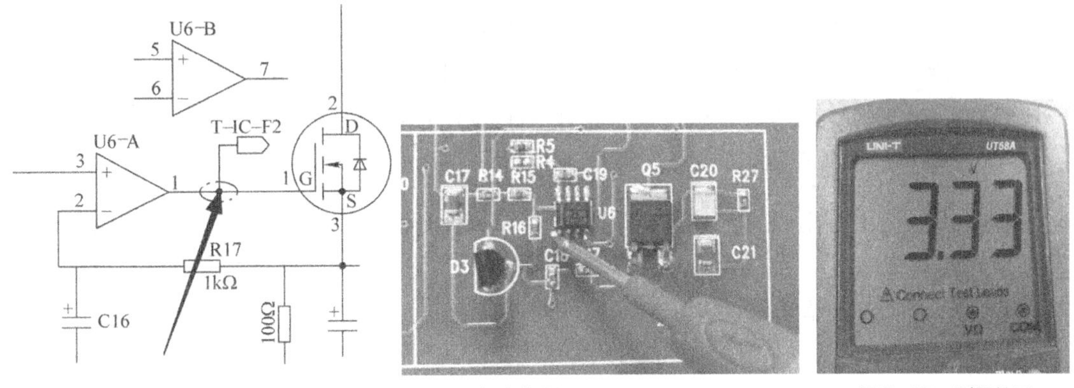

图7-14　LM358原理图与实物图　　　　图7-15　测量结果

步骤8：使用万用表直流电压档测量U6第3脚电压是否为1.2V。电路原理图及电路板实物如图7-16所示。测量结果如图7-17所示。从图7-17中可以看出，测量的电压正常，排除此故障原因。

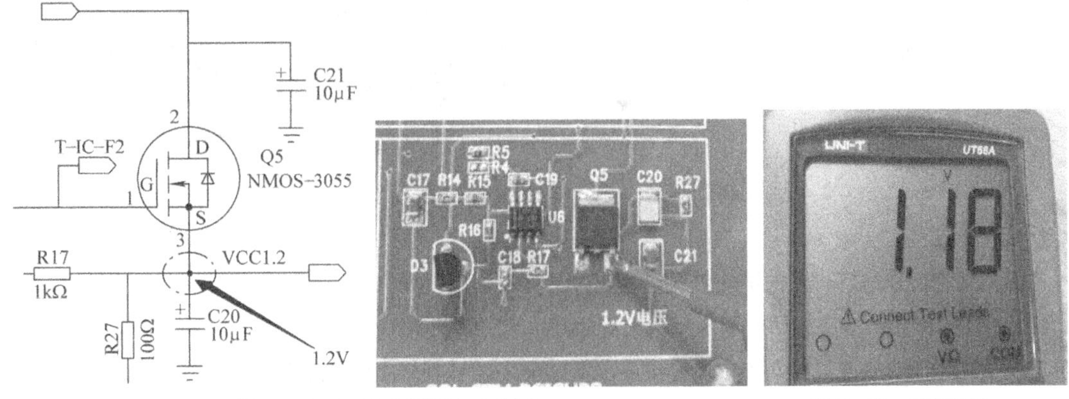

图7-16　3055原理图与实物图　　　　图7-17　测量结果

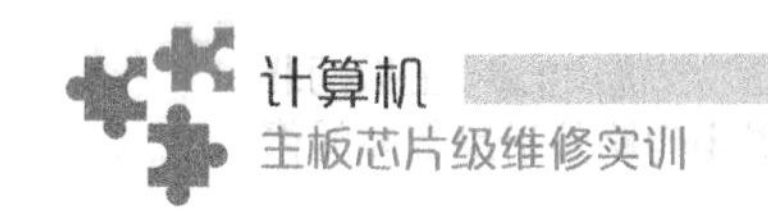

步骤9：使用万用表直流电压档测量U7第5脚电压是否为2.5V。电路原理图及电路板实物如图7–18所示。测量结果如图7–19所示。从图7–19中可以看出，测量的电压正常，排除此故障原因。

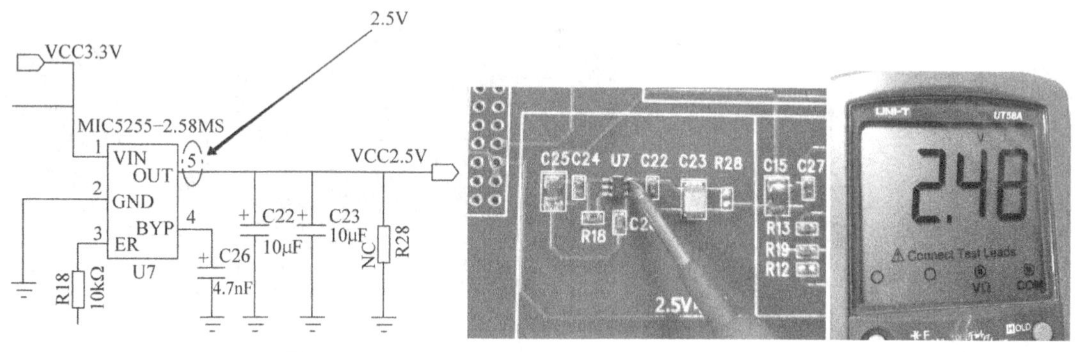

图 7–18　MIC5255 原理图与实物图　　　　图 7–19　测量结果

知识补充

图 7–18 中，U7 为多端稳压器 MIC5255，它共有 5 个引脚，其中 IN 引脚为电压输入端；OUT 引脚为输出端，一般输出的电压经过滤波后输送到芯片组。EN 引脚为输出控制端，连接到南桥芯片。当计算机开机后，南桥会向 EN 引脚发出高电平控制信号，接着多端稳压器开始工作，3.3V 电压从输入端进入后，再经过内部控制电路处理，会输出 2.5V 供电电压。如果南桥输出的控制信号为低电平，则关闭多端稳压器。

步骤10：使用万用表直流电压档测量U7第5脚电压是否为1.8V。电路原理图及电路板实物如图7–20所示。测量结果如图7–21所示。从图7–21中可以看出，测量的电压不正常，初步断定此为故障原因。

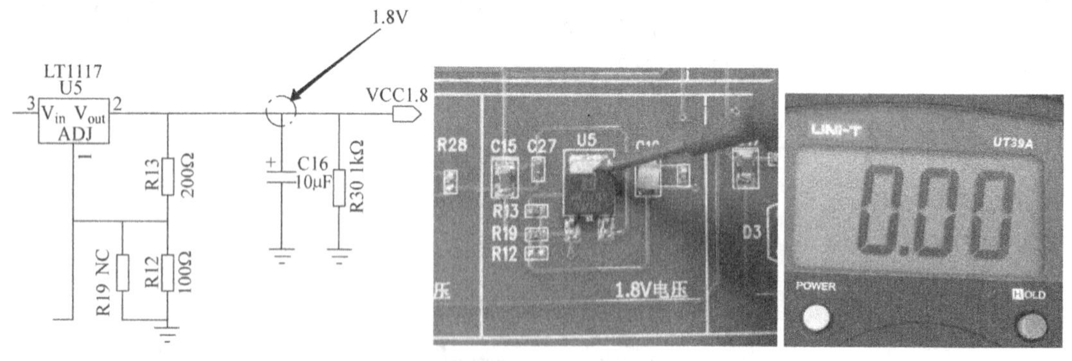

图 7–20　LT1117 原理图与实物图　　　　图 7–21　测量结果

步骤11：更换U5，功能板通电后测量电压正常。故障已经排除。

经验分享

三端集成稳压器好坏判断方法。若测量某两脚之间的正、反向电阻值均很小或接近0 Ω 则可判断该集成稳压器内部已击穿损坏；若测量两脚之间的正、反向电阻值均为无穷大，则说明该集成稳压器已开路损坏；若测量集成稳压器的阻值不稳定，随温度的变化而改变，则说明该集成稳压器的热稳定性能不良。

步骤12：撰写维修报告。按照表7-1的格式填写维修报告。

表7-1 维修报告

故障 项目	故障一	故障二	故障三
故障元器件位置编号			
故障表现摘述			

任务拓展

完成主板南北桥供电仿真功能板电路U7损坏引起的故障维修，并撰写维修报告。

任务2　台式机主板南北桥供电电路故障检修

任务描述

本任务以精英主板H81H3-M7为例。使用维修工具检测维修台式机主板南北桥供电电路，根据电路原理分析和仿真功能板检测维修思路，对南北桥供电电路常见的故障准确判断故障位置并进行检测维修，完成后撰写故障报告。

任务分析

步骤1：主板南桥供电电路常见故障现象包括：1）主板无法开机；2）PCITE插槽不能使用；3）开机使用不稳定。主板南桥供电电路中引发上述故障现象的原因有很多，主板南桥供电电路的故障主要出现在开机实时晶振、谐振电容、南桥芯片、PWM电源管理模块、南桥供电电路模块等损坏。

主板南桥供电电路一般检测流程：

1）主板南桥供电电路工作电压PWM控制脚是否有信号。

2）测量主板南桥供电电路的3.3V、3VSB、1.5V、1.05V等工作电压。

知识准备

由于南北桥供电需要的工作电压较多，因此主板中一般都设计有专门的南北桥供电电路为南北桥芯片组供电。

1. 南桥芯片供电电路的组成

主板中南桥芯片供电电路主要由比较器、场效应管（MOSFET管）、精密比较器、三端稳压器、电容、电阻等元件组成，如图7-22所示。

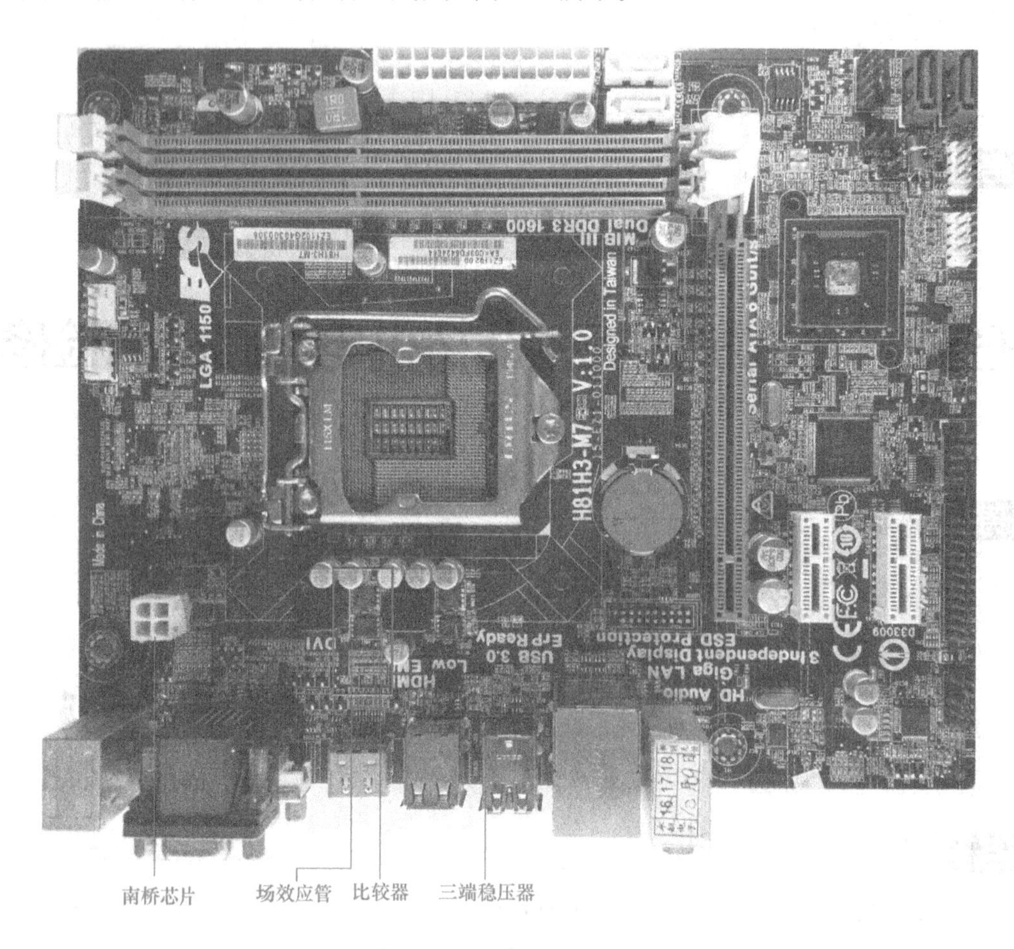

图7-22 南桥电路实物图

2. 主板南桥芯片供电电路主要元器件作用

1）比较器：主要用来比较两个输入端的量，如果同相输入大于反相输入，则输出高电平，否则输出低电平，输出的高低电平控制场效应管导通还是截止。

2）场效应管：在比较器输出电平驱动下，不断地导通与截止，通过电容滤波，为南桥芯片组供电。

3）三端稳压器是将ATX电源的输出电压由5V稳压后转变为3.3V，为南桥芯片组电路供电。

3. 由三端稳压器、比较器和场效应管组成的调压电路为南桥芯片供电电路（见图7-23）

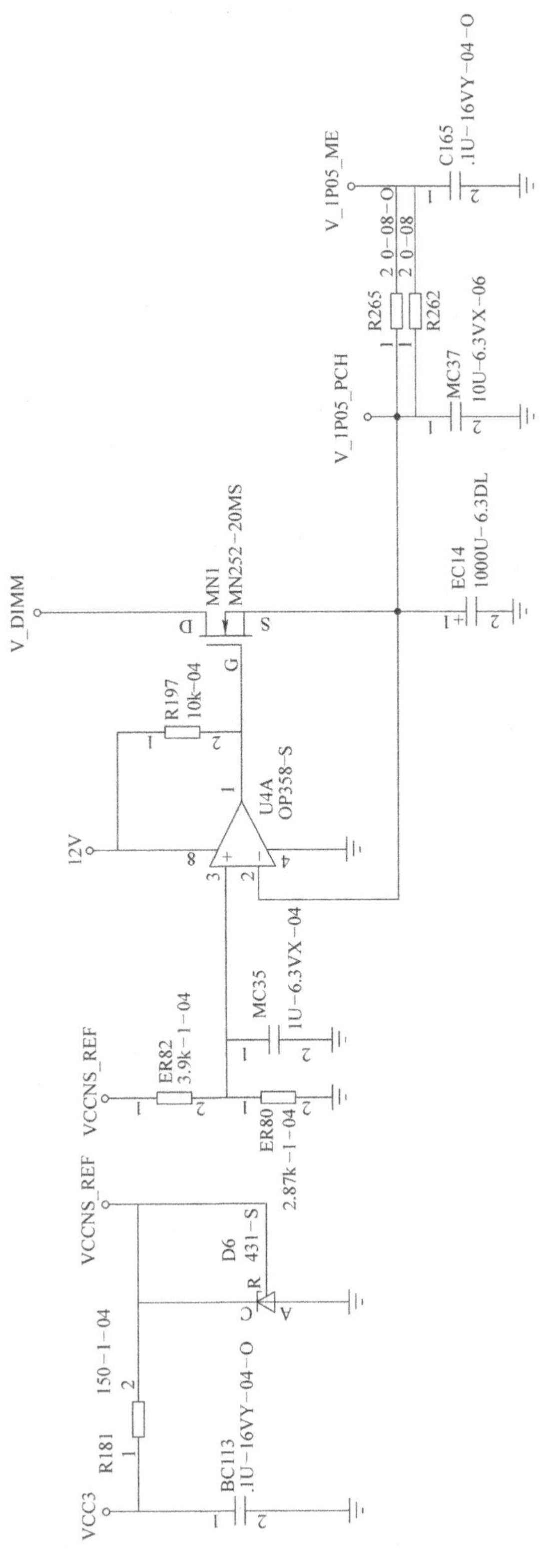

图 7-23 南桥芯片供电电路

4. 南桥芯片供电电路工作原理

（1）南桥芯片3V供电电路

南桥芯片3V供电电路通过三端稳压器U6和电阻组成的调压电路得到，如图5−25所示。U6的IN为电压输入，OUT为电压输出，ADJ为调节端与电阻ER95和ER96组成的反馈回路。其工作原理：在开机后，ATX电源输出的5V待机电压连接到稳压器U6，经U6稳压后输出供电电压，输出的电压通过电阻ER95和ER96组成的反馈电路调节后，输出3V供电电压，然后经过滤波电容滤波后为南桥芯片供电。

（2）南桥芯片1.05V和1.5V供电电路

南桥芯片1.05V和1.5V电路是采用场效应管、比较器和基准电压源构成的供电方式，如图7−23所示。该供电电路中APL431BECD为精密稳压器，通过分压电阻ER80和ER82为供电电路提供1.05V的基准电压。其工作原理是在通电的瞬间，LM358没有电压输出，场效应管MN1的G极为低电平，场效应管MN1处于截止状态，场效应管MN1的S极没有电流输出。在通电后的瞬间，ATX电源的3.3V供电经过APL431BECD精密稳压器稳压后，经过电阻ER80和ER82为供电电路提供1.05V的基准电压，然后加在LM358的正相输入端3脚处；ATX电源的+12V供电电压加在第4脚为LM358供电；内存电源的1.5V电压加在场效应管的D极。当LM358有了工作电压后开始工作；它的输入端电压开始输出高电平，此时高电平直接加在场效应营的G极，场效应管MN1因G电平升高而被导通，由S极处输出电压，电压升高。同时电容EC14等进行电能储能。随着场效应管S极输出电压的升高，LM358的反相端2脚通过反馈环电路，电压也在升高，这样同相和反相进行比较，LM358在同相和反相都是1.05V的情况下，进入平衡状态，将场效应管的S极输出电压稳定在1.05V上。当场效应管的S极向芯片组供电后，电压下降，这时通过反馈环路，比较器LM358的同相端电压大于反相端，LM358输出高电平，MN1继续导通，由S极提供电流，提高电压，在这里电容EC14在场效应管S极电压低时，释放储能，高时吸收能量，起到一个储能稳压的作用。当芯片组停止工作，不再吸取电流时，场效应管S极和LM358的反相输入端2脚电压升高，经比较器比较后，LM358输出低电平，MN1截止。场效应管S极电压不再升高。保持稳定。这样供电电压就始终保持在1.05V。1.5V供电电压工作过程与此类似。

（3）南桥芯片3.3V供电电路

南桥芯片3.3V供电电路是由ATX电源直接输出工作电压，如图7−23所示。

任务实施

步骤1：参照项目5任务2中的步骤1进行操作，排除故障原因。

温馨提示

5VSB是待机电源。待机电源是指计算机未开机，但插着外部电源，主板上有一部分供着电，可以做唤醒等作用的电源。而3VSB是由三端稳压器直接转换另一个待机电源。

步骤2：使用万用表直流电压档测量MN1 S极电压是否为1.05V左右。电路原理图及电路板实物如图7-24所示。测量结果如图7-25所示。从图7-25中可以看出，测量的电压正常，排除此故障原因。

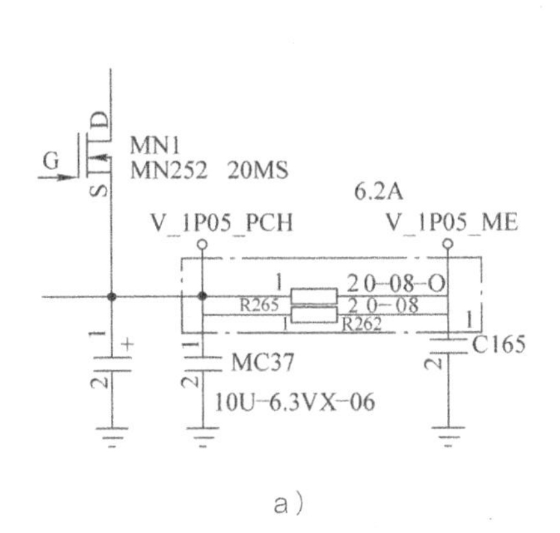

a）

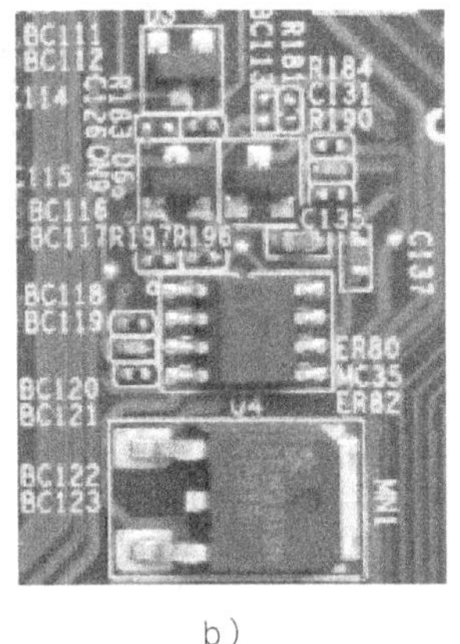

b）

图 7-24 场效应管

a）电路原理图 d）电路板实物

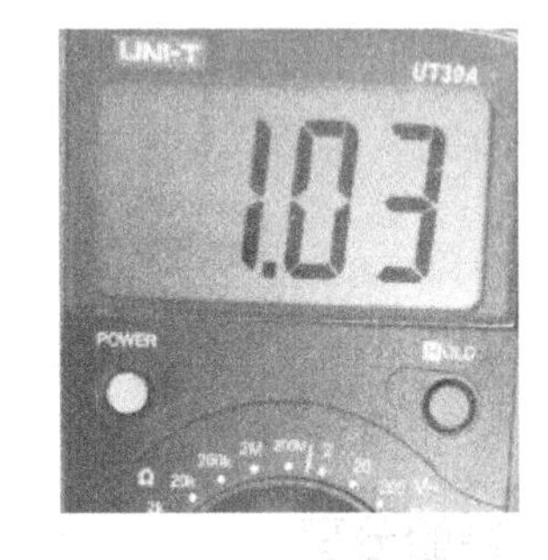

图 7-25 测量结果

步骤3：使用万用表直流电压档测量QN9 S极电压是否为1.5V左右。电路原理图及电路板实物如图7-26所示。测量结果如图7-27所示。从图7-27中可以看出，测量的电压为0V，异常，初步断定为故障原因。

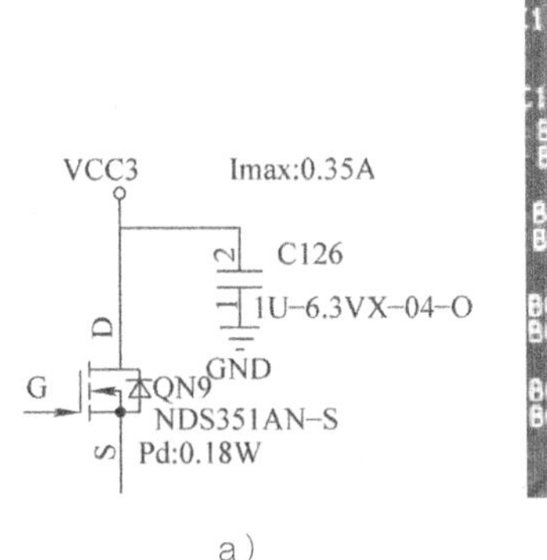

a）

b）

图 7-26 场效应管

a）电路原理图 d）电路板实物

图 7-27 测量结果

步骤4：使用万用表直流电压档测量排电阻RN22的脚电压是否为3.3V左右。电路原理图及电路板实物如图7-28所示。测量结果如图7-29所示。从图7-29中可以看出，测量的电压正常，排除此故障原因。

温馨提示

图7-28中的VCC3是ATX电源直接提供的3V电源电压。

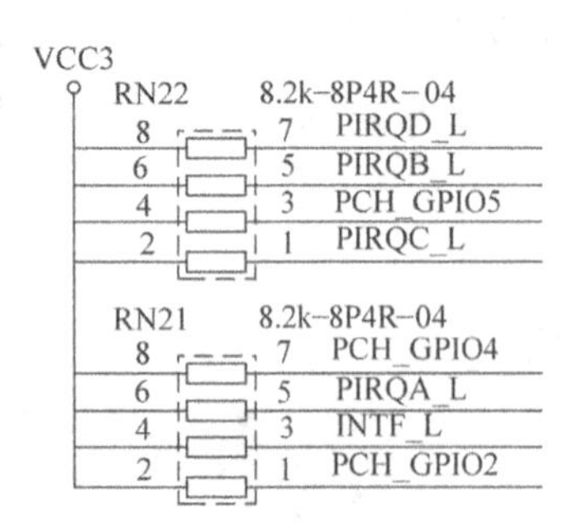

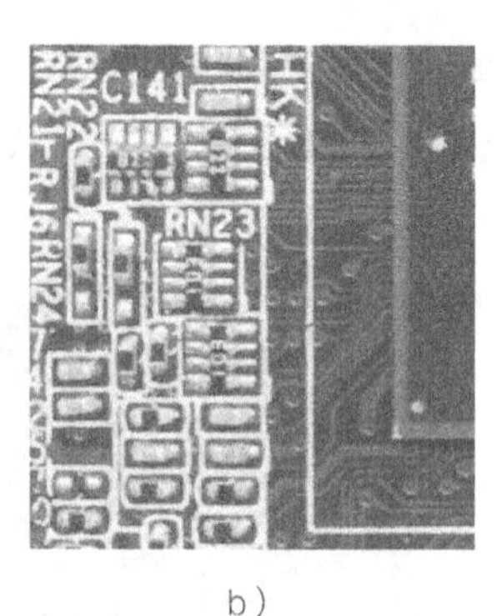

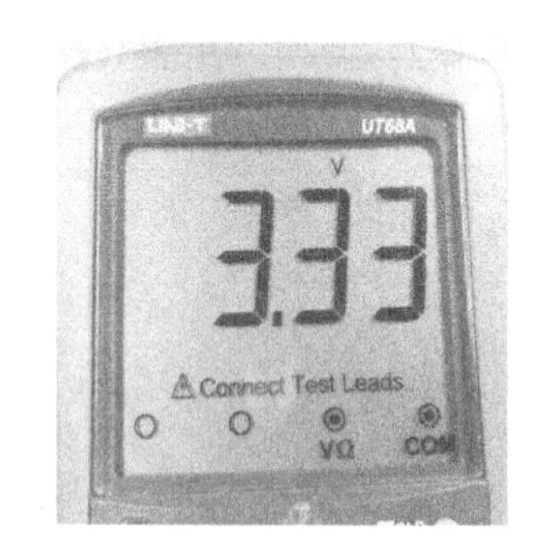

a） b）

图 7-28 场效应管

a）电路原理图 d）电路板实物

图 7-29 测量结果

步骤5：更换场效应管QN9，主板通电后测量正常。故障已经排除。

经验分享

场效应管好坏判断方法：将数字万用表调至二极管挡，然后将效应管的3个引脚短接，接着用两支表笔分别接触效应管3个引脚中的两个，测得3组数据。如果其中两组数据为1，另一组数据为300～800Ω，则说明场效应管正常；如果其中有一组数据为0，则场效应管被击穿损坏。

步骤6：根据以上测量分析原因并撰写故障检测维修工单。检测维修工单，见表7-2。

表 7-2 检测维修工单

故障现象	主板开机显示器不显示，数码卡灯不亮				
检测过程	首先用万用表测量ATX电源5VSB转换3VSB，正常；其次测量场效应管MN1的S极电压是否为1.05V左右，正常；再次用万用表测量排电阻RN22的脚电压是否为3.3V左右，正常；最后用万用表测量场效应管QN9的S极电压是否为1.5V左右，异常。离线测量场效应管QN9的阻值，发现为极间电阻异常后，更换场效应管QN9，故障排除				
检测结论	场效应管QN9损坏引起南桥芯片供电异常，不能上电				
维修所消耗的元器件					
序号	名称	型号	封装	数量	维修人（签工位号）
1	场效应管	NDS351AN-S	SOP	1	1
维修措施			提请用户注意事项		提醒用户市电工作电压不稳定，所以要注意接入稳定电压

任务拓展

分析故障现象，要制定故障检测方案，请根据以下几种故障现象进行分析并填写在故障分析记录中，见表7-3。

1）PCI-E插槽不能使用。

2）开机使用不稳定。

表 7-3 故障分析记录

故障现象	
检测过程	
检测结论	
提请用户注意事项	

知识补充

台式机主板南北桥电路中常见故障检修的方法。

1）目视法：

① 观查南北桥各种芯片、PCB 板、是否有烧焦，断线等明显损坏。

② 看电解电容有无漏液或爆裂。

2）触摸法：开机后，用手触摸南北桥各芯片，感觉是否过热或过凉判断南桥芯片故障。

① 南桥芯片内部短路，引起南桥芯片过热，原因：电源电压高。

② 南桥芯片内部开路，引起南桥芯片过凉，原因：工作条件不满足。

3）替换法：在不能确定具体部件时，用好的元件去替换被怀疑的元件。

4）电阻法：在南北桥通电前测量 ATX 电源电压输出脚对地阻值，从而判断南北桥是否有严重的短路。测量南北桥供电对地阻值，从而判断芯片是否击穿。

5）电压法：通过测量南北桥各测试点电压来判断故障范围。

6）波形法：重要测试点 :Reset、CLK、OSC、FRAME、CS、OE、WE、SMB 等信号判断故障位置。

7）比较法：通过测量南北桥供电电路各测试点电压、阻值、波形与 OK 板相比较，从而找出差异。

8）手压法：用手去压主板相关位置测试，来确定 BGA 是否空焊，但这种做法，不一定能确认出所有的 BGA 空焊现象。

9）断路法：把主板上的电阻、电容、电感等零件取下再进行测量，也可把 PCB 断线后进行测量。

10）短路法：主要是给短路元器件加电，使损坏了的元器件发热，再用触摸法找到损坏元器件。

项目评价 PROJECT EVALUATION

1. 成果展示

小组内选择出1～2组同学，在班级中讲解自己成功之处，并填写表7-4。

表 7-4 成果展示

收获	
体会	
建议	

2. 评分

按自评、小组评、教师评的顺序进行评分，各小组推荐优秀成员，填写表7–5。

表 7-5 评分表

项目	考核要求	评分	评分标准	自评	组评	师评
故障现象描述	正确描述故障现象	10	部分内容不正确扣5分			
检测维修过程	选择正确的维修工具、数据记录正确、动作符合规范	20	档位选择有误扣10分，数值有误扣5分			
故障位置	元件器标识符号和型号	10	未能正确记录故障位置扣10分			
故障原因分析	详细记录电路分析	20	部分内容不正确扣10分			
故障维修措施	符合电烙铁、热风枪作业指导书操作规范	20	未能按操作规范使用维修工具扣10分			
焊点	电气接触好，机械接触固，外表美观	10	焊点不符合三要素扣5分			
6S管理	工作台上工具排放整齐、严格遵守安全操作规程	5	工作台上杂乱扣2～5分，违反安全操作规程扣5分			
加分项	团结小组成员，乐于助人，有合作精神，遵守实训制度	5	评分为优秀组长或组员加5分，其他组长或组员评分由教师、组长评分			
总分						
教师点评						

项目总结 PROJECT SUMMARY

1）主板南北桥供电电路故障是一种比较常见的故障现象。计算机主板引起不能开机也可能是由南桥开机控制有关模块电路或南桥时钟模块电路不正常工作引起。

2）维修人根据南北桥供电功能板和真实主板南桥电路分析和电路检修，了解行业维修流程、维修原则，熟悉常见主板PCI–E插槽不能使用、开机使用不稳定、不能开机等现象，掌握多种检测、维修方法，才能对故障进行检测维修与故障排除。

3）维修人要善于积累维修经验，学会故障分析，查阅相关资料，从而更快更准确地进行故障检测与故障排除。

PROJECT 8

PROJECT 8 项目 8

主板显卡声卡供电电路分析及故障检修

项目概述

本项目主要讲了台式机模拟显卡声卡功能板供电电路和供电电路检测维修流程。在显卡声卡功能板和台式机主板显卡声卡供电电路故障检测与排除过程中，让学生学会分析电路，了解各功能电路的工作原理，记录检测过程，确定故障点，排除故障。故障排除后要填写好维修工单，进行总结，积累维修经验。

项目目标

1）通过标识方法，认识主板显卡声卡模拟供电电路。

2）使用适当的工具，测量显卡声卡供电功能板检测流程，并准确找到故障位置。

3）能够遵循故障检测原则，对计算机主板显卡声卡供电电路进行故障检测，并准确记录检测结果。

任务1 主板显卡声卡供电电路功能板故障检修

任务描述

本任务使用维修工具检测维修台式计算机主板显卡声卡供电功能板电路，根据电路原理分析，对显卡声卡供电电路常见的故障准确判断故障位置并进行检测维修，完成后撰写故障报告。

任务分析

主板显卡声卡供电方式主要有集成IC组成的AGP供电电路、调压元件组成的AGP供电电路、DDR供电电路等工作电路。在维修前，应了解功能板的电路结构，并按照电路图正确使用检测工具进行检测与维修。

知识准备

1. 主板显卡声卡供电功能板的结构

显卡声卡供电方式和南北桥供电电路基本相同，主要包括由开关电源组成的供电电路和调压电路组成的供电电路两种。显卡声卡功能板主要组成部分如图8-1所示。

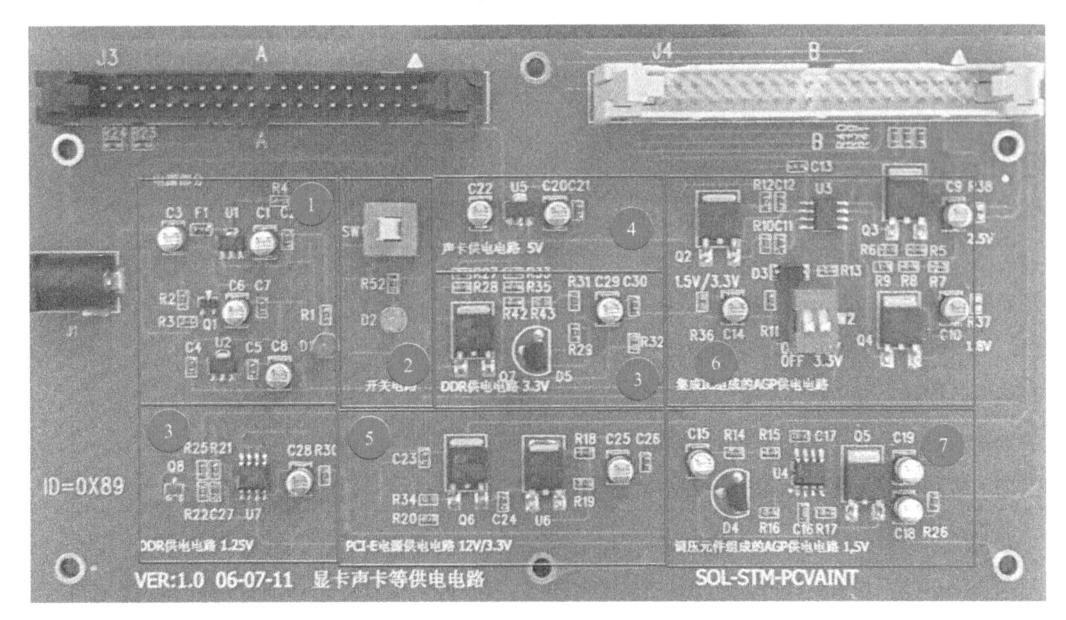

图 8-1 显卡声卡等供电电路功能板

2. 主板显卡声卡等供电功能板部分电路作用

1）ATX电源区域是将适配器输入的10V电压转换或电路所需要的3.3V和5V电压，如图8–1中1所示。

2）开关区域是模拟主板开机后，主板显卡声卡等电路供电，如图8–1中2所示。

3）DDR供电电路区域是模拟主板开机后，内存分配给其他电路供电，如图8–5中3所示。

4）声卡区域是模拟给主板声卡芯片供电电路，如图8–1中4所示。

5）PCI–E区域是模拟给主板显卡芯片供电电路，如图8–1中5所示。

6）集成IC组成的AGP供电电路区域是模拟主板给AGP插槽供电电路，如图8–1中6所示。

7）调压元件组成的AGP供电电路区域是模拟主板给AGP插槽供电电路，如图8–1中7所示。

任务实施

步骤1：使用万用表直流电压档测量电容C1的正极电压是否为5V。电路原理图及电路板实物如图8–2所示。测量结果如图8–3所示。从图8–3中可以看出，电容C1的正极电压正常，排除此故障原因。

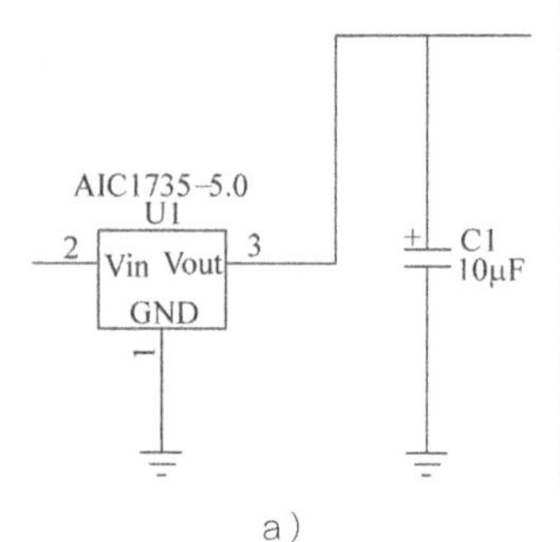

a）

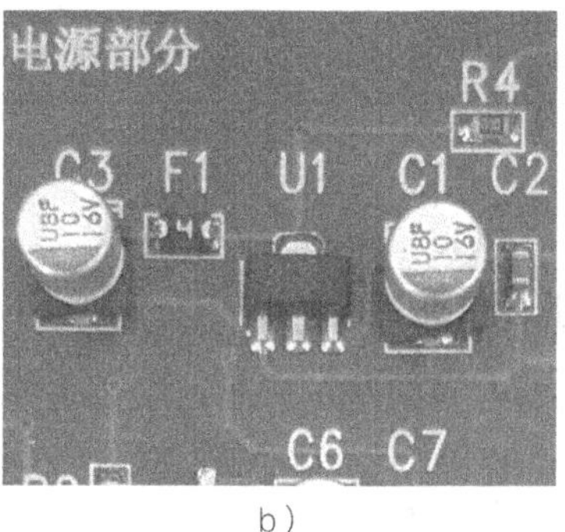

b）

图 8–2 电容 C1

a）原理图 b）实物图

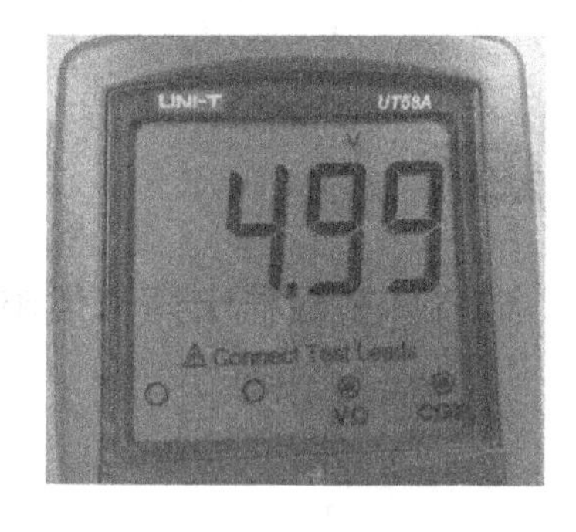

图 8–3 测量结果

经验分享

图 8–2 中，精密三端稳压器 U1 好坏判断方法：测量精密三端稳压器的电阻值正常，也不能确定该稳压器就是完好时，应进一步测量其稳压值是否正常。测量时，可在被精密三端稳压器的电压输入端与接地端之间加上一个直流电压（正极接输入端）。此电压应比被测稳压器的标称输出电压高 3V 以上（例如，被测集成稳压器是 AIC1735–5.0，加的直流电压就为 9V），但不能超过其最大输入电压。若测得集成稳压器输出端与接地端之间的电压值输出稳定，且在集成稳压器标称稳压值的 ±5% 范围内，则说明该集成稳压器性能良好。

步骤2：使用万用表直流电压档测量三端稳压器U2第3脚电压是否为3.3V。电路原理图及电路板实物如图8–4所示。测量结果如图8–5所示。从图8–5中可以看出，测量的电压正常，排除此故障原因。

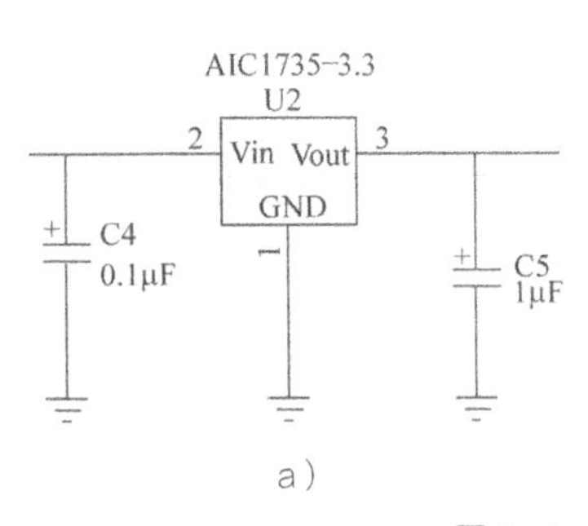

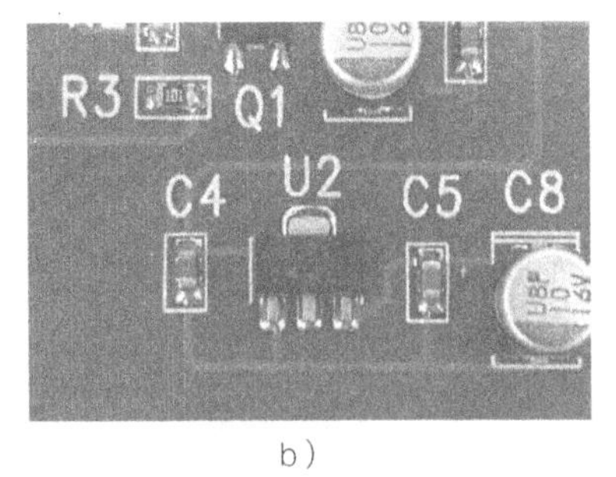

a）　　b）

图 8-4　三端稳压器

a）原理图　b）实物图

图 8-5　测量结果

步骤3：使用万用表直流电压档测量场效应管Q1第3脚电压是否为5V。电路原理图及电路板实物如图8-6所示。测量结果如图8-7所示。从图8-7中可以看出，测量的电压正常，排除此故障原因。

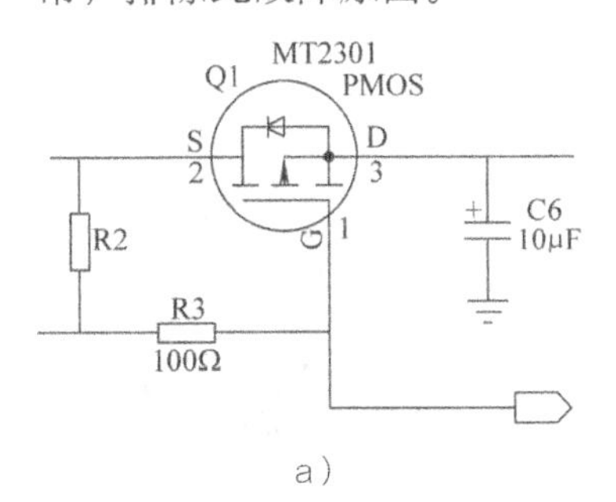

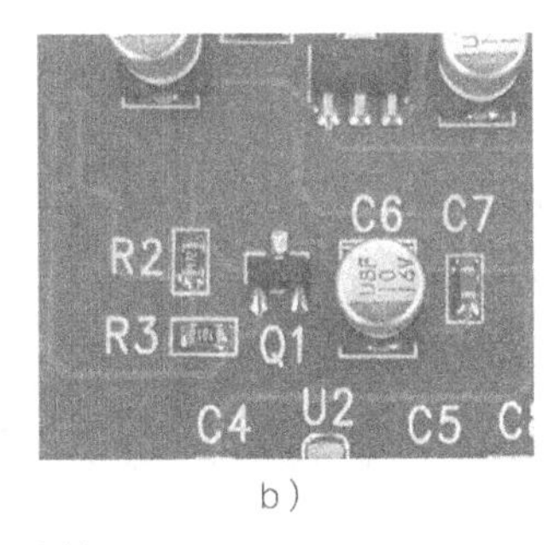

a）　　b）

图 8-6　场效应管

a）原理图　b）实物图

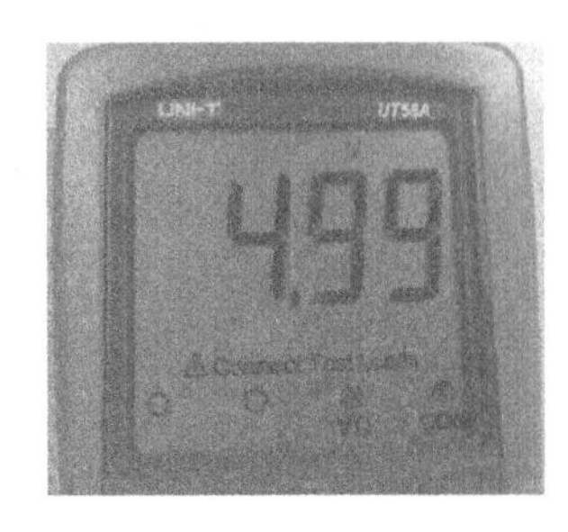

图 8-7　测量结果

步骤4：使用万用表直流电压档测量三端稳压器U5第1脚电压是否为5V。电路原理图及电路板实物如图8-8所示。测量结果如图8-9所示。从图8-9中可以看出，测量的电压为0V，异常，初步断定为故障原因。

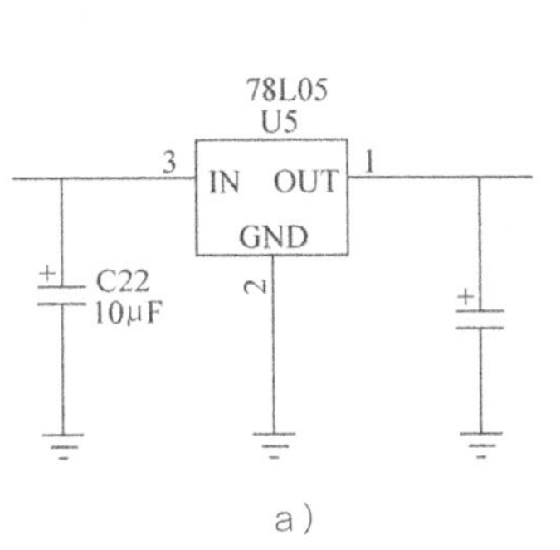

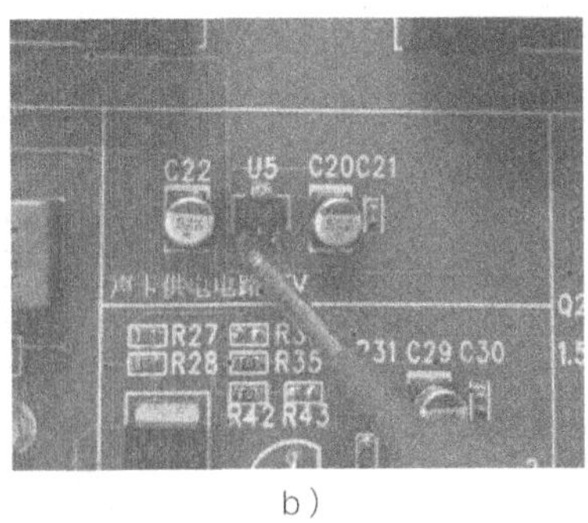

a）　　b）

图 8-8　三端稳压器

a）原理图　b）实物图

图 8-9　测量结果

步骤5：使用万用表直流电压档测量场效应管Q7第3脚电压是否为3.3V。电路原理图及电路板实物如图8-10所示。测量结果如图8-11所示。从图8-11中可以看出，测量的电压正常，排除此故障原因。

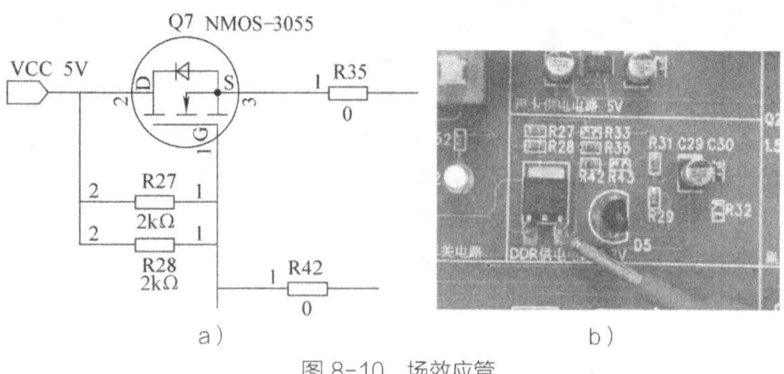

图 8-10　场效应管
a）原理图　b）实物图

图 8-11　测量结果

步骤6：开关按下时，使用万用表直流电压档测量电源管理芯片U3第2脚电压是否为10V。电路原理图及电路板实物如图8-12所示。测量结果如图8-13所示。从图8-13中可以看出，测量的电压正常，排除此故障原因。

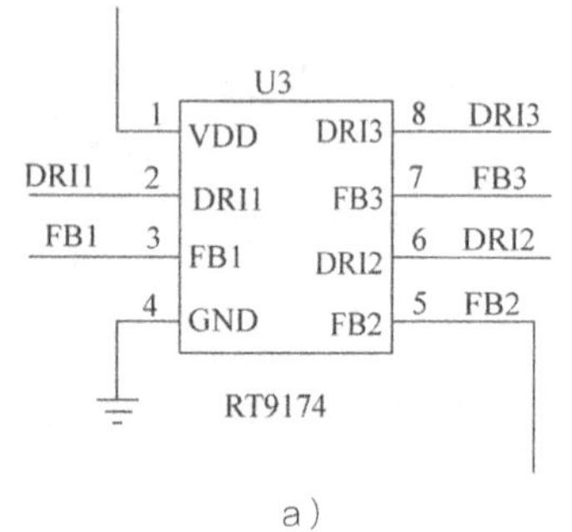

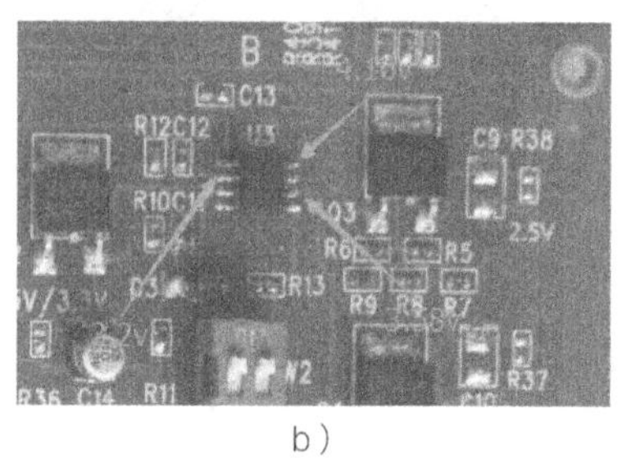

图 8-12　电源管理芯片
a）原理图　b）实物图

图 8-13　测量结果

经验分享

图 8-12 中，U3 为 RT9174 是电源管理芯片，属于开关电源组成的供电电路，和前面介绍过的 CPU 供电检测方法相似。

步骤7：开关按下时，使用万用表直流电压档测量电源管理芯片U3第6脚电压是否为3.3V。电路原理图及电路板实物如图8-12所示。测量结果如图8-14所示。从图8-14中可以看出，测量的电压正常，排除此故障原因。

步骤8：开关按下时，使用万用表直流电压档测量电源管理芯片U3第8脚电压是否为4.16V左右。电路原理图及电路板实物如图8-12所示。测量结果如图8-15所示。从图8-15中可以看出，测量的电压正常，排除此故障原因。

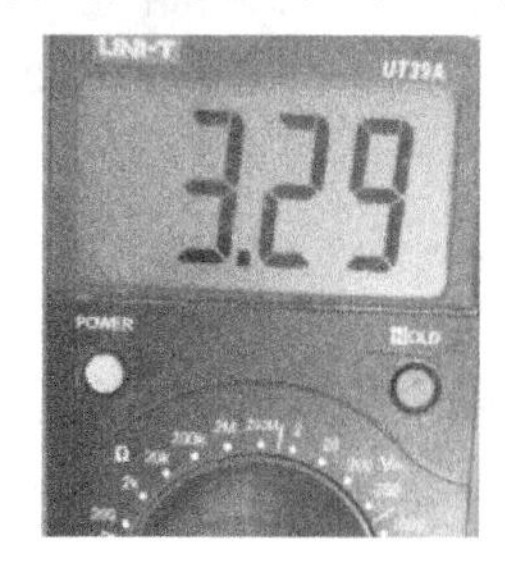

图 8-14　测量结果

图 8-15　测量结果

步骤9：使用万用表直流电压档测量场效应管Q2第3脚电压是否为3.3V。电路原理图及电路板实物如图8-16所示。测量结果如图8-17所示。从图8-17中可以看出，测量的电压正常，排除此故障原因。

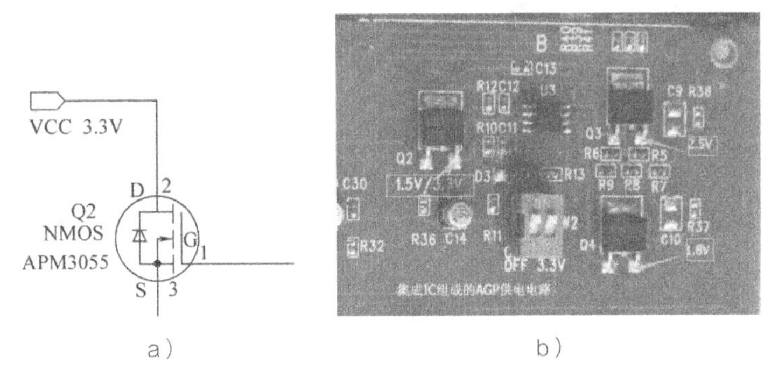

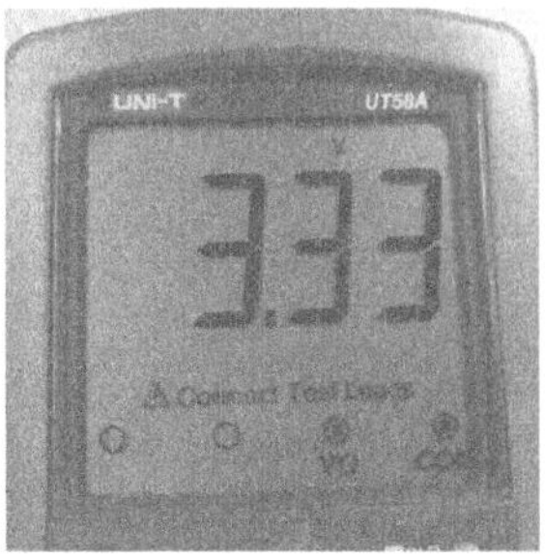

图 8-16 场效应管

a）原理图 b）实物图

图 8-17 测量结果

步骤10：使用万用表直流电压档测量场效应管Q3第3脚电压是否为2.5V。电路原理图及电路板实物如图8-16所示。测量结果如图8-18所示。从图8-18中可以看出，测量的电压正常，排除此故障原因。

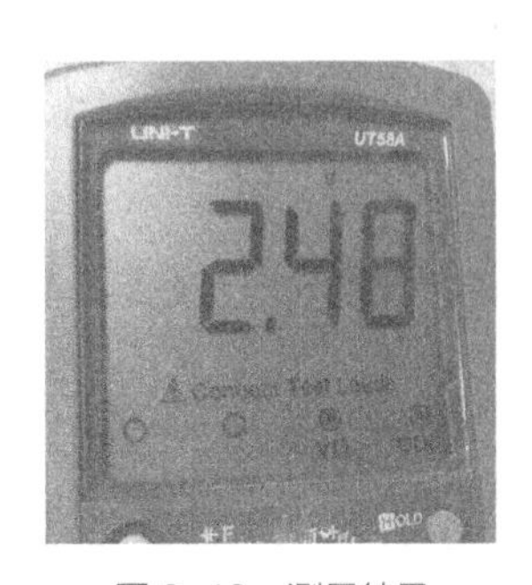

图 8-18 测量结果

步骤11：使用万用表直流电压挡测量场效应管Q4第3脚电压是否为2.5V。电路原理图及电路板实物如图8-19所示。测量结果如图8-20所示。从图8-20中可以看出，测量的电压正常，排除此故障原因。

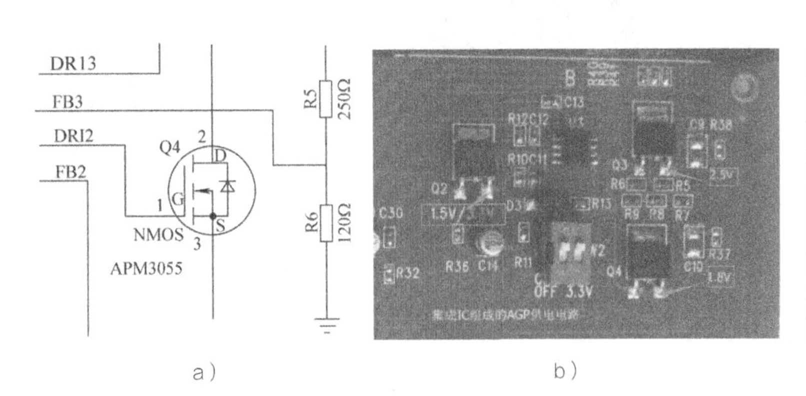

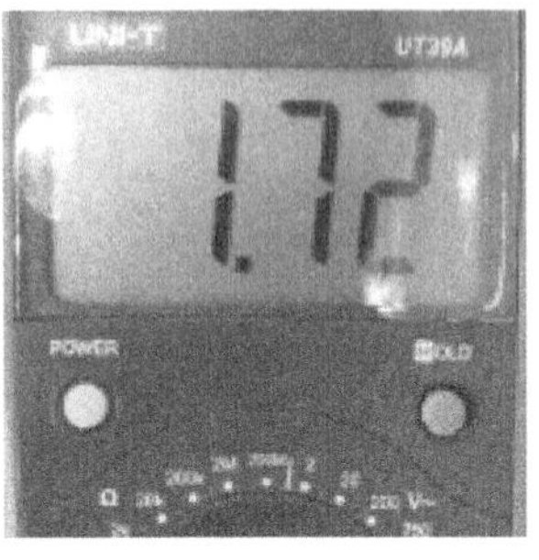

图 8-19 场效应管

a）原理图 b）实物图

图 8-20 测量结果

步骤12：使用万用表直流电压档测量集成稳压芯片U7第4脚电压是否为1.25V左右。电路原理图及电路板实物如图8-21所示。测量结果如图8-22所示。从图8-22中可以看

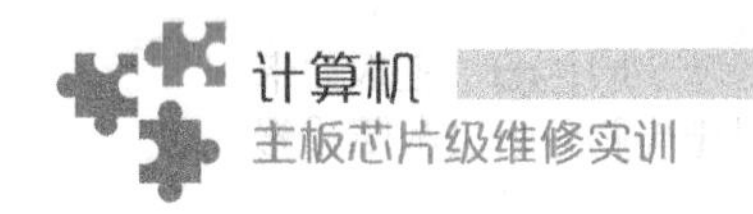

出，测量的电压正常，排除此故障原因。

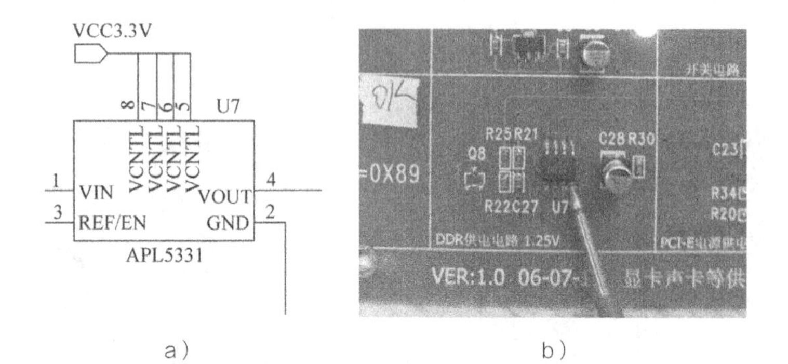

a）　　　　　　　　　　b）

图 8-21　集成稳压芯片

a）原理图　b）实物图

图 8-22　测量结果

> **经验分享**
>
> 图 8-21 中，U7 为 APL5331 是多端集成稳压芯片，EN 引脚为输出控制端，连接到南桥芯片。当计算机开机后，南桥会向 EN 引脚发出高电平控制信号，接着多端稳压器开始工作，3.3V 电压从输入端进入后，再经过内部控制电路处理，输出 1.2V 供电电压。

步骤13：使用万用表直流电压档测量三端稳压器U6第2脚电压是否为3.3V左右。电路原理图及电路板实物如图8-23所示。测量结果如图8-24所示。从图8-24中可以看出，测量的电压正常，排除此故障原因。

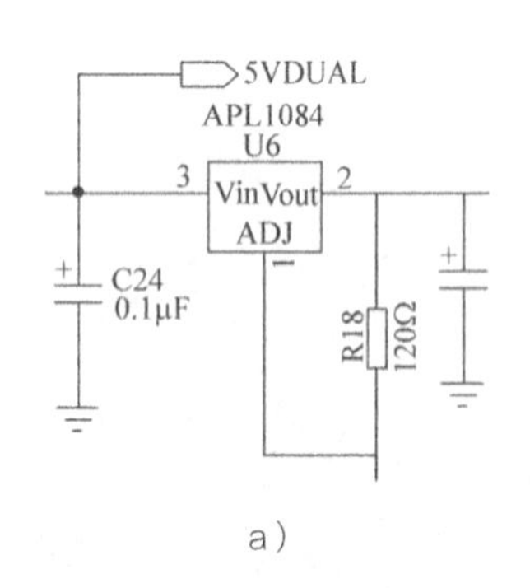

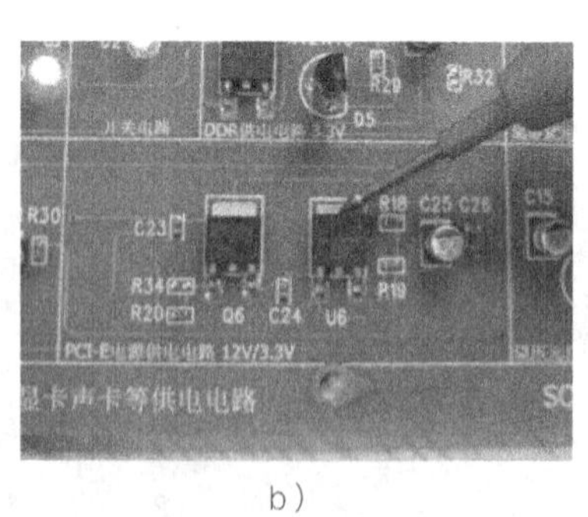

a）　　　　　　　　　　b）

图 8-23　三端稳压器

a）原理图　b）实物图

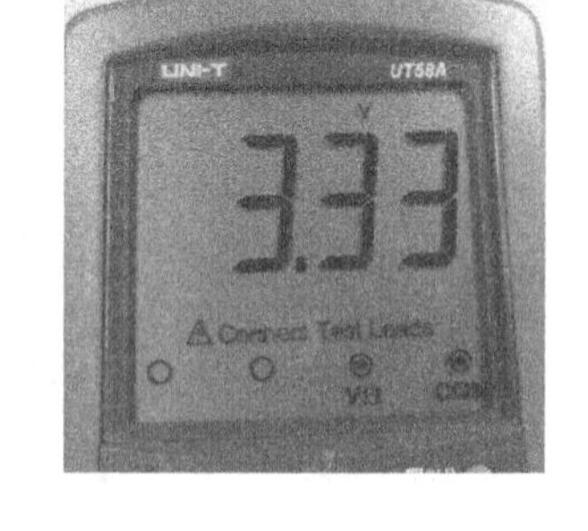

图 8-24　测量结果

步骤14：使用万用表直流电压档测量运算放大器U4第1脚电压是否为3.3V左右。电路原理图及电路板实物如图8-25所示。测量结果如图8-26所示。从图8-26中可以看出，测量的电压正常，排除此故障原因。

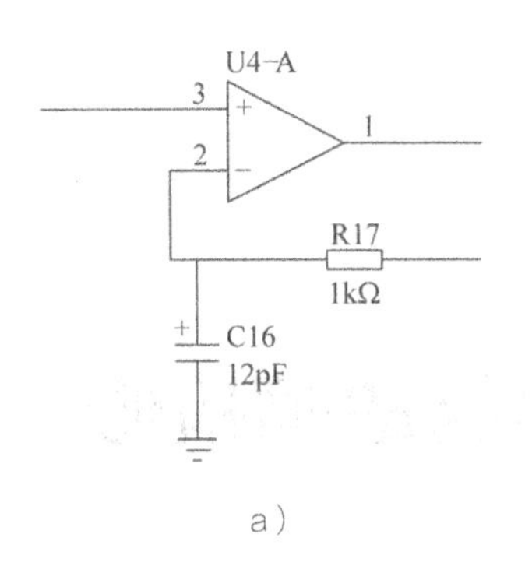

a）

b）

图 8-25　运算放大器

a）原理图　b）实物图

图 8-26　测量结果

步骤15：使用万用表直流电压档测量场效应管Q5第3脚电压是否为1.5V左右。电路原理图及电路板实物如图8－27所示。测量结果如图8－28所示。从图8－28中可以看出，测量的电压正常，排除此故障原因。

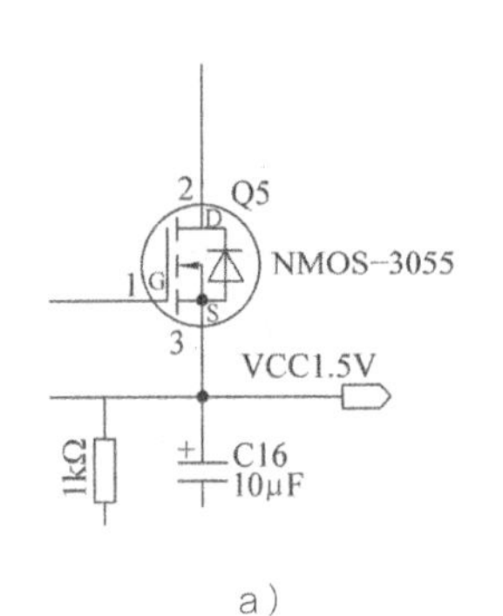

a）

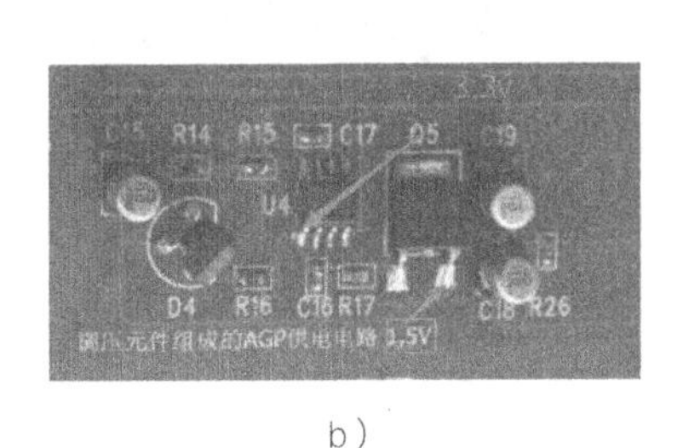

b）

图 8-27　运算放大器

a）原理图　b）实物图

图 8-28　测量结果

步骤16：更换U5，功能板通电后测量电压正常，此故障已经修复。

> **温馨提示**
>
> 三端稳压器U5好坏参考精密三端稳压器好坏的判断方法。

步骤17：撰写维修报告。按照表8－1的格式填写维修报告。

表 8-1　维修报告

项目＼故障	故障一	故障二	故障三
故障元器件位置编号			
故障表现概述			

任务拓展

完成显卡声卡功能板电路三端稳压器U6损坏引起故障维修，并撰写维修报告。

任务2　台式机显卡声卡供电电路故障检修

任务描述

本任务以精英主板H81H3-M7为例。使用维修工具检测维修台式机主板显卡声卡供电电路，根据电路原理分析和仿真功能板检测维修思路，对显卡声卡供电电路常见的故障准确判断故障位置并进行检测维修，完成后撰写故障报告。

任务分析

显卡声卡供电电路中常见故障现象包括：①开机后，无显示；②开机后，无声音；③开机后，串口不能使用。主板显卡声卡供电电路中引发上述故障现象的原因有很多，当主板显卡声卡电路出现故障后，主板显卡声卡电路的故障主要出现在接连的南桥芯片、三端稳压器、集成运算放大器芯片等。

知识准备

1. 主板声卡供电电路的组成

主板声卡供电电路主要由ATX电源插座5V和3.3V、电阻、电容等元器件组成，G41型号的主板声卡电源的5V，一般由12V转换成5V。而H81型号的主板声卡供电电源直接由ATX电源提供。H81型号主板声卡如图8-29所示。

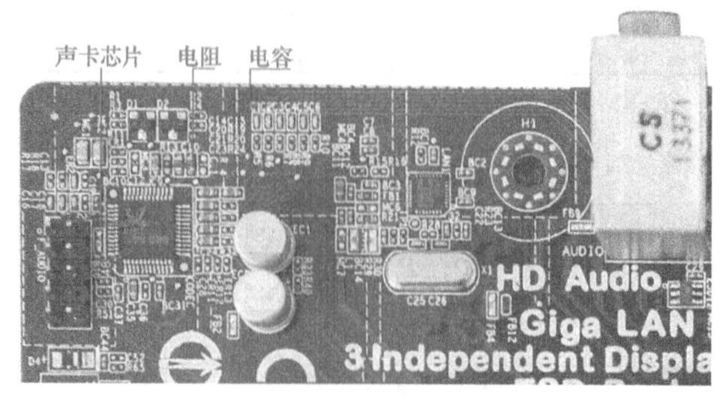

图8-29　H81型号主板声卡

2. 声卡电路原理图（见图8-30）

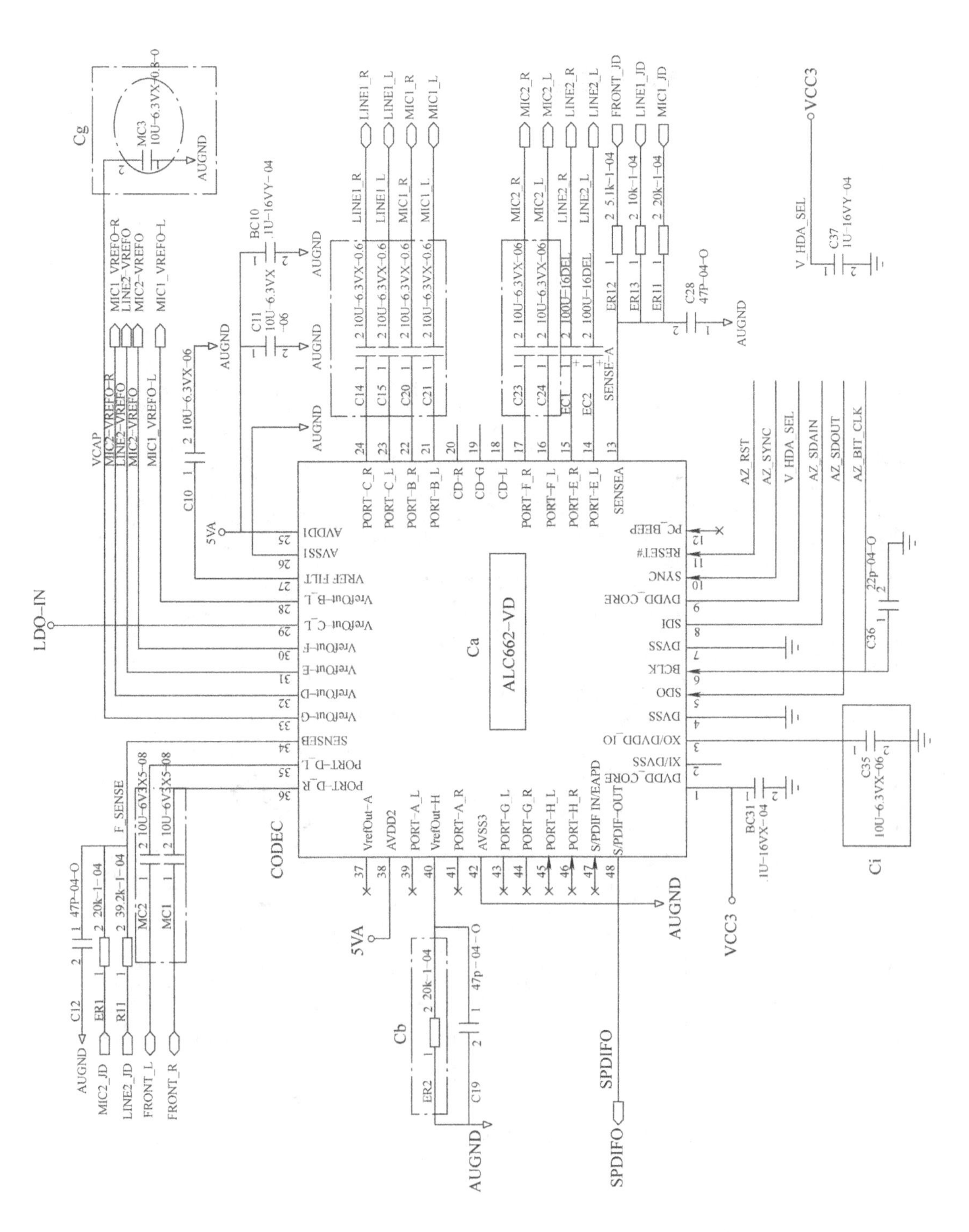

图 8-30 声卡电路原理图

3. 声卡供电电路的工作原理

声卡供电电路主要是由ATX电源插座5VSB电压通过保险电阻R14为声卡芯片供电。同时，ATX电源插座3.3V电压经过滤波电路电容、电阻为声卡芯片供电。

4. PCI-E显卡供电电路结构

主板PCI-E显卡接口一般需要3.3V供电电压、12V供电电压。其中12V供电电压直接由ATX电源12V供电电路提供，3.3V供电电压分两种，一种供电电路主要由ATX电源插座3.3V提供，另一种是由ATX电源的5VSB供电经过三端稳压器U6转换后得到3VSB辅助电压，如图8-31所示。

图 8-31　PCI-E 供电电路实物图

5. 显卡供电电路原理图（见图8-32）

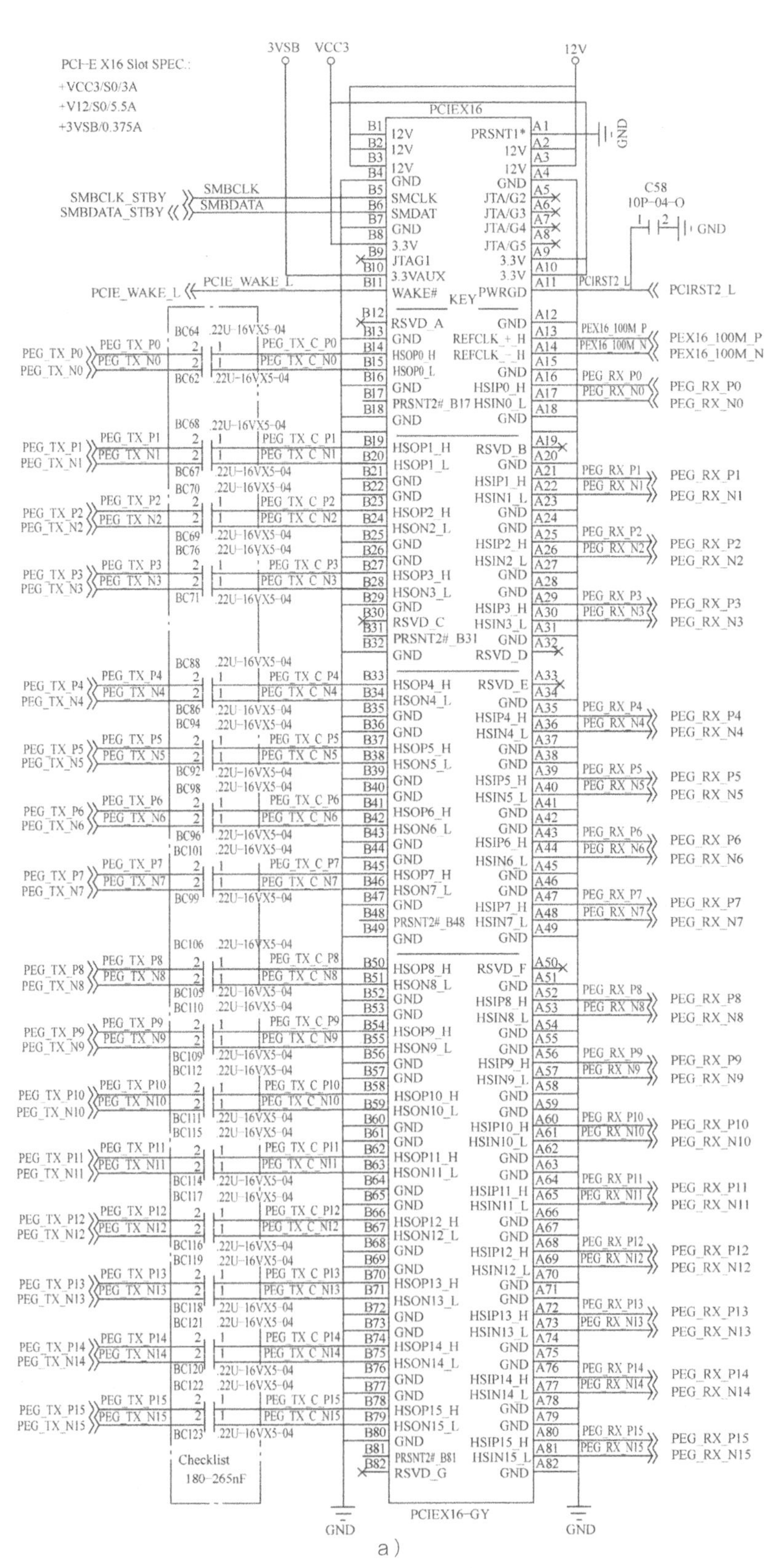

图 8-32 PCI-E 显卡供电电路

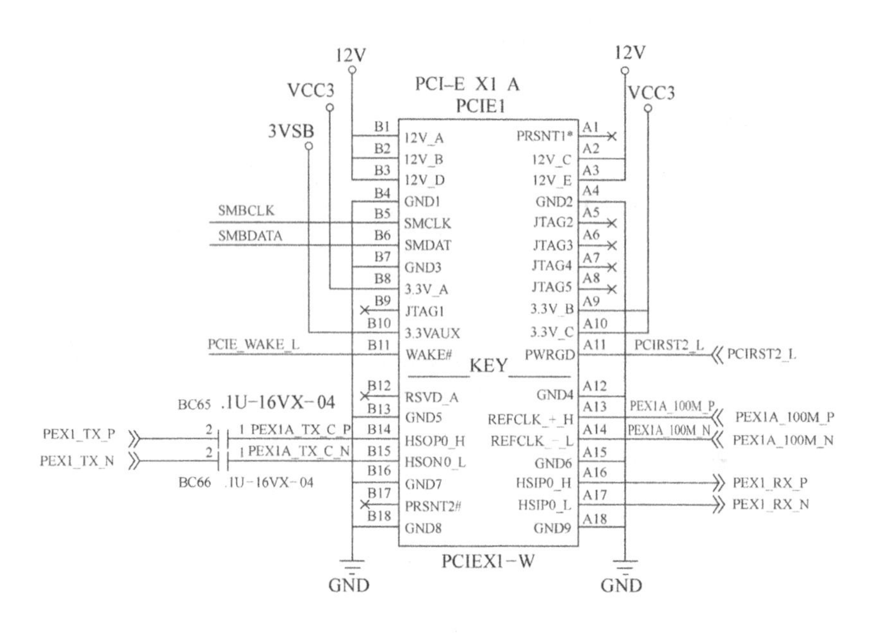

Add PCIEX1 20130513 Amos

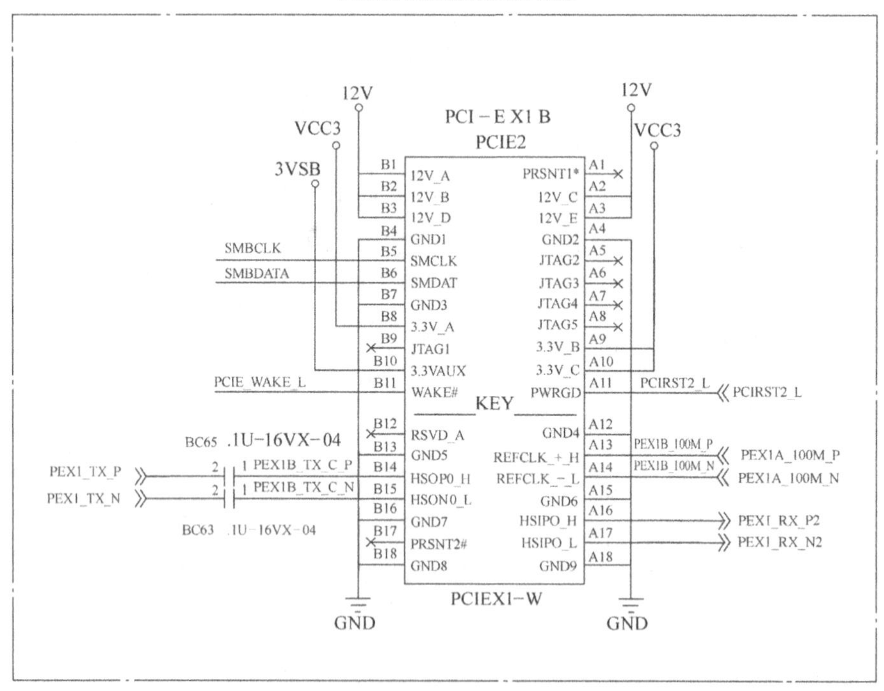

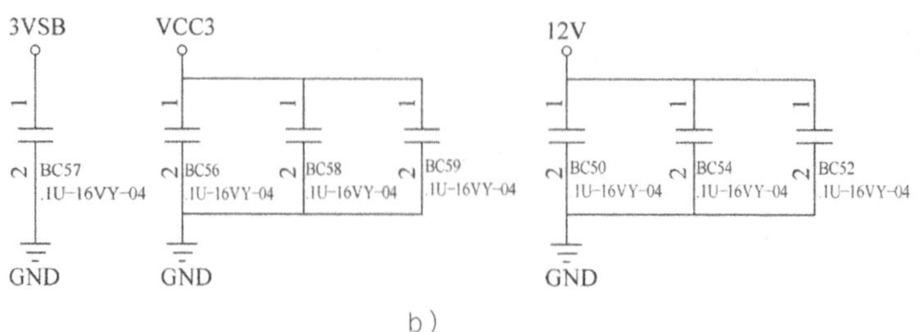

b）

图 8-32　PCI-E 显卡供电电路（续）

6. PCI-E显卡供电电路工作原理

当主板启动后，ATX电源的12V电压经过电容BC50、BC52、BC54滤波后加到PCI-E X16插槽的B1、B2、B3、A2、A3脚；ATX电源的3.3V电压经过电容BC56、BC58、BC59滤波后加到PCI-E X16插槽的B8、A9、A10脚；ATX电源的5VSB待机工作电压经三端稳压器转换输出3VSB工作电压经电容BC57滤波后加到PCI-E X16插槽的B10脚。

任务实施

步骤1：使用万用表直流电压档测量声卡芯片第1脚电压是否为3.3V左右。电路原理图及电路板实物如图8-33所示。测量结果如图8-34所示。从图8-34中可以看出，测量的电压正常，排除此故障原因。

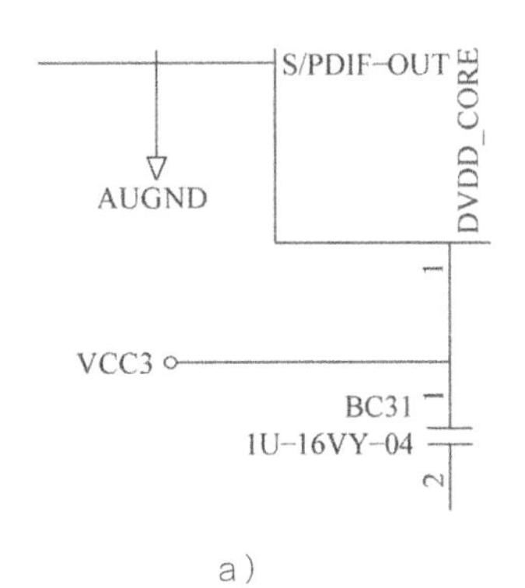

a）

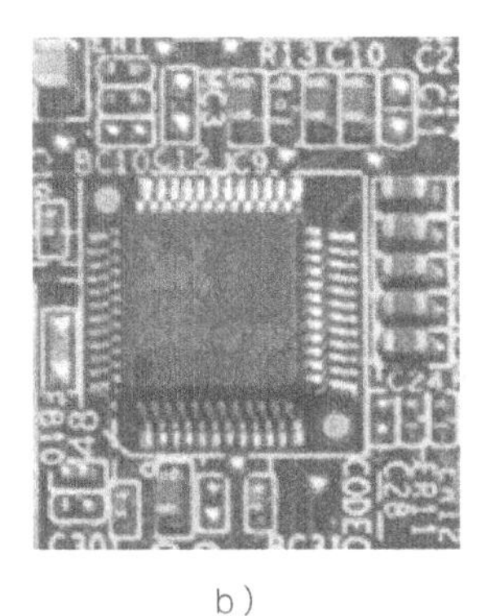
b）

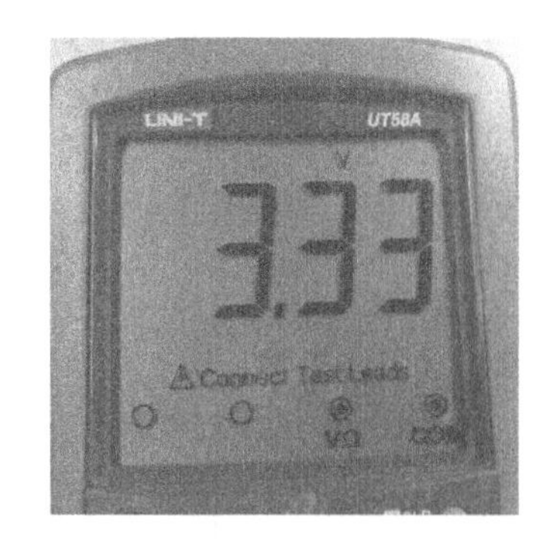

图8-33　声卡芯片部分电路

a）原理图　b）电路板实物

图8-34　测量结果

步骤2：使用万用表直流电压档测量声卡芯片第25脚电压是否为5V左右。电路原理图及电路板实物如图8-35所示。测量结果如图8-36所示。从图8-36中可以看出，测量的电压正常，排除此故障原因。

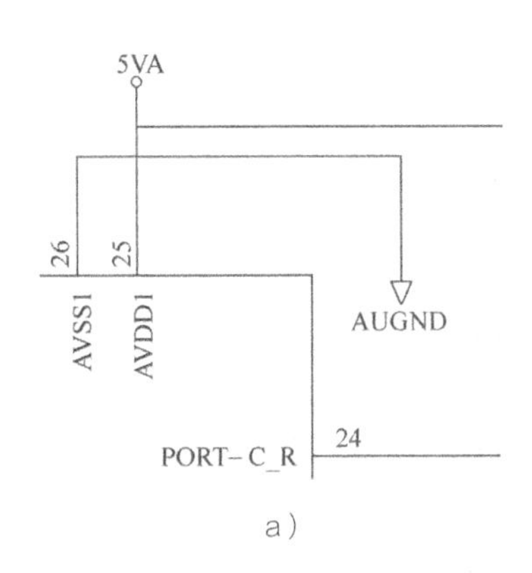

a）

b）

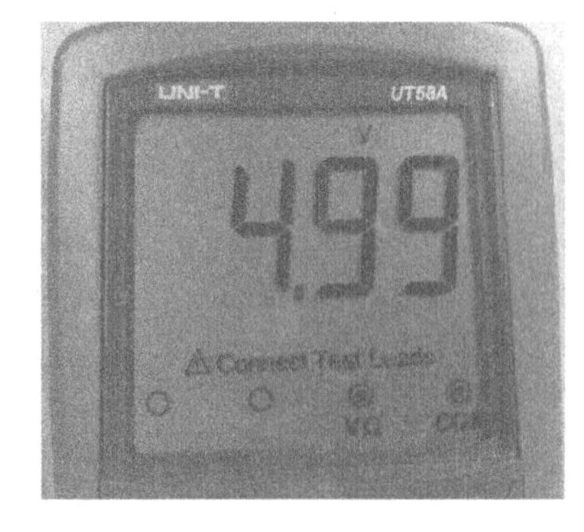

图8-35　声卡芯片部分电路

a）原理图　b）电路板实物

图8-36　测量结果

经验分享

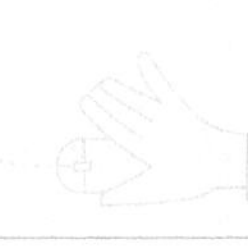

声卡的电源分别为5V和3.3V，对地电阻是200～400Ω。时钟线和复位线的对地阻值是450～700Ω，AD线的对地阻值在400～700Ω之间。

步骤3：使用万用表直流电压档测量PCI-E X1的B1脚电压是否为12V左右。电路原理图及电路板实物如图8-37所示。测量结果如图8-38所示。从图8-38中可以看出，测量的电压正常，排除此故障原因。

步骤4：使用万用表直流电压档测量PCI-E X1的B9脚电压是否为3.3V左右。电路原理图及电路板实物如图8-37所示。测量结果如图8-39所示。从图8-39中可以看出，测量的电压正常，排除此故障原因。

步骤5：使用万用表直流电压档测量PCI-E X1的B10脚电压是否为3V左右。电路原理图及电路板实物如图8-37所示。测量结果如图8-40所示。从图8-40中可以看出，测量的电压正常，排除此故障原因。

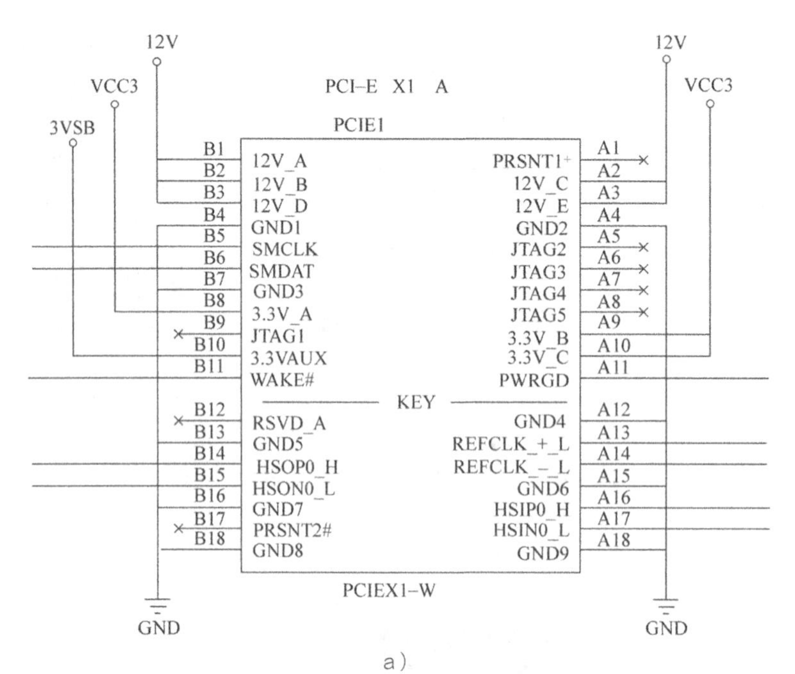

a）

b）

图 8-37 PCI-E X1 电路

a）原理图 b）电路板实物

图 8-38 测量结果

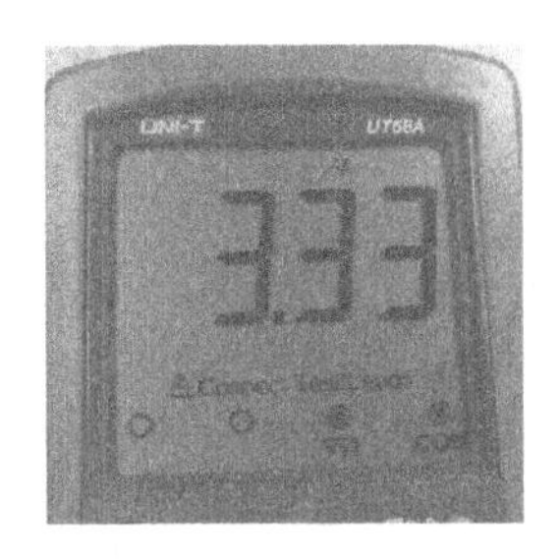

图 8-39 测量结果

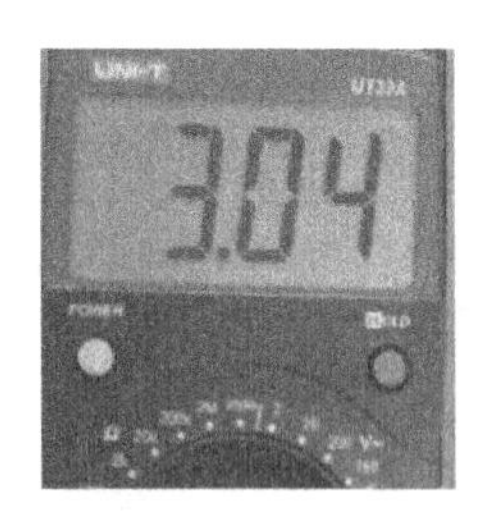

图 8-40 测量结果

经验分享

PCI-E 接口电路故障一般是由 PCI-E 插槽到 ATX 电源插座间的供电线路中连接的元器件故障（一般是滤波电容和场效应管）引起的，只要细心检查，找到并更换损坏的元器件即可。

步骤6：使用万用表直流电压档测量DVI接口场效应管Q4的D极电压是否为3.3V左右。电路原理图及电路板实物如图8-41所示。测量结果如图8-42所示。从图8-42中可以看出，测量的电压正常，排除此故障原因。

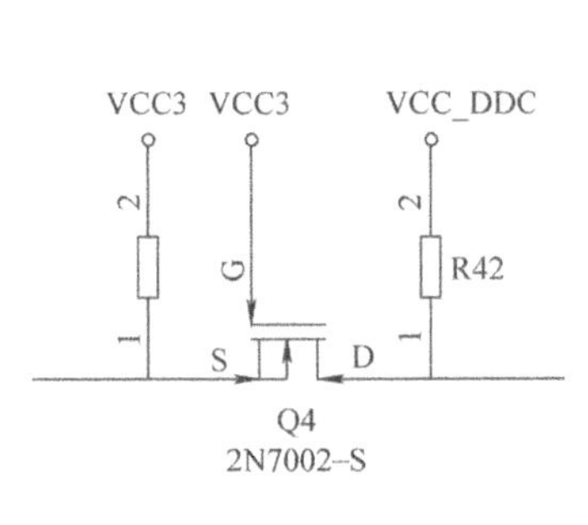

a）

b）

图 8-41 场效应管电路

a）原理图 b）电路板实物

图 8-42 测量结果

步骤7：更换场效应管Q4，主板通电后测量电压正常。此故障已经修复。

经验分享

场效应管好坏判断方法：将数字万用表调至二极管档，然后将场效应管的 3 个引脚短接，接着用两支表笔分别接触场效应管 3 个引脚中的两个，测得 3 组数据。如果其中两组数据为 1，另一组数据为 300 ～ 800Ω，则说明场效应管正常；如果其中有一组数据为 0，则场效应管被击穿损坏。

步骤8：根据以上测量分析原因，撰写故障检测维修工单。检测维修工单，见表8-2。

表 8-2　检测维修工单

故障现象	主板开机，但接DVI接口显示器不显示				
检测过程	首先用万用表测量ATX电源，12V、5V、3.3V左右正常，其次检查DIV接口供电连接线正常，再次用万用表测量DVI接口的B14脚电压异常。最后用万用表测量显示接口DVI各引脚对地电阻，发现B14脚对地电阻为0Ω，进一步测量发现场效应管Q4损坏引起DVI接口供电异常				
检测结论	场效应管Q4损坏引起DVI接口电压无电压输出，不能显示				
维修所消耗的元器件					
序号	名称	型号	封装	数量	维修人（签工位号）
1	场效应管	2N7002-S	SOP	1	1
维修措施			提请用户注意事项	提醒用户对各接口电路不能热插拔	

任务拓展

分析故障现象，要制定故障检测方案，请根据以下两种故障现象进行分析并填写在故障分析记录中，见表8–3。

1）开机后，无声音。

2）开机后，串口不能使用。

表 8-3　故障分析记录

故障现象	
检测过程	
检测结论	
提请用户注意事项	

知识补充

1）显卡电路故障检测过程中一般先检查 PCI-E X16 插槽 B1、B2、B3、A2、A3 脚为 12V 供电脚，A9、A10、B8 为 3.3V 供电电压是否正常；再检测 A11 为 PWRGD 即电源信号，低电平时为 PCI-E 设备提供复位信号；最后检测 A13、A14 时钟信号是否正常判断显卡电路故障。

2）声卡电路故障检修时，先检查音频芯片的 5V 和 3.3V 供电电压是否正常。再检查声卡驱动程序安装是否正常，如果驱动程序安装错误，则会出现无声的情况。然后检查声卡晶振是否损坏，如果晶振两端无电压，则一般为谐振电容损坏。最后检查音频芯片到南桥芯片之间的地址线和数据线是否有断路，若检查地址线和数据线正常，一般是音频芯片是否损坏。

项目评价 PROJECT EVALUATION

1. 成果展示

小组内选择出1～2组维修工单，在班级同学中展示，讲解自己的成功之处，并填写表8-4。

表 8-4 成果展示

收获	
体会	
建议	

2. 评分

按自评、小组评、教师评的顺序进行评分，各小组推荐优秀成员，填写表8-5。

表 8-5 评分表

项目	考核要求	评分	评分标准	自评	组评	师评
故障现象描述	正确描述故障现象	10	部分内容不正确扣5分			
检测维修过程	选择正确的维修工具、数据记录正确、动作符合规范	20	挡位选择有误扣10分，数值有误扣5分			
故障位置	元件器标识符号和型号	10	未能正确记录故障位置扣10分			
故障原因分析	详细记录电路分析	20	部分内容不正确扣10分			
故障维修措施	符合电烙铁、热风枪作业指导书操作规范	20	未能按操作规范使用维修工具扣10分			
焊点	电气接触好，机械接触牢固，外表美观	10	焊点不符合三要素扣5分			
6S管理	工作台上工具排放整齐、严格遵守安全操作规程	5	工作台上杂乱扣2～5分，违反安全操作规程扣5分			
加分项	团结小组成员，乐于助人，有合作精神，遵守实训制度	5	评分为优秀组长或组员加5分，其他组长或组员的评分由教师或组长评定			
总分						
教师点评						

项目总结 PROJECT SUMMARY

1）主板声卡显卡供电电路常见故障的维修重点是声卡显卡芯片周围的电容、电阻、三端稳压器、晶振等元器件。

2）维修人根据声卡显卡功能板和真实主板声卡显卡电路分析和电路检修，了解行业维修流程、维修原则，熟悉常见开机无显示、显示花屏，看不清字迹、声卡无声、声卡发出的噪音过大等现象，掌握多种检测、维修方法，才能对故障进行检测维修与故障排除。

3）维修人员要善于积累维修经验，学会故障分析，查阅相关资料，从而更快更准确地进行故障检测与故障排除。

PROJECT 9

PROJECT 9 项目 9

主板时钟电路分析及故障检修

项目概述

本项目主要讲了台式机时钟功能板电路和台式机主板时钟电路检测维修流程，在时钟功能板和台式机主板时钟电路故障检测与排除过程中，让学生学会分析电路，了解时钟电路工作原理，记录检测过程，确定故障点，排除故障。故障排除后要填写好维修工单，进行总结，积累维修经验。

项目目标

1）通过标识方法，认识主板时钟模拟电路。

2）使用适当的工具，测量时钟功能板检测流程，并正确找到故障位置。

3）能够遵循故障检测原则，掌握计算机主板时钟电路故障检修的方法，并准确记录检测结果。

任务1 主板时钟功能板电路故障检修

任务描述

本任务使用维修工具检测维修台式计算机主板时钟功能板电路，根据电路原理分析，对时钟电路常见的故障准确判断故障位置并进行检测维修，完成后撰写故障报告。

任务分析

主板开机仿真功能板是根据G41类型主板模拟出来。在维修前，应学习了解功能板的电路结构，按照电路图正确使用检测工具进行检测与维修。

知识准备

1. 认识主板时钟功能板电路

主板时钟功能板电路，主要由三端稳压器、时钟芯片、电感等元器件组成，如图9-1所示。

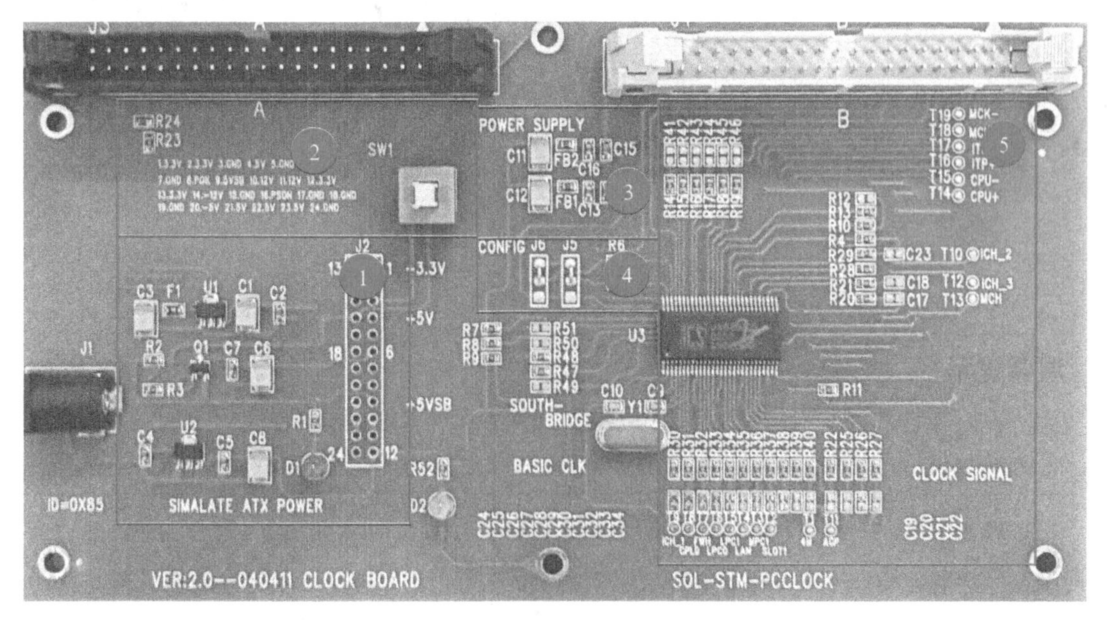

图9-1 时钟电路模拟功能板

2. 功能板时钟电路部分电路作用

1）ATX电源区域是将适配器输入的9V电压转换电路所需要的3.3V、+5V、5VSB电压，如图9−1中1所示。

2）SW1区域是电源开关，按下时为开机后时钟电路开始工作的状态，如图9−1中2所示。

3）POWER SUPPLY区域是时钟芯片U3供电电路，如图9−1中3所示。

4）CONFIG区域是调节时钟芯片内部的CPU频率电路，如图9−1中4所示。

5）CLOCK SIGMAL区域是时钟芯片产生各功能模块电路工作所需频率，如图9−1中5所示。

任务实施

步骤1：使用万用表直流电压档测量电容C6的正极电压是否为5V。C8的正极电压是否为3.3V，电路原理图及电路板实物如图9−2所示。测量结果如图9−3所示。从图9−3中可以看出，测量的电压正常，排除此故障原因。

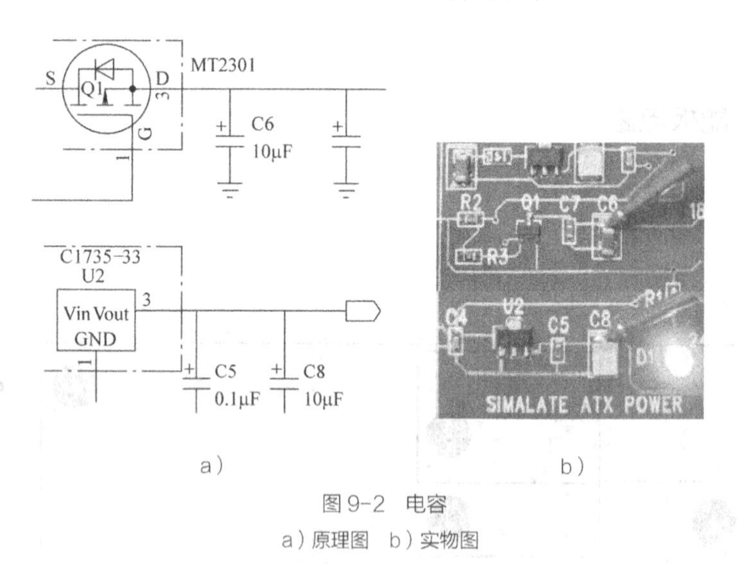

a） b）

图9−2 电容
a）原理图 b）实物图

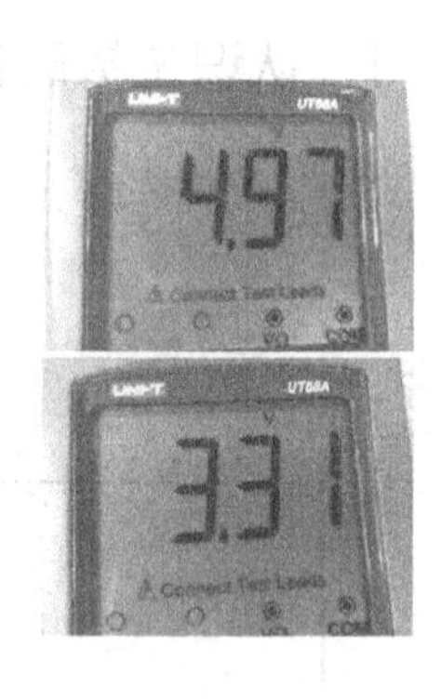

图9−3 测量结果

> **温馨提示**
> 图9−2中，C6、C8模拟时钟电路供电电压。真实主板这里的滤波电容主要用10pF的。

步骤2：使用万用表直流电压档测量电容C14、C16的正极电压是否为3.3V，电路原理图及电路板实物如图9−4所示。测量结果如图9−5所示。从图9−5中可以看出，测量的电压正常，排除此故障原因。

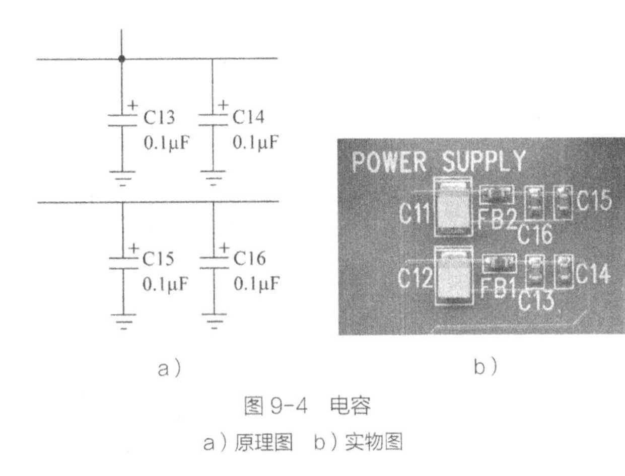

a） b）

图 9-4 电容

a）原理图 b）实物图

图 9-5 测量结果

步骤3：使用万用表直流电压档测量J6的第3脚电压是否为3.3V，电路原理图及电路板实物如图9–6所示。测量结果如图9–7所示。从图9–7中可以看出，测量的电压正常，排除此故障原因。

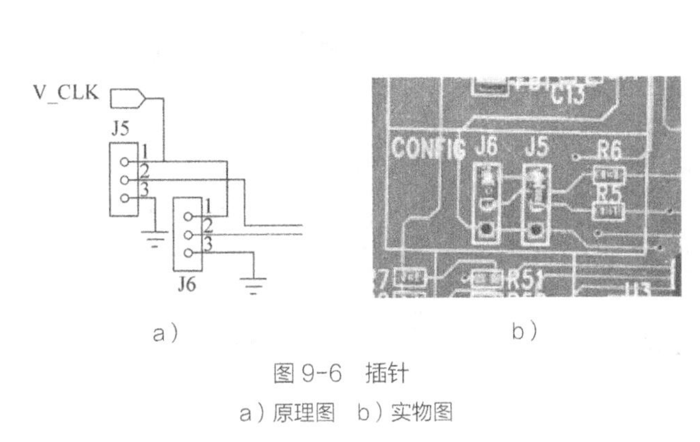

a） b）

图 9-6 插针

a）原理图 b）实物图

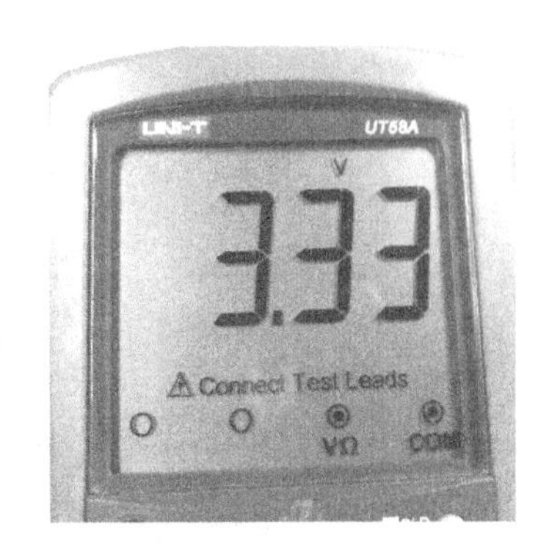

图 9-7 测量结果

步骤4：使用示波器测量C10是否有14.318MHz波形，电路原理图及电路板实物如图9–8所示。测量结果如图9–9所示。从图9–9中可以看出，测量的电压正常，排除此故障原因。

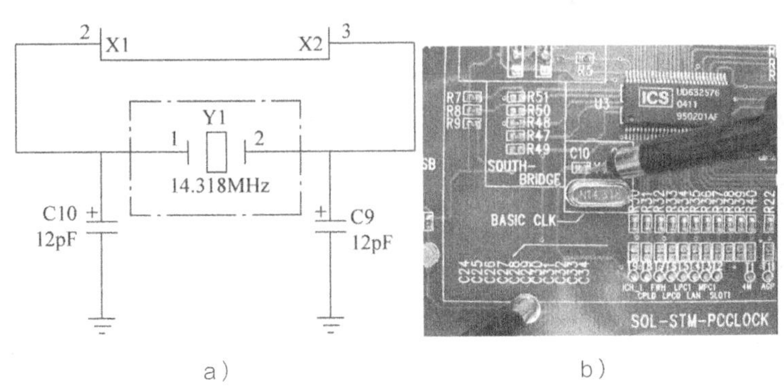

a） b）

图 9-8 晶振

a）原理图 b）实物图

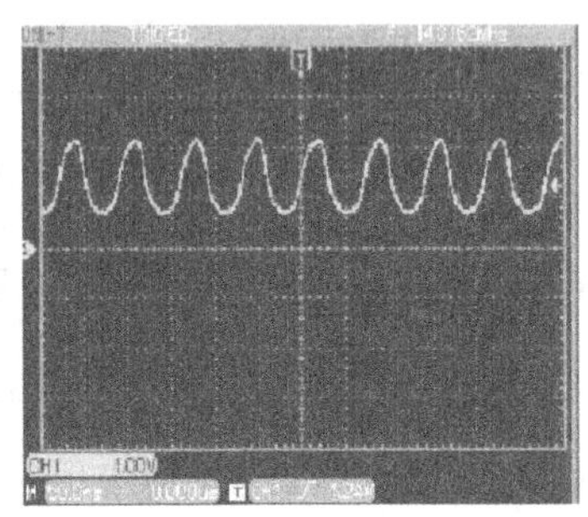

图 9-9 测量结果

步骤5：使用示波器测量C9正极电压是否为1.5V，电路原理图如图9-8a所示，电路板实物如图9-10所示。测量结果如图9-11所示。从图9-11中可以看出，测量的电压正常，排除此故障原因。

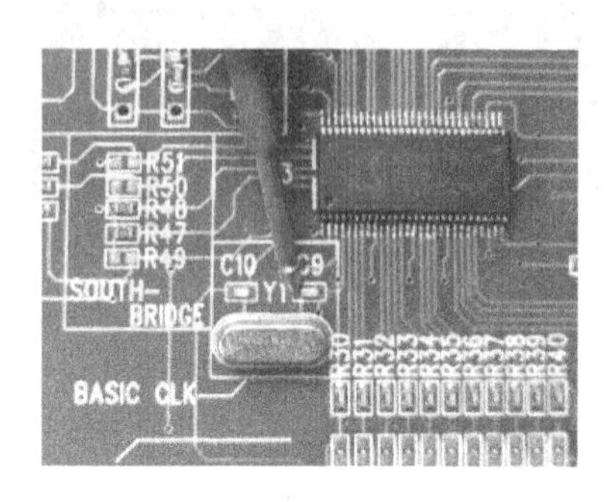

图 9-10　电容 C9 实物图

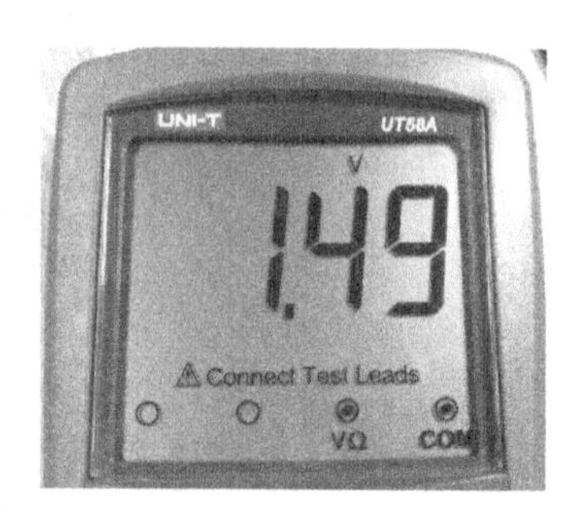

图 9-11　测量结果

步骤6：使用示波器测量C10正极电压是否为1.2V，电路原理图如图9-8a所示，电路板实物如图9-12所示。测量结果如图9-13所示。从图9-13中可以看出，测量的电压正常，排除此故障原因。

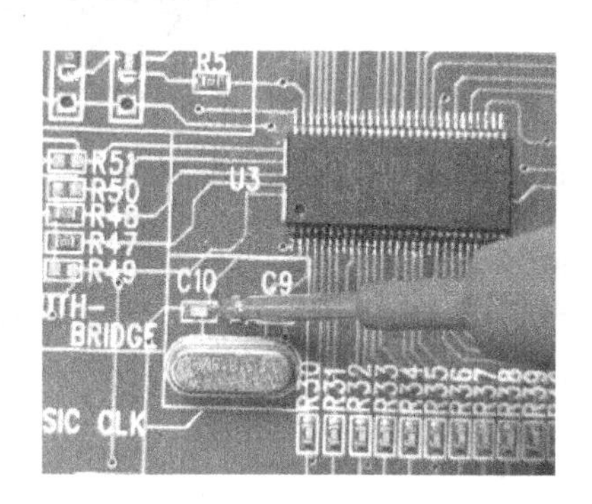

图 9-12　电容 C10 实物图

图 9-13　测量结果

经验分享

晶振的两脚之间的阻值在450～700Ω之间。在它的两脚各有1V左右的电压，由分频器提供。

步骤7：更换电感FB2，功能通电后测量电压正常。此故障已经排除。

经验分享

电感损坏将导致无法正常为系统时钟发生器芯片供电或为设备提供时钟信号。如果测量电感的阻抗为0～几Ω，说明电感正常；如果测量的数据偏大或为1，则表明电感损坏。

步骤8：撰写维修报告。按照表9-1的格式填写维修报告。

表 9-1　维修报告

故障 项目	故障一	故障二	故障三
故障元器件位置编号			
故障表现摘述			

任务拓展

维修由时钟功能板电路时钟芯片U3损坏引起的故障，并撰写维修报告。

任务2　台式机时钟电路故障检修

任务描述

本任务以联想主板G41T－CM3为例，使用维修工具检测维修台式机主板时钟电路，根据电路原理分析和仿真功能板检测维修思路，对时钟电路常见的故障现象进行检测维修，并准确判断故障位置，完成撰写故障报告。

任务分析

时钟电路中常见故障现象包括：1）开机后黑屏，CPU不工作。2）计算机时间不正常。3）计算机死机、重启、装不上系统等不稳定故障。主板时钟电路是向CPU、南北桥芯片组总线以及各种接口提供基本工作频率的电路。时钟电路出现故障后一般会造成计算机开机后黑屏，而且时钟信号不正常的设备将停止工作。图9-14所示为主板时钟电路一般检测流程图。

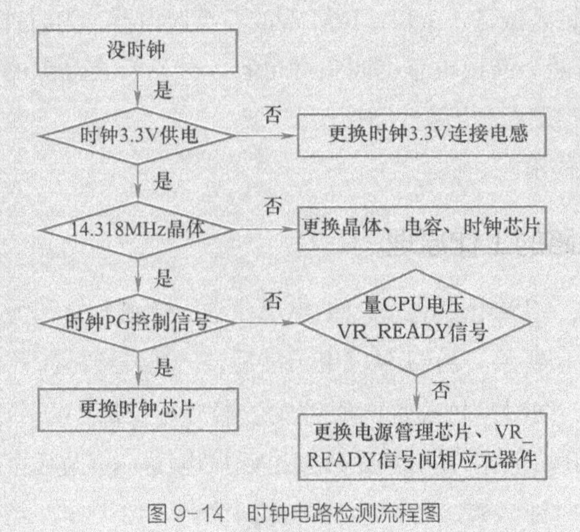

图 9-14　时钟电路检测流程图

知识准备

主板时钟电路向CPU、芯片组、各级总线（CPU总线、PCI总线、ISA总线等）及主板各个接口提供基本工作频率，有了基本工作频率，计算机才能在CPU的控制下，有序完成各项任务时。

1. 主板时钟电路的组成

主板的时钟电路主要由时钟发生器芯片、排电阻、时钟晶振、谐振电容等元器件组成，如图9-15所示。

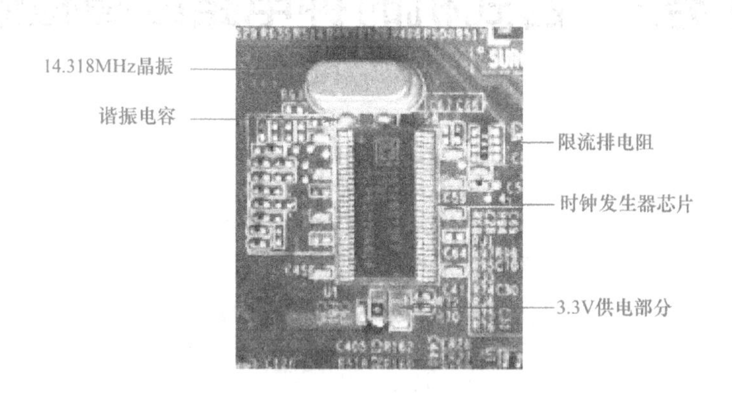

图 9-15　时钟电路实物图

2. 主板时钟电路主要元器件作用

1）时钟发生器芯片：时钟发生器在主板启动时提供初始化时钟信号，让主板能够启动；同时，在主板正常运行时即时提供各种总线需要的时钟信号，以协调内存芯片的时钟频率。

2）时钟晶振：时钟晶振是一个14.318MHz的石英谐振器，为时钟电路提供时钟信号。

3）谐振电容：这两个谐振电容也叫负载电容，分别接在晶振的两个脚上，另两个脚接地，形成一个正反馈以保证电路持续振荡。

4）排电阻：限流作用。

3. 主板时钟电路的工作原理

当计算机启动后，ATX电源的3.3V供电电压通过电感FB1和滤波电容为时钟发生器芯片U1供电，如图9-16所示。当CPU供电正常后，PG信号通过CK_PWRGD/PD＃引脚进入时钟发生器芯片，同时南桥芯片向时钟发生器芯片发出PWON＃信号，接着时钟发生器芯片内部振荡器开始工作，向晶振X1发出起振电压，晶振起振后，给时钟发生器芯片提供14.318MHz的时钟频率。时钟芯片内部振荡器开始工作，经过内部叠加、分割处理，得到14.318MHz、33MHz、66MHz、48MHz、100MHz等时钟频率，再经过限流电阻后分别送到主板的各个模块。

当时钟发生器芯片内部的分频器开始工作时，和晶振一起振荡，将晶振产生的14.318MHz频率按照需要放大或缩小后，输送给主板的各个部件提供时钟频率。

1）AGP总线需要66MHz的时钟频率。

2）PCI–E总线需要100MHz的时钟频率。

3）音频芯片需要24.576MHz和14.318MHz的时钟频率。

4）BIOS芯片需要33MHz的时钟频率。

5）键盘鼠标需要33MHz、14.318MHz及32.768kHz的时钟频率。

6）网络芯片需要33MHz或66MHz的时钟频率。

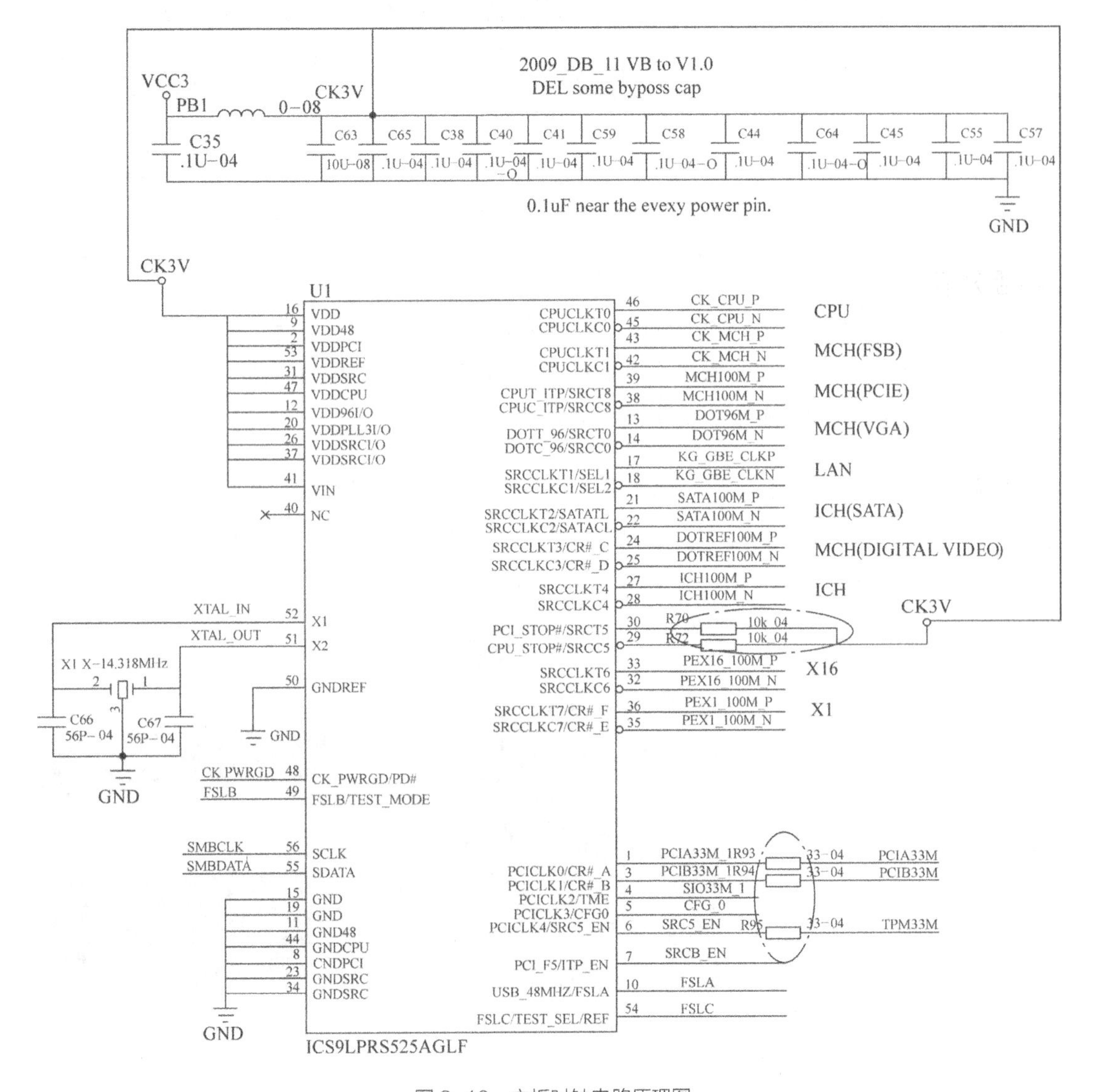

图9-16 主板时钟电路原理图

任务实施

步骤1：使用万用表直流电压档测量电感PB1两端电压是否为3.3V。电路原理图及电路板实物如图9-17所示。测量结果如图9-18所示。从图9-18中可以看出，测量的电压正常，排除此故障原因。

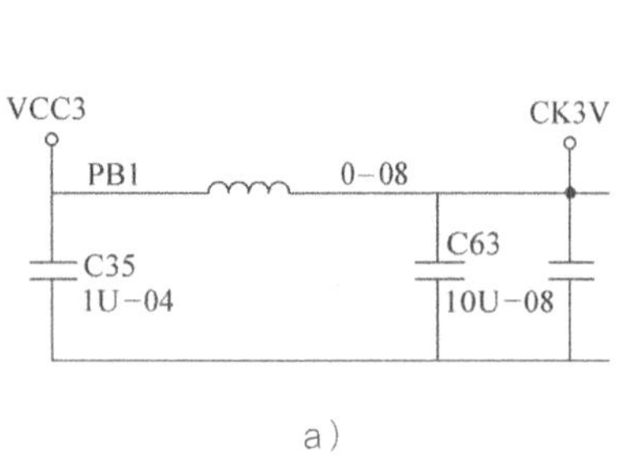

a）

b）

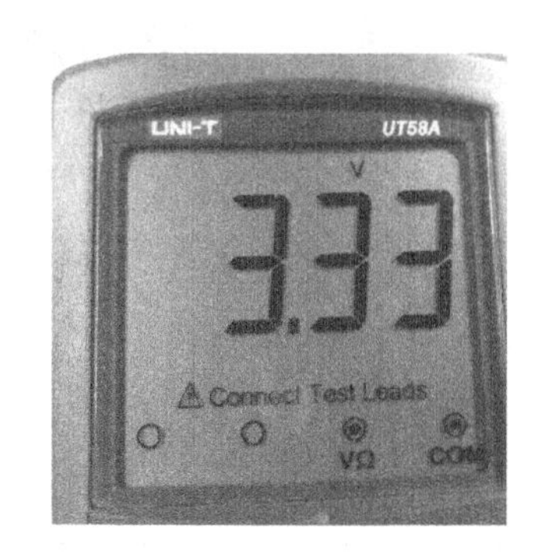

图 9-17 电感

a）原理图 b）实物图

图 9-18 测量结果

> **经验分享**
>
> 电感损坏将导致无法正常为系统时钟芯片供电或设备提供时钟信号。检测方法：将数字万用表调至二极管档，测量电感数据为几欧姆，说明电感正常；如果测量的数据偏大或为1，则表明电感损坏。

步骤2：使用万用表直流电压档测量晶振X1是否有14.318MHz波形。电路原理图及电路板实物如图9-19所示。测量结果如图9-20所示。从图9-20中可以看出，测量的电压正常，排除此故障原因。

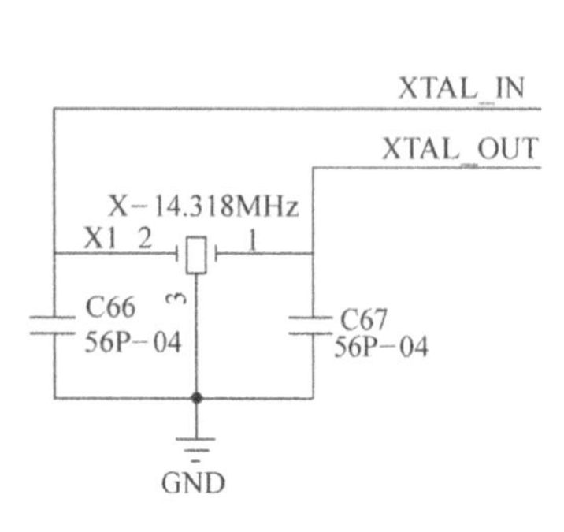

a）

b）

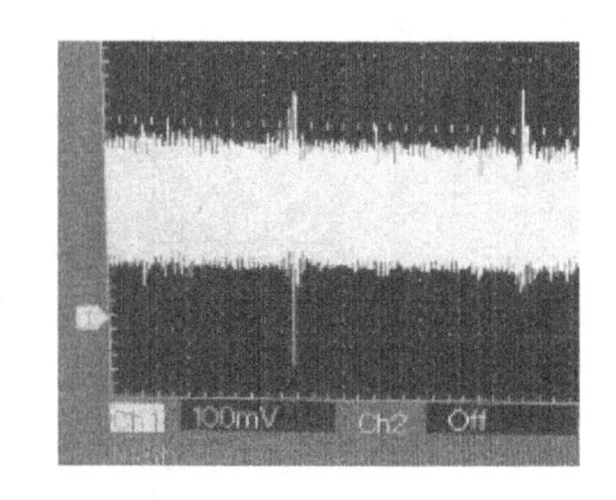

图 9-19 晶振

a）原理图 b）实物图

图 9-20 测量结果

经验分享

晶振损坏后，计算机可能不开机。其检测方法：用示波器测量晶振两脚的波形和晶振两脚阻值。如果晶振两脚有波形且两脚之间的阻值为450～700Ω，则说明晶振正常。

步骤3：使用万用表直流电压档测量时钟芯片第48脚PG信号电压是否为3.3V左右。电路原理图及电路板实物如图9-21所示。测量结果如图9-22所示。从图9-22中可以看出，测量的电压正常，排除此故障原因。

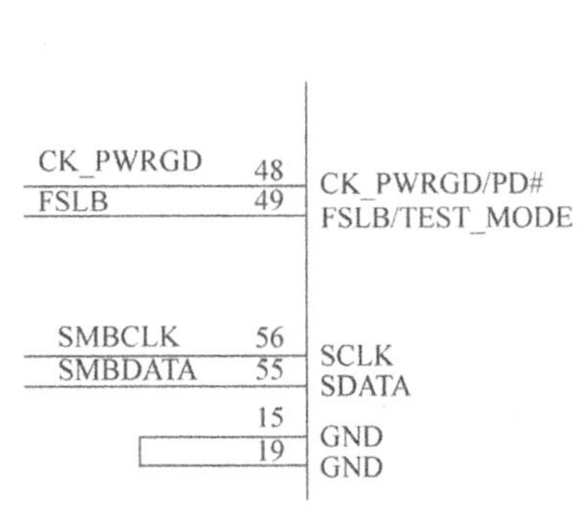

a）

b）

图9-21 时钟芯片部分

a）原理图 b）实物图

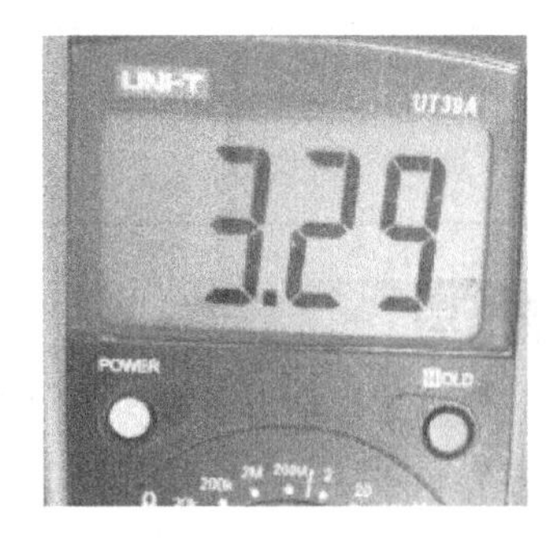

图9-22 测量结果

步骤4：使用万用表直流电压档测量CPU电源管理芯片第36脚VR_READY电压是否为1.1V左右。电路原理图及电路板实物如图9-23所示。测量结果如图9-24所示。从图9-24中可以看出，测量的电压为0V，异常，初步断定此为故障原因。

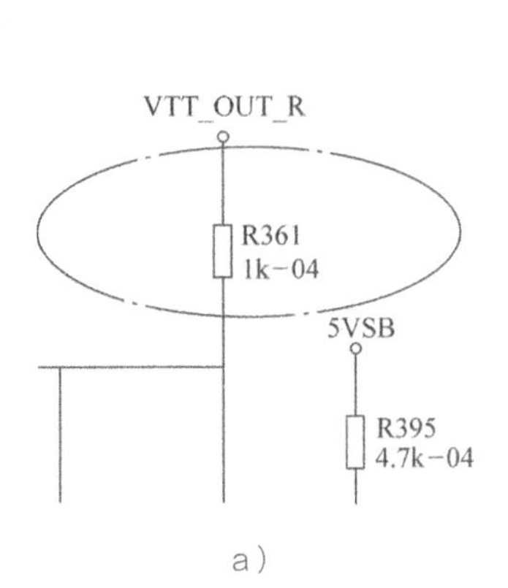

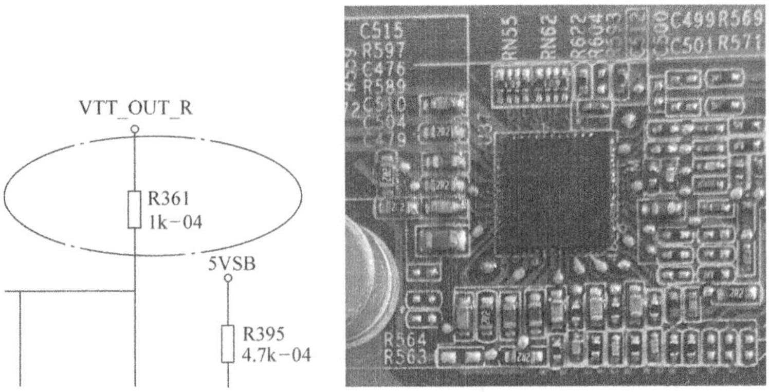

a）

b）

图9-23 电源管理芯片

a）部分原理图 b）实物图

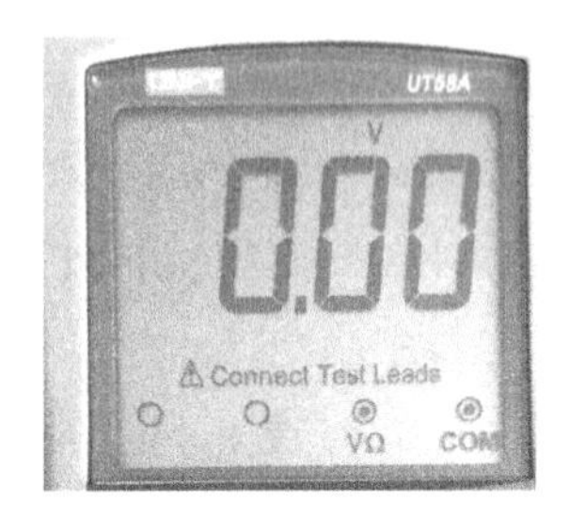

图9-24 测量结果

步骤5：根据以上测量分析原因，并撰写故障检测维修工单。检测维修工单，见表9-2。

表 9-2　检测维修工单

<table>
<tr><td>故障现象</td><td colspan="5">开机后黑屏，主板诊断卡显示故障代码“00”</td></tr>
<tr><td>检测过程</td><td colspan="5">首先用万用表测量时钟芯片供电电压3.3V是否正常，其次用示波器测量14.318MHz的波形是否正常。再次用万用表直流电压档测量时钟芯片第48脚PG信号电压是否为3.3V左右。最后测量由CPU电源管理芯片第36脚VR_READY信号经R361阻值到CPU工作异常，时钟电路不工作。离线测量R361阻值，发现为1kΩ，异常，更换电阻后上拉为3.3V，用示波器测量有了波形，主板正常开机点亮</td></tr>
<tr><td>检测结论</td><td colspan="5">电阻R361阻值异常后CPU不工作，导致时钟芯片不输出频率，故不能亮机</td></tr>
<tr><td colspan="6">维修所消耗的元器件</td></tr>
<tr><td>序号</td><td>名称</td><td>型号</td><td>封装</td><td>数量</td><td>维修人
（签工位号）</td></tr>
<tr><td>1</td><td>电阻</td><td>1k-04</td><td>0402 1/16W</td><td>1</td><td>1</td></tr>
<tr><td>维修措施</td><td colspan="2"></td><td>提请用户
注意事项</td><td colspan="2">提醒用户市电工作电压不稳定，所以要注意接入稳定电压</td></tr>
</table>

知识拓展

分析故障现象，要制定故障检测方案，请根据以下几种故障现象进行分析并填写在故障分析记录中，见表9-3。

1）计算机时间不正常。

2）计算机死机、重启、装不上系统等不稳定故障。

表 9-3　故障分析记录

故障现象	
检测过程	
检测结论	
提请用户注意事项	

知识补充

以技嘉 GIGABYTE-EX58 主板为例，开机后黑屏，没有显示。用主板诊断卡测试，主板诊断卡显示故障代码“00”，OSC 和 CLK 指示灯不亮。

根据故障现象分析，此故障应该是时钟电路有问题。观察主板，技嘉 GIGABYTE-EX58 主板的时钟电路采用 ICS9LPRS914 时钟芯片。

检修方法如下：

首先用万用表检测时钟芯片的第 27 脚和第 53 脚供电电压是否正常，经检测，电压分别为 3.3V 和 2.5V，供电正常。

接下来使用示波器检测芯片是否有信号输出。再使用示波器对晶振的输出信号波形进行检测，发现晶振 X2 无信号输出，此时怀疑晶振损坏，用同规格的晶振替换后，计算机能正常启动，故障排除。

经过排除此主板的故障，可以总结出，在维修时钟电路的时候，一般检查时钟芯片的供电电压，再检查晶振和谐振电容，最后才检查时钟芯片。

项目评价 PROJECT EVALUATION

1. 成果展示

小组内选择出1～2组维修工单，在班级同学中展示，讲解自己的成功之处，并填写表9-4。

表9-4 成果展示

收获	
体会	
建议	

2. 评分

按自评、小组评、教师评的顺序进行评分，各小组推荐优秀成员，填写表9-5。

表9-5 评分表

项目	考核要求	评分	评分标准	自评	组评	师评
故障现象描述	正确描述故障现象	10	部分内容不正确扣5分			
检测维修过程	选择正确的维修工具、数据记录正确、动作符合规范	20	挡位选择有误扣10分，数值有误扣5分			
故障位置	元件器标识符号和型号	10	未能正确记录故障位置扣10分			
故障原因分析	详细记录电路分析	20	部分内容不正确扣10分			
故障维修措施	符合电烙铁、热风枪作业指导书操作规范	20	未能按操作规范使用维修工具扣10分			
焊点	电气接触好，机械接触牢固，外表美观	10	焊点不符合三要素扣5分			
6S管理	工作台上工具排放整齐、严格遵守安全操作规程	5	工作台上杂乱扣2～5分，违反安全操作规程扣5分			
加分项	团结小组成员，乐于助人，有合作精神，遵守实训制度	5	评分为优秀组长或组员加5分，其它组长或组员评分由教师、组长评分			
总分						
教师点评						

项目总结 PROJECT SUMMARY

1）在主板时钟电路检测过程中，根据故障检测点检测方法对时钟电路的时钟芯片进行测量，主要测量时钟芯片的供电输入线路、振荡线路、时钟信号形成线路等。

2）维修人员根据时钟功能板和真实主板时钟电路分析和电路检修，了解行业维修流程、维修原则，掌握多种检测、维修方法，才能对故障进行检测维修与故障排除。

3）维修人员要善于积累维修经验，学会故障分析，查阅相关资料，从而更快更准确地进行故障检测与故障排除。

PROJECT 10

PROJECT 10 项目 10

主板复位电路分析及故障检修

项目概述

本项目主要讲了台式机模拟复位功能板电路和台式机主板复位电路检测维修流程，在复位功能板和台式机主板复位电路故障检测与排除过程中，让学生学会分析电路，了解各功能电路的工作原理，记录检测过程，确定故障点，排除故障。故障排除后要填写好维修工单，进行总结，积累维修经验。

项目目标

1）通过标识方法，认识主板复位模拟电路。

2）使用适当的工具，测量复位功能板检测流程，并正确找到故障位置。

3）能够遵循故障检测原则，对计算机主板复位电路进行故障检测，并准确记录检测结果。

任务1　主板复位功能板电路故障检修

任务描述

本任务使用维修工具检测维修台式机复位功能板电路，根据电路原理分析，对复位电路常见的故障现象进行检测维修，并准确判断故障位置，完成撰写故障报告。

任务分析

复位（RST，RESET的简写）就是重新开始的意思。现在的主板上的复位信号都是从高电平向低电平跳变再回到高电平。例如，PCI的复位信号就是从3.3V向0V跳变再回到3.3V，这就是一个正常的复位跳变过程。复位信号一般表示为RST#，如PCI-ERST#、CPURST#等。复位信号只能是瞬间低电平，主板正常工作时复位信号都是高电平。下面就按照电路图正确地使用检测工具进行检测与维修。

知识准备

1. 主板复位功能板的结构

主板上的所有复位信号都是由芯片组产生的，其主要由南桥产生(内部有复位系统控制器），也就是说主板上所有的需要复位的设备和模块都由南桥来复位。以下复位功能板是依据G41类型主板模拟出来复位电路，具有一定的代表性。主板复位电路主要由复位开关、74HC14、CD4011等元件组成，如图10-1所示。

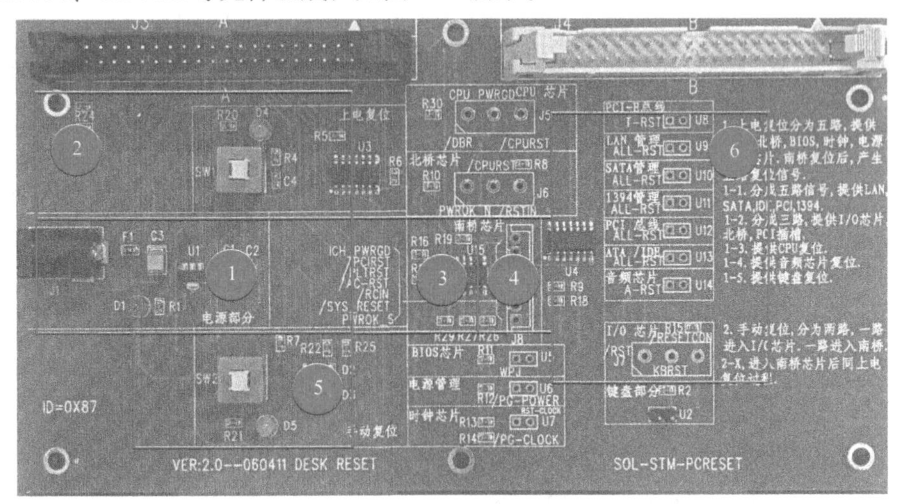

图 10-1　复位功能板

2. 主板复位功能板部分电路作用

1）ATX电源区域是将适配器输入的9V电压转换成电路所需要的5VSB电压，如图10−1中1所示。

2）上电复位区域是复位键触发74HC14−M芯片的T−POK引脚产生复位信号，如图10−1中2所示。

3）南桥区域是CD4011B芯片发出/PCIRST和/PLTRST信号到南桥74HC14−M区域，模拟复位触发信号，如图10−1中3所示。

4）74HC14−M区域是南桥（CD4011B）当发出/PCIRST和/PLTRST信号后经过内部转换后发出ALL−RST和T−RST信号，模拟南桥发出的复位信号，如图10−1中4所示。

5）手动复位区域是复位键触发T1−RST和T−RESET复位信号，如图10−1中5所示。

6）南桥区域是CD4011B芯片发出/PCIRST和/PLTRST信号到南桥74HC14−M区域，如图10−1中3所示。

7）74HC14−M区域是南桥（CD4011B）当发出/PCIRST和/PLTRST信号后经过内部转换后发出ALL−RST和T−RST信号，模拟南桥发出的复位信号，如图10−1中4所示。

任务实施

步骤1：使用万用表直流电压档测量电容C1的正极电压是否为5V。电路原理图及电路板实物如图10−2所示。测量结果如图10−3所示。从图10−3中可以看出，测量的电压正常，排除此故障原因。

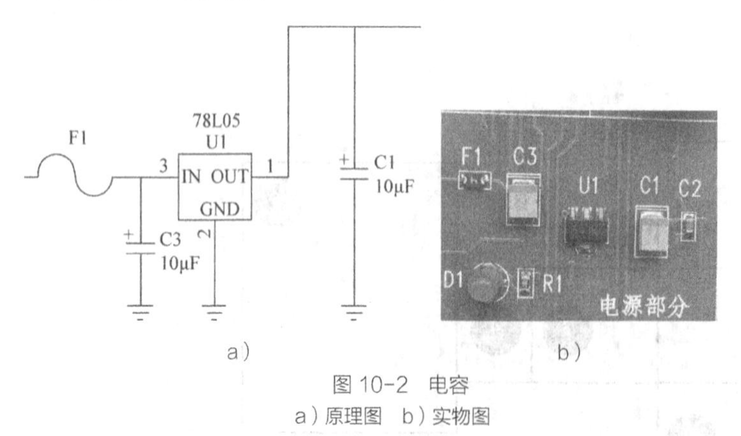

图 10−2 电容
a）原理图 b）实物图

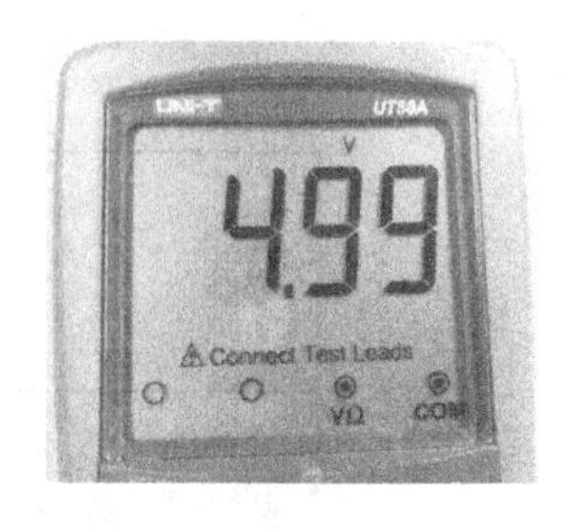

图 10−3 测量结果

步骤2：按下开关SW1，使用万用表直流电压档测量U3第8脚电压是否有高低电平转换。电路原理图及电路板实物如图10−4所示。测量结果如图10−5所示。从图10−5中可以看出，有高低电平转换，排除此故障原因。

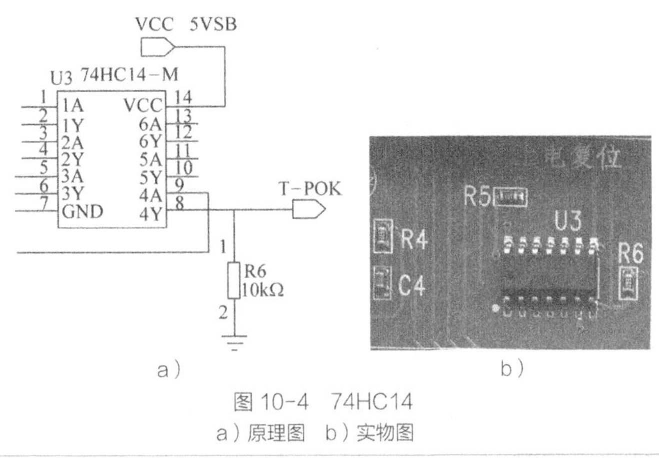

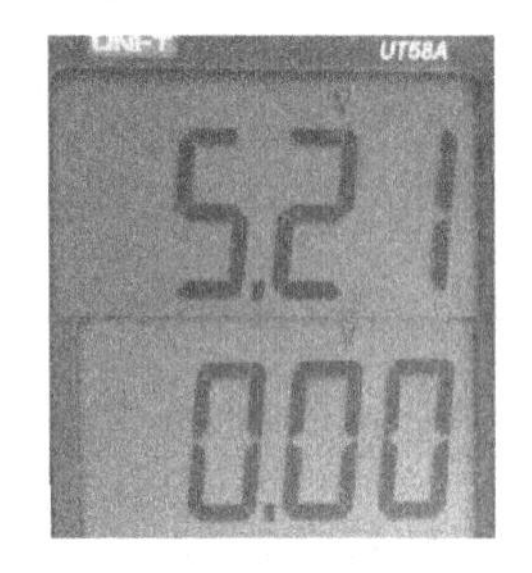

图 10-4 74HC14

a）原理图 b）实物图

图 10-5 测量结果

经验分享

图10-4中，U3为74HC14门电路芯片，常用一条线或小坑来标注第1脚的位置。

步骤3：按下开关SW1，使用万用表直流电压档测量U15第4脚电压是否有高低电平转换。电路原理图及电路板实物如图10-6所示。测量结果如图10-7所示。从图10-7中可以看出，有高低电平转换，排除此故障原因。

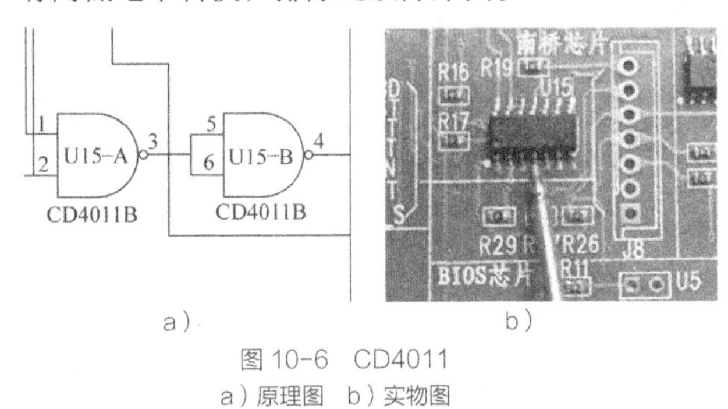

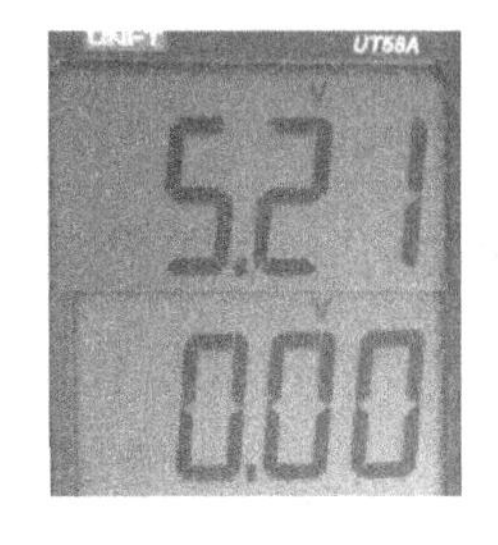

图 10-6 CD4011

a）原理图 b）实物图

图 10-7 测量结果

步骤4：按下开关SW1，使用万用表直流电压档测量U4第8脚电压是否有高低电平转换。电路原理图及电路板实物如图10-8所示。测量结果如图10-9所示。从图10-9中可以看出，有高低电平转换，排除此故障原因。

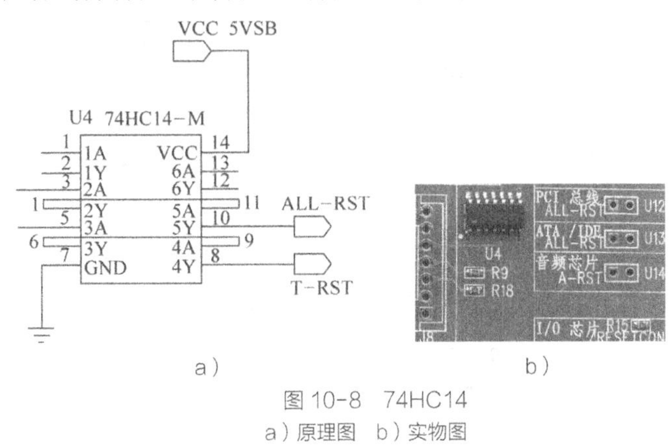

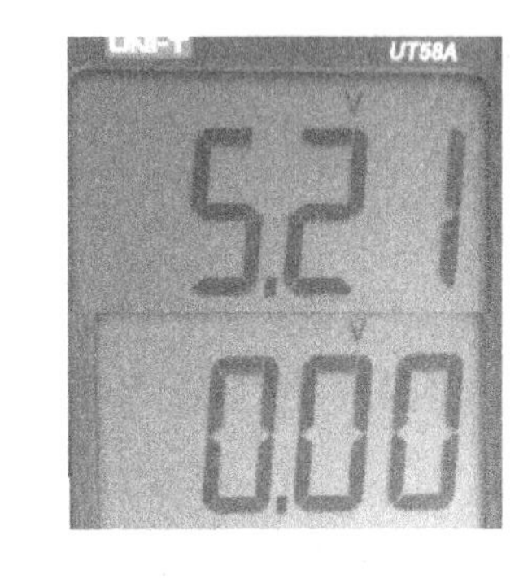

图 10-8 74HC14

a）原理图 b）实物图

图 10-9 测量结果

经验分享

图10-8中，U4为74HC14门电路芯片，如果门电路芯片损坏将导致主板的复位电路无复位信号。检测门电路芯片时，首先测量供电有无电压，如没有，再检测电源插座到门电路芯片的VCC引脚间的线路中的故障元器件；如有，则检测门电路芯片连接南桥的引脚有无高电平信号。如没有高电平信号，则更换南桥芯片；如有，更换门电路芯片。

步骤5：按下开关SW1，使用万用表直流电压档测量U4第10脚电压是否有高低电平转换。电路原理图及电路板实物如图10-8所示。测量结果如图10-10所示。从图10-10中可以看出，有高低电平转换，排除此故障原因。

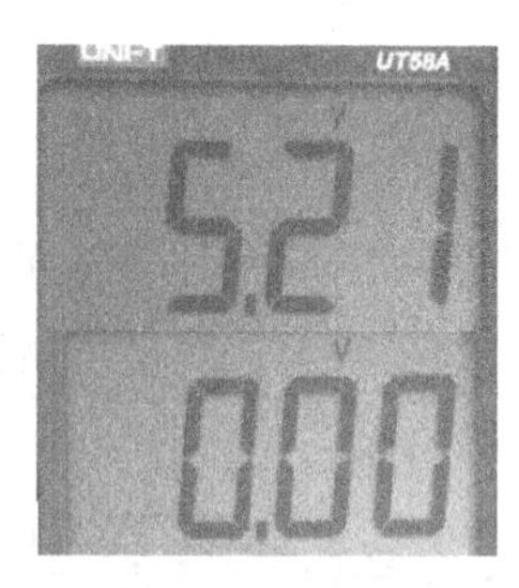

图 10-10　测量结果

步骤6：按下开关SW2，使用万用表直流电压挡测量D3正极电压是否有高低电平转换。电路原理图及电路板实物如图10-11所示。测量结果如图10-12所示。从图10-12中可以看出，有高低电平转换，排除此故障原因。

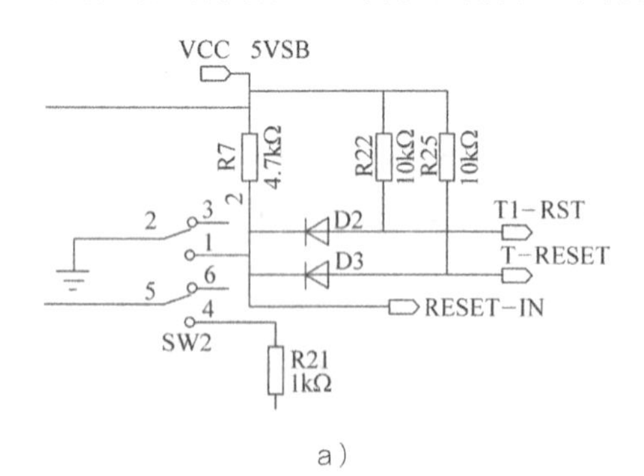

a）

R7 R22 R25 D2 D3 D5 手动复位

b）

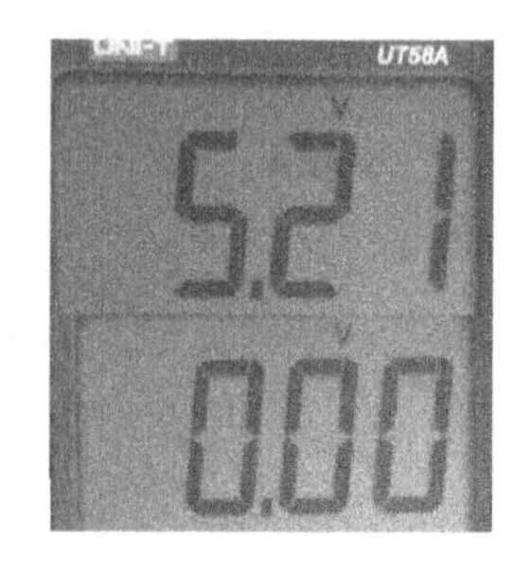

图 10-11　二极管

a）原理图　b）实物图

图 10-12　测量结果

步骤7：按下开关SW2，使用万用表直流电压档测量D2正极电压是否有高低电平转换。电路原理图及电路板实物如图10-11所示。测量结果如图10-13所示。从图10-13中可以看出，没有高低电平转换，初步断定此为故障原因。

步骤8：更换二极管D2，功能板通电后测量电压正常。故障已经排除。

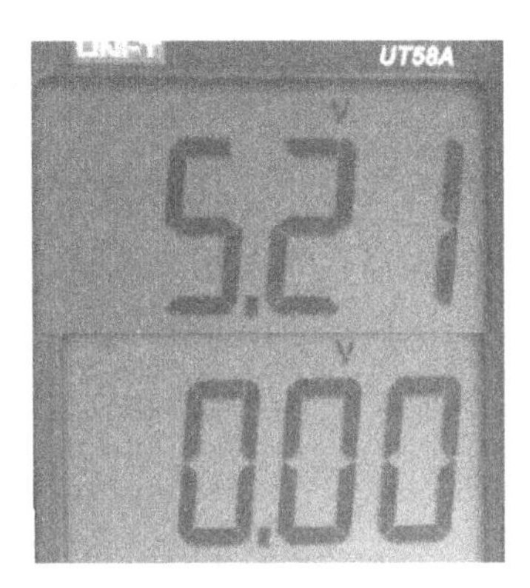

图 10-13 测量结果

经验分享

图10-11中，二极管D2和D3标有极性色点（白色或红色）。一般标有色点的一端为正极。还有的二极管上标有色环，带色环的一端则为负极。

步骤9：撰写维修报告。按照表10-1的格式填写维修报告。

表 10-1 维修报告

故障 项目	故障一	故障二	故障三
故障元器件位置编号			
故障表现摘述			

任务拓展

完成复位功能板电路四与非门U15损坏引起故障的维修，并撰写维修报告。

任务2 台式机主板复位电路故障检修

任务描述

本任务以精英主板H81H3−M7为例。使用维修工具检测维修台式机主板复位电路，根据电路原理分析和功能板检测维修思路准确判断故障位置，对复位电路常见的故障现象进行检测维修，完成后撰写故障报告。

任务分析

复位电路中常见故障现象包括：1）主板诊断卡中的复位灯长亮。2）主板诊断卡中的复位灯不亮。3）CPU的复位信号不正常。4）部分设备没有复位信号。电路中引发上述故障现象的原因有很多，当主板复位电路出现故障后，通常会造成整个主板都没有复位信号，对复位电路进行检测通常需要按照一定的流程检测。图10-14所示为主板复位电路故障检测流程图。

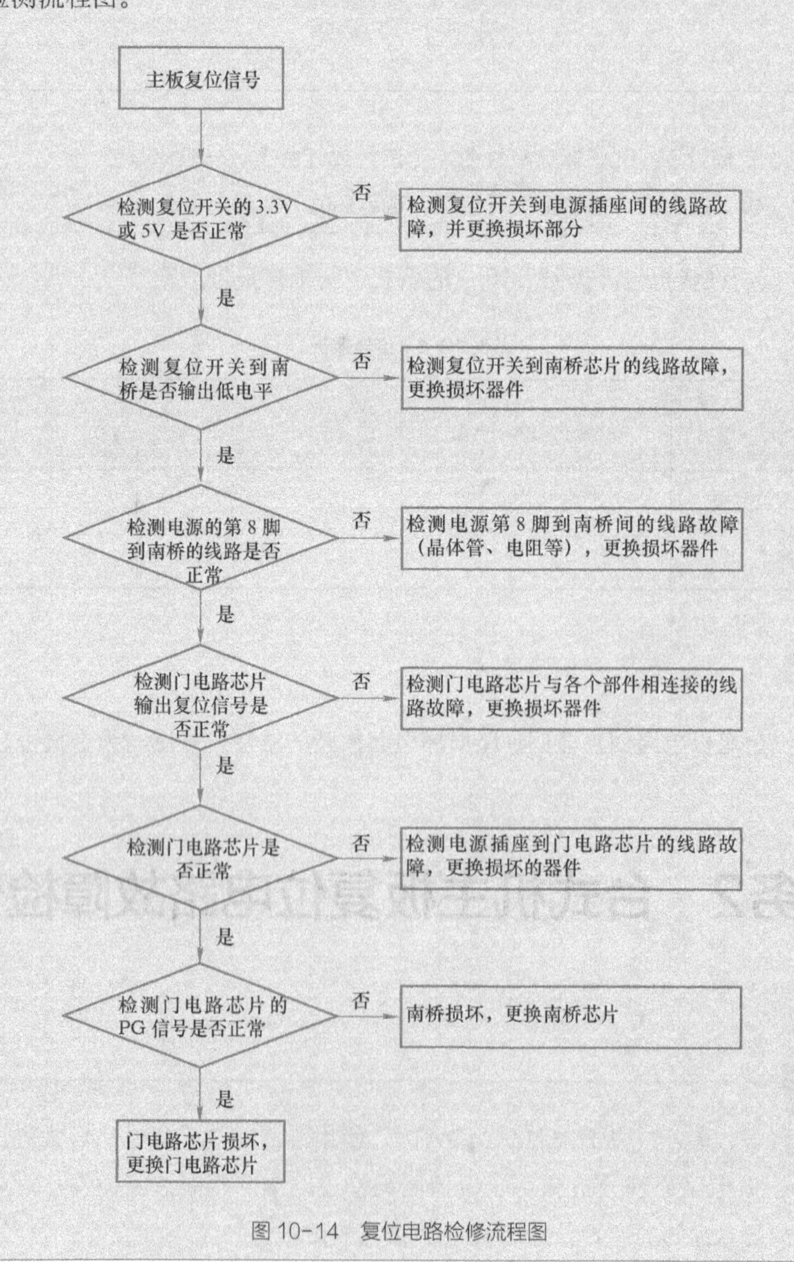

图10-14　复位电路检修流程图

知识准备

1. 复位电路实物图及主要功能部分（见图10-15）

图 10-15 复位电路实物图

2. 主板复位电路的组成

主板中复位电路主要由（PCH）桥芯片、I/O芯片、CPU、晶体管、电阻、电容等元件组成，如图10-16所示。需要注意的是也有部分主板复位电路使用门电路芯片分别连接到南桥芯片、北桥芯片、BIOS芯片、时钟发生器芯片、电源管理芯片。

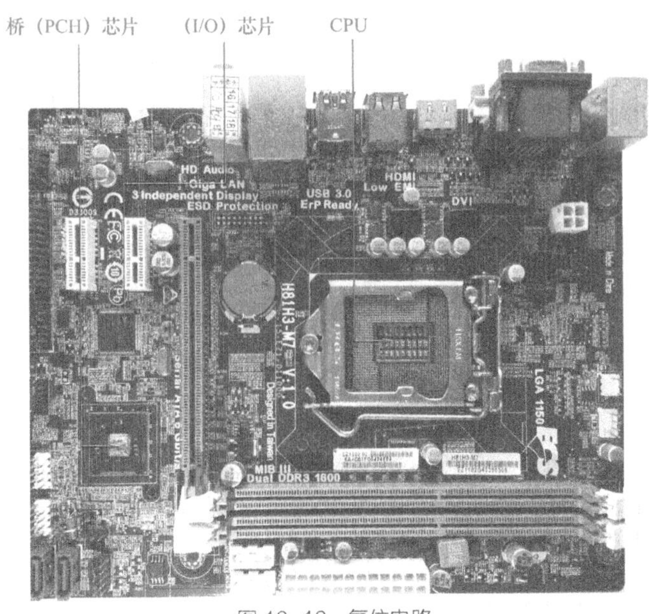

图 10-16 复位电路

3. 主板复位电路主要元器件的作用

1）桥：分为南桥和北桥，北桥主要管理部分高速设备，如显卡和内存，并通过总线连接南桥芯片、CPU。南桥主要管理一些低速设备，如网卡芯片、声卡芯片、USB接口、SATA插槽等。现在的主板基本都使用单桥，其功能把南桥和北桥合并了。

2）I/O芯片：I/O芯片主要为用户提供一系列输入、输出接口，部分I/O芯片同时集成有温度监控、电压监控功能。

3）CPU：它的功能主要是解释计算机指令以及处理计算机软件中的数据。

4）晶体管：晶体管是一种电流控制电流的半导体器件，其作用是把微弱信号放大成幅值较大的电信号，也用作无触点开关。

5）电阻：物质对电流的阻碍作用就叫该物质的电阻。

6）电容：电容具有充电和放电功能，在主板电路中电容主要用于供电滤波、信号耦合、谐振等，电容两端电压不能突变。

4. 部分复位电路的信号转换电路图

1）VCORE电压正常后，电源管理芯片发出高电平的VR_READY信号送给桥，表示电源管理芯片工作正常，如图10-17所示。

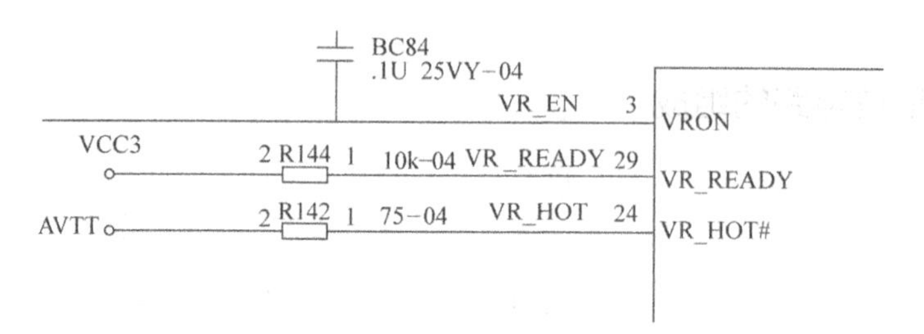

图 10-17 VR_READY 信号

2）ATX电源延时从8脚发出PWROK信号，给IO芯片IT8728E_FX的16脚，经过内部逻辑转换后发出PCH_PWROK信号给桥，表示电源供电正常，如图10-18所示。

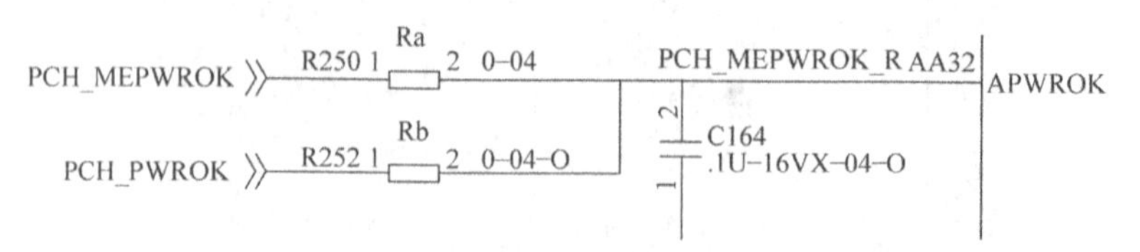

图 10-18 PCH_PWROK 信号

3）南桥发出CPU_PLTRST_L信号复位CPU，如图10-19所示。

4）南桥发出PCH_PLTRST_L经电阻转换成PLTRST_L信号复位IO芯片，如图10-20所示。

5）I/O芯片发出的SIO_PCI_RST信号转化为PCIRST信号，分别送给PCI、PCI-E、网卡等设备完成复位，如图10-21所示。

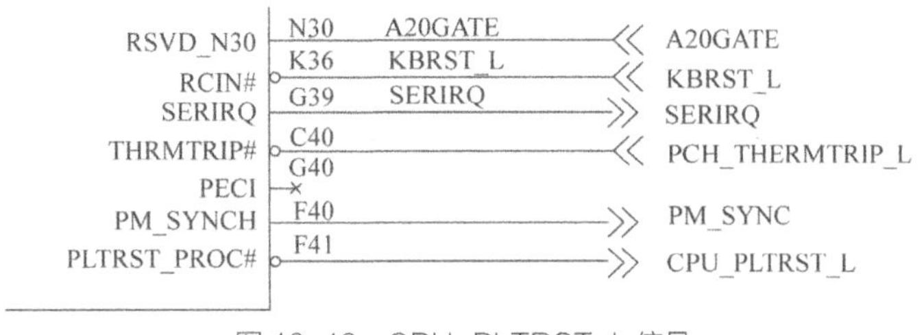

图 10-19　CPU_PLTRST_L 信号

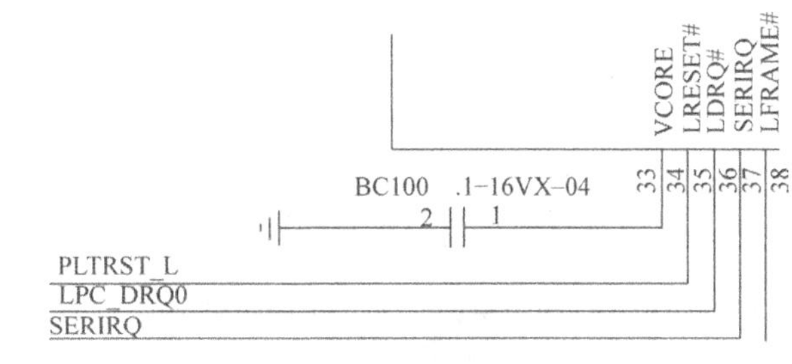

图 10-20　PLTRST_L 信号

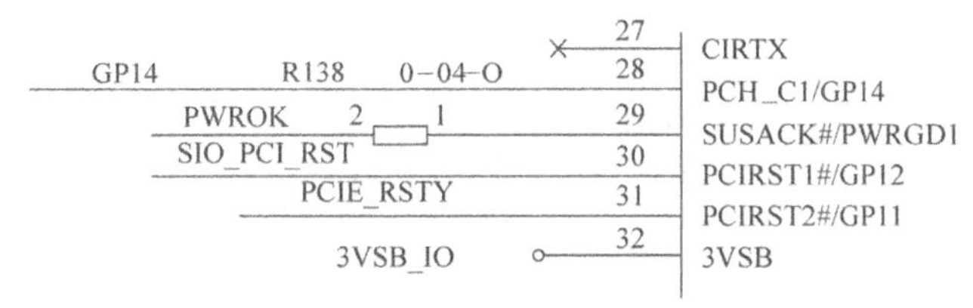

图 10-21　PCIRST 信号

任务拓展

根据以上电路分析H61、G41等不同厂家生产的复位电路，找出其共性及区别。

任务实施

步骤1：使用万用表直流电压档测量开关针7脚电压是否为VCC3V电压，短接7、5两脚，是否能手动复位。电路原理图及电路板实物如图10-22所示。测量结果如图10-23所示。从图10-23中可以看出，测量的电压正常，能够手动复位，排除此故障原因。

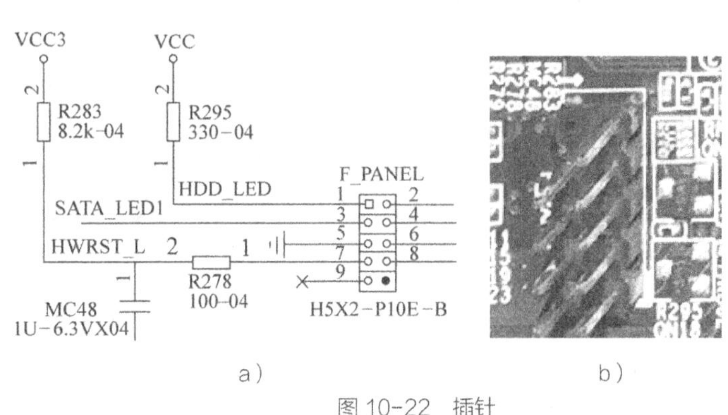

a）　　b）

图 10-22　插针

a）电路原理图　b）电路板实物

图 10-23 测量结果

温馨提示

手动复位电路主要在主板运行出现意外时使用，其复位信号由RESET开关产生。

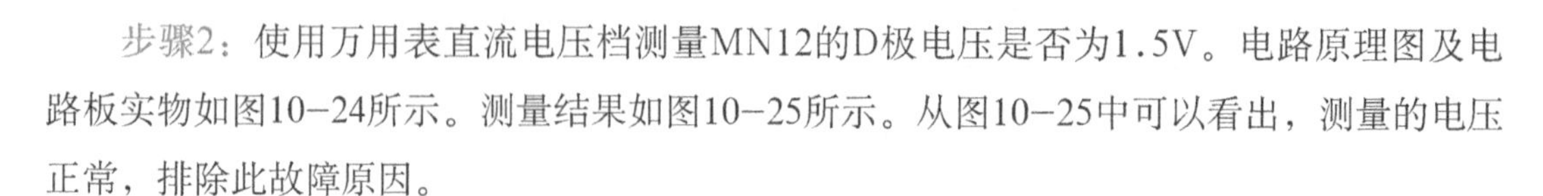

步骤2：使用万用表直流电压档测量MN12的D极电压是否为1.5V。电路原理图及电路板实物如图10-24所示。测量结果如图10-25所示。从图10-25中可以看出，测量的电压正常，排除此故障原因。

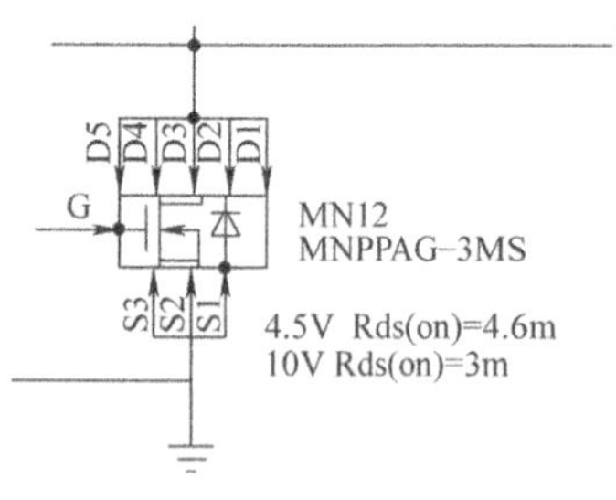

a）

b）

图 10-24　场效应管

a）电路原理图　b）电路板实物

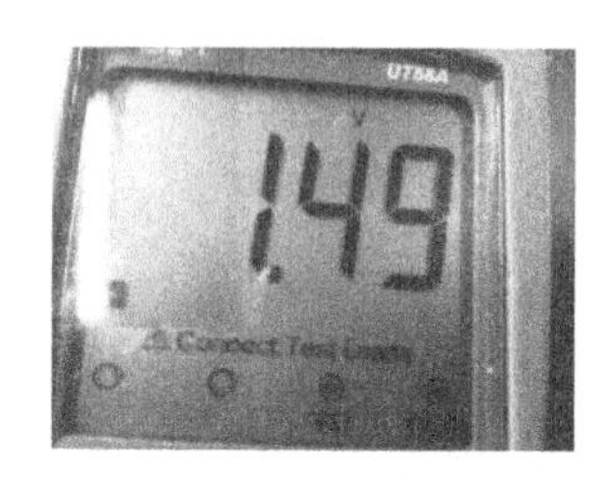

图 10-25　测量结果

步骤3：使用万用表直流电压档测量MN1的S极电压是否为1.05V。电路原理图及电路板实物如图10-26所示。测量结果如图10-27所示。从图10-27中可以看出，测量的电压正常，排除此故障原因。

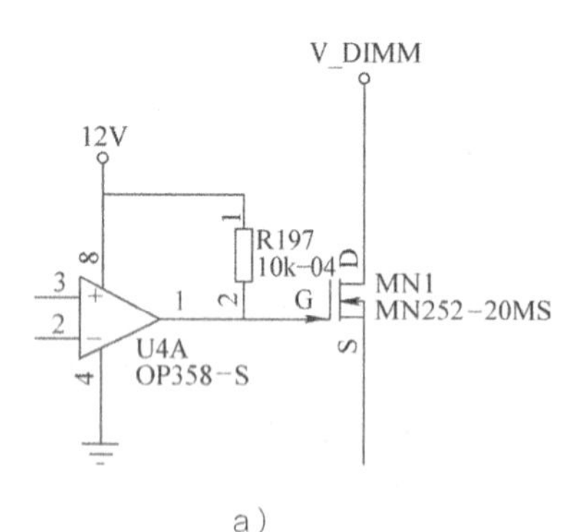

a）

b）

图 10-26　场效应管

a）电路原理图　b）电路板实物

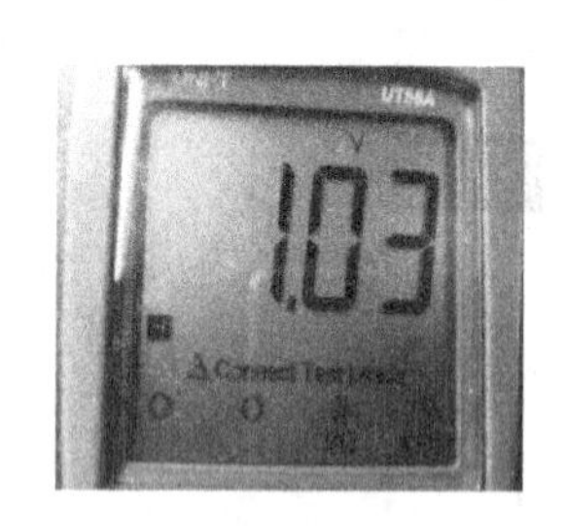

图 10-27　测量结果

步骤4：使用万用表直流电压档测量QN9的S极电压是否为1.5V。电路原理图及电路板实物如图10-28所示。测量结果如图10-29所示。从图10-29中可以看出，测量的电压正常，排除此故障原因。

步骤5：使用万用表直流电压档测量MN6、MN8、MN10的D极电压是否为1.2V。电路原理图如图6-20b所示。电路板实物如图10-30所示。测量结果如图10-31所示。从图10-31中可以看出，测量的电压正常，排除此故障原因。

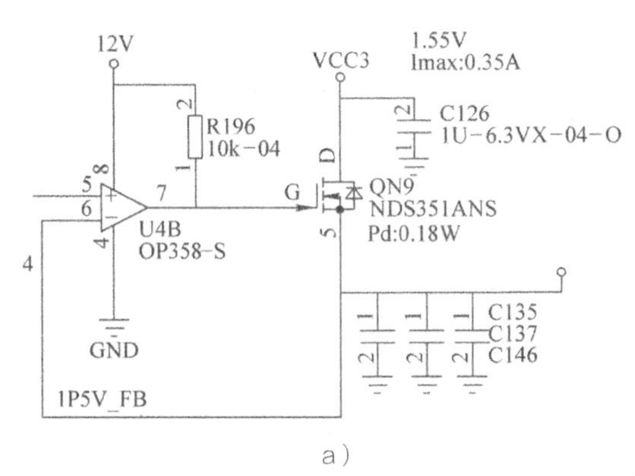

a)

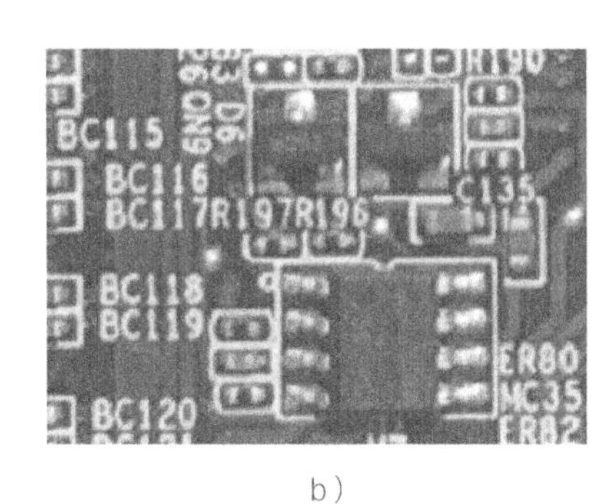

b)

图 10-28 场效应管

a)电路原理图 b)电路板实物

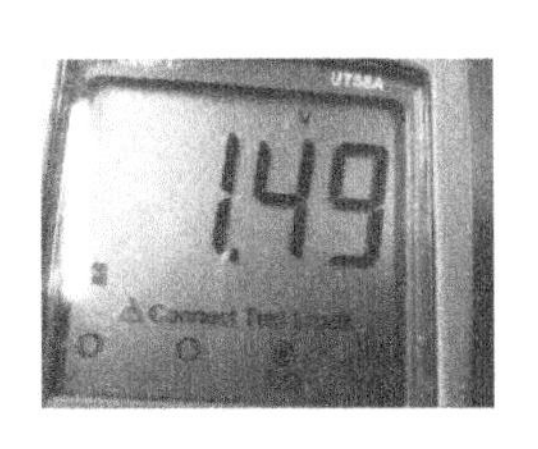

图 10-29 测量结果

图 10-30 电路板实物

图 10-31 测量结果

步骤6：使用万用表直流电压档测量PCI−E插槽的A13、A14脚电压是否为0.4V。电路原理图及电路板实物如图10−32所示。测量结果如图10−33所示。从图10−33中可以看出，测量的电压正常，排除此故障原因。

GND	A13	PEX16_100M_P	PEX16_100M_P
REFCLK_+_H	A14	PEX16_100M_N	PEX16_100M_N
REFCLK_+_L	A15		

a)

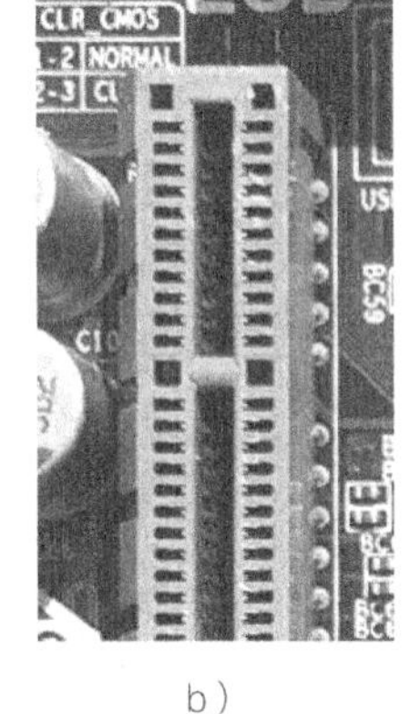

b)

图 10-32 PCI-E 插槽

a)电路原理图 b)电路板实物

图 10-33 测量结果

步骤7：使用万用表直流电压档测量PCI−E插槽的A11脚电压是否为3.3V。电路原理图及电路板实物如图10−34所示。测量结果如图10−35所示。从图10−35中可以看出，测量的电压为0V，异常，初步断定此为故障原因。

3.3V A9
3.3V A10
PWRGD A11 PCIRST2_L << PCIRST2_L

a）

b）

图 10-34 PCI-E 插槽
a）电路原理图 b）电路板实物

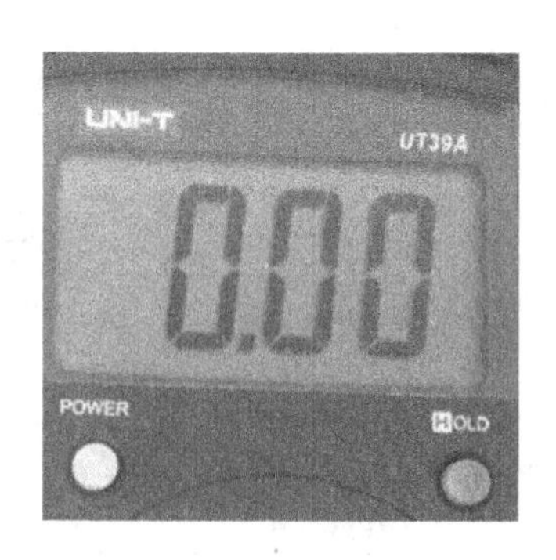

图 10-35 测量结果

步骤8：进一步检测PWROK信号，发现该信号出现断路，维修后主板复位正常。

温馨提示

部分主板CPU没有复位，而其他复位点正常，故障点一般在北桥；I/O芯片没有复位，通常会造成主板不亮，故障点通常在南桥。

步骤9：撰写故障检测维修工单。检测维修工单，见表10-2。

表 10-2 检测维修工单

<table>
<tr><td>故障现象</td><td colspan="5">主板开机后不断重启</td></tr>
<tr><td>检测过程</td><td colspan="5">首先用万用表测量复位开关电压，3.3V为正常。其次检测整机板的供电电压是否正常，包括内存供电（1.5V）、桥供电（1.05V）、总线供电（1.5V）和CPU（1.2V）供电，检测后电压均为正常。检测时钟芯片周边电阻的电压为1.6V、0.4V，正常。最后检测PCI-E插槽的A11口电压为0V，正常应为3.3V，于是检测PWROK信号来源，一般由I/O芯片发出，经检测发现该信号线中间出现断路</td></tr>
<tr><td>检测结论</td><td colspan="5">由I/O发出到桥的PWROK信号出现断路，导致全主板无复位现象</td></tr>
<tr><td colspan="6">维修所消耗的元器件</td></tr>
<tr><td>序号</td><td>名称</td><td>型号</td><td>封装</td><td>数量</td><td>维修人
（签工位号）</td></tr>
<tr><td>1</td><td>跳线</td><td></td><td></td><td>1</td><td>1</td></tr>
<tr><td>维修措施</td><td colspan="2"></td><td>提请用户
注意事项</td><td colspan="2">机箱要定期进行除尘</td></tr>
</table>

任务拓展

分析故障现象，要制定故障检测方案，请根据以下几种故障现象进行分析并填写在故障分析记录中，见表10-3。

1）主板没法开机。

2）开机后，过几秒就自动关机。

3）主板无法关机。

4）通电后自动开机。

表 10-3 故障分析记录

故障现象	
检测过程	
检测结论	
提请用户注意事项	

知识补充

英特尔芯片主板，南桥芯片得到供电、时钟信号，两个 PG 信号后，发出复位信号复位 I/O 芯片和北桥芯片，在由北桥芯片转发出复位信号给 CPU，而 I/O 芯片转换其他设备的复位信号。所以复位电路的维修分为全板无复位的维修和无 CPU 复位的维修。而现在的主板通常遇到的是全板无复位，指 PCI 插槽复位信号测量点电压为 0V，维修方法如下：

检查复位开关是否为高电平。如果为低电平，从复位开关针跑线更换相连元器件。

检测全板的供电电压是否正常，包括内存供电、桥供电、总线供电和 CPU 供电。若供电不正常，则按供电电路故障进行检测。

检测时钟芯片周边电阻的电压是否为 1.6V、0.4V。如果无电压，则检测时钟芯片电路工作条件，如供电、开启信号和 14.318MHz 晶振是否起振动。条件正常而无电压更换时钟芯片。

检测南桥芯片的 PWROK 是否为 3.3V 高电平。如果为低电平 0V 时，检测 PWROK 信号来源，一般由 I/O 芯片发出。

检测南桥芯片的 VRMPWRGD 是否为 3.3V 高电平。如果无电压，则检测 VRMPWRGD 产生电路。

如果以上条件都正常，则更换南桥芯片。

项目评价 PROJECT EVALUATION

1. 成果展示

小组内选择出1～2组维修工单，在班级同学中展示，讲解自己的成功之处，并填写表10–4。

表 10-4 经验分享表

收获	
体会	
建议	

2. 评分

按自评、小组评、教师评的顺序进行评分，各小组推荐优秀成员，填写表10–5。

表10-5 评分表

项目	考核要求	评分	评分标准	自评	组评	师评
故障现象描述	正确描述故障现象	10	部分内容不正确扣5分			
检测维修过程	选择正确的维修工具、数据记录正确、动作符合规范	20	挡位选择有误扣10分，数值有误扣5分			
故障位置	元件器标识符号和型号	10	未能正确记录故障位置扣10分			
故障原因分析	详细记录电路分析	20	部分内容不正确扣10分			
故障维修措施	符合电烙铁、热风枪作业指导书操作规范	20	未能按操作规范使用维修工具扣10分			
焊点	电气接触好，机械接触牢固，外表美观	10	焊点不符合三要素扣5分			
6S管理	工作台上工具排放整齐、严格遵守安全操作规程	5	工作台上杂乱扣2～5分，违反安全操作规程扣5分			
加分项	团结小组成员，乐于助人，有合作精神，遵守实训制度	5	评分为优秀组长或组员加5分，其他组长或组员的评分由教师或组长评定			
总分						
教师点评						

项目总结 PROJECT SUMMARY

1）主板没有复位信号就不能正常初始化，其表现是能开机无显示。维修时应首先测量复位键是否有3V左右的电压，如果没有，则应检查与复位键相连的电阻是否断路。如果复位键电压正常，则再测量PCI插槽、AGP插槽和北桥芯片的复位引脚是否有3.3V电压。

2）维修人员根据复位功能板和真实主板复位电路分析和电路检修，了解行业维修流程、维修原则，熟悉常见主板诊断卡中的复位灯长亮、主板诊断卡中的复位灯不亮、CPU的复位信号不正常、部分设备没有复位信号等现象，掌握多种检测、维修方法，才能对故障进行检测维修与故障排除。

3）维修人员要善于积累维修经验，学会故障分析，查阅相关资料，从而更快更准确地进行故障检测与故障排除。

PROJECT 11

PROJECT 11 项目 11

主板CMOS和BIOS电路分析及故障检修

项目概述

本项目主要讲了台式机模拟功能板CMOS、BIOS电路和台式机主板相关电路检测维修流程。让同学们先认识电路，学习并理解功能电路的工作原理，在功能板和台式机主板故障检测与排除过程中，学会分析电路，记录检测过程，确定故障点，排除故障；最后规范填写维修工单，进行总结，积累维修经验。

项目目标

1）通过标识方法，认识主板CMOS、BIOS电路。

2）使用适当的工具，测量该功能板数据，并正确找到故障位置。

3）能够遵循故障检测原则，对计算机主板进行故障检测，并准确记录检测结果。

任务1 主板CMOS和BIOS功能板电路故障检修

任务描述

本任务使用维修工具检测维修台式机主板CMOS和BIOS功能板电路，根据电路原理分析，准确判断故障位置并对CMOS和BIOS电路常见的故障进行检测维修，完成后撰写故障报告。

任务分析

主板CMOS功能板ATX电源区域主要是将适配器输入的9V电压转换为功能电路所需要的3.3V、5V、5VSB电压，RTC CLOCK区域在由ATX电源的3.3V或CMOS电池供电后，向南桥提供32.768kHz的时钟信号。南桥向BIOS发出CS#和OE#信号，BIOS通过BIOS_DATA脚送出内部的资料，供主板进行基础检测。应按照电路图正确地使用检测工具进行检测与维修。

知识准备

主板上的CMOS和BIOS是两个独立单元电路，各自作用及功能不一样，检测维修时要分开检查，彼此没有关联。

1. 主板CMOS和BIOS功能板结构及功能

CMOS电路由于要保存CMOS存储器中的信息，在主板断电后，由一块纽扣电池供电，如图11-1所示。而主板BIOS电路是主板基本输入/输出系统，是计算机中最基础、最重要的程序。它为计算机提供最低级、最直接的硬件控制，计算机的原始操作都是依照固化在BIOS中的程序来完成各种硬件初始化设置和测试，以保证系统能够正常工作。

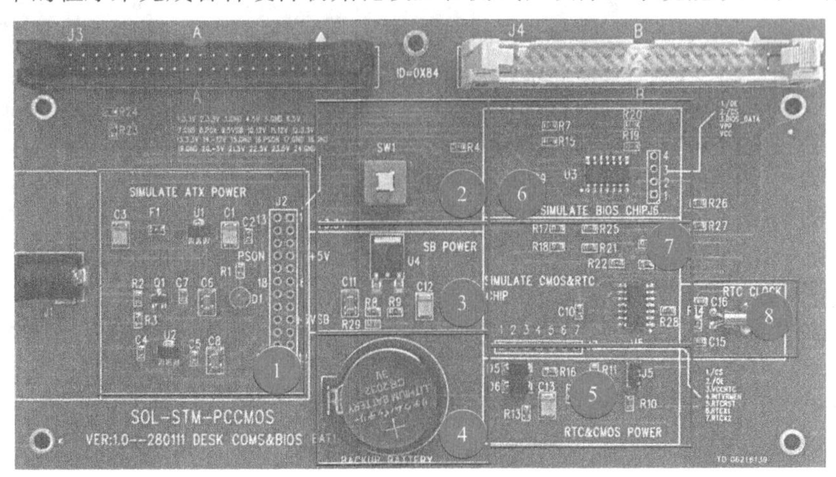

图11-1 CMOS和BIOS功能板

2. 主板CMOS和BIOS功能板部分电路作用

1）SIMULATE ATX POWER电源区域是将适配器输入的9V电压转换电路所需要的3.3V、+5V、5VSB电压，如图11-1中1所示。

2）SW1区域为CMOS和BIOS供电触发模拟开机信号，如图11-1中2所示。

3）SB POWER区域是待机工作电压区域，SB的英文全称为South Bridge（南桥），顾名思义该电压为南桥待机部分专用电压，是在触发之前就有的，三端稳压器5V转换为3.3V给CMOS电路供电，如图11-1中3所示。

4）BACKUP BATTERY区域是CMOS后备电池的插座，中间的触点为负极，边上的触点为正极，如图11-1中4所示。

5）RTC&CMOS POWER区域是南桥芯片内部的RTC电路部分和CMOS电路部分的供电电路，如图11-1中5所示。

6）SIMULATE CMOS&RTC CHIP区域是南桥（CD4011B）当接收到I/O的READ_BIOS（BIOS读取）信号后，模拟南桥发给BIOS的读取信号，如图11-1中6所示。

7）SIMULATE CMOS&RTC CHIP区域是BIOS（CD4011B）收到南桥的/CS（Chip Select片选）和/OE（Output Enable允许输出）信号后，发出BIOS_DATA信号，如图11-1中7所示。

8）RTC CLOCK区域是将ATX电源的3.3V或CMOS电池供电后，保证实时晶振与南桥芯片相连，产生工作时钟频率，如图11-1中8所示。

任务实施

步骤1：使用万用表直流电压档测量电容C1的正极电压是否为5V。电路原理图及电路板实物如图11-2所示。测量结果如图11-3所示。从图11-3中可以看出，电容C1的正极电压正常，排除此故障原因。

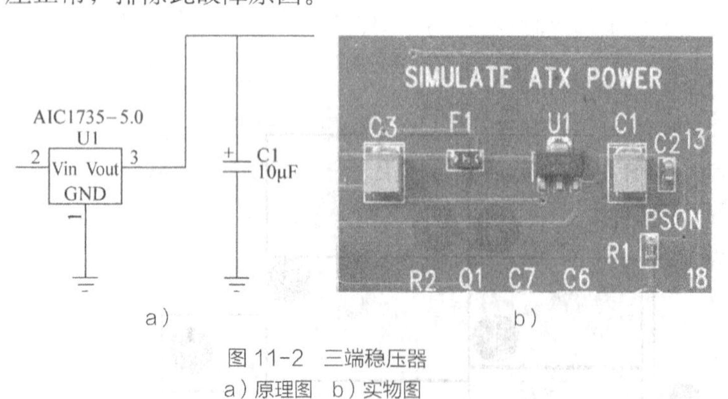

图 11-2 三端稳压器
a）原理图 b）实物图

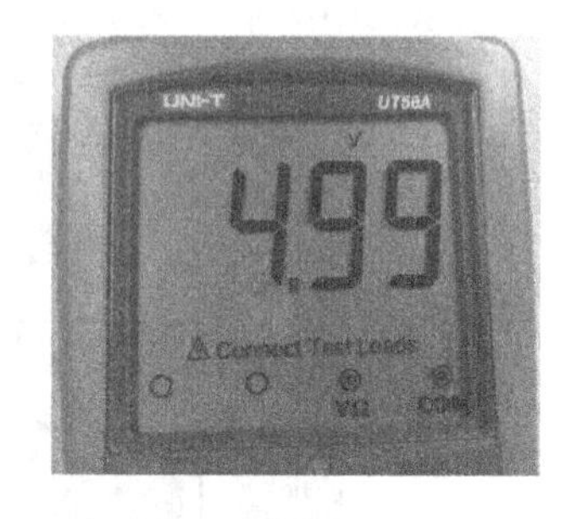

图 11-3 测量结果

步骤2：使用万用表直流电压档测量三端稳压器U4第2脚电压是否为3.3V。电路原理图及电路板实物如图11-4所示。测量结果如图11-5所示。从图11-5中可以看出，测量的电压正常，排除此故障原因。

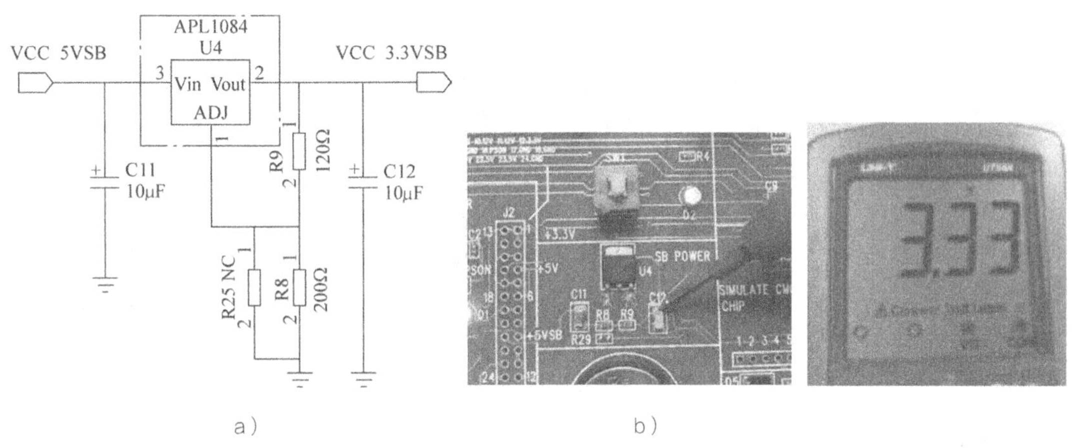

a） b）

图 11-4 三端稳压器

a）原理图 b）实物图

图 11-5 测量结果

步骤3：使用万用表直流电压档测量插针J7的3、4、5脚，插针J7的3、4、5脚是否为3.2V电压。电路原理图及电路板实物如图11-6所示。测量结果如图11-7所示。从图11-7中可以看出，测量的电压正常，排除此故障原因。

a） b）

图 11-6 插针

a）原理图 b）实物图

图 11-7 测量结果

步骤4：使用示波器测量Y1是否有32.768kHz的频率。电路原理图及电路板实物如图11-8所示。测量结果如图11-9所示。从图11-9中可以看出，晶振波形频率正常，排除此故障原因。

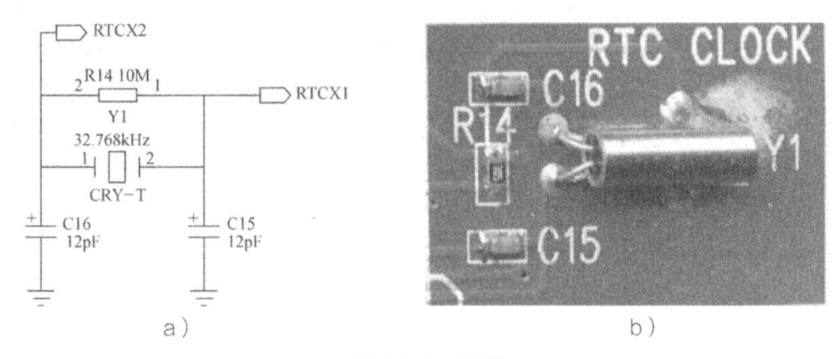

a） b）

图 11-8 晶振

a）原理图 b）实物图

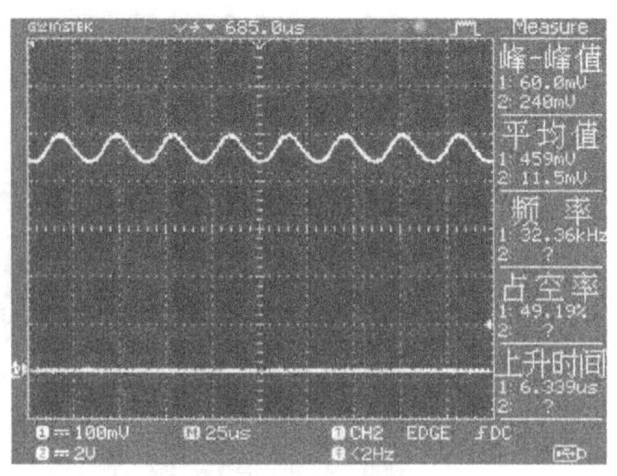

图 11-9　测量结果

步骤5：使用万用表直流电压档测量D5与R16连接点间是否为3.3V电压。电路原理图及电路板实物如图11-10所示。测量结果如图11-11所示。从图11-11中可以看出，3.3V的电压正常，排除此故障原因。

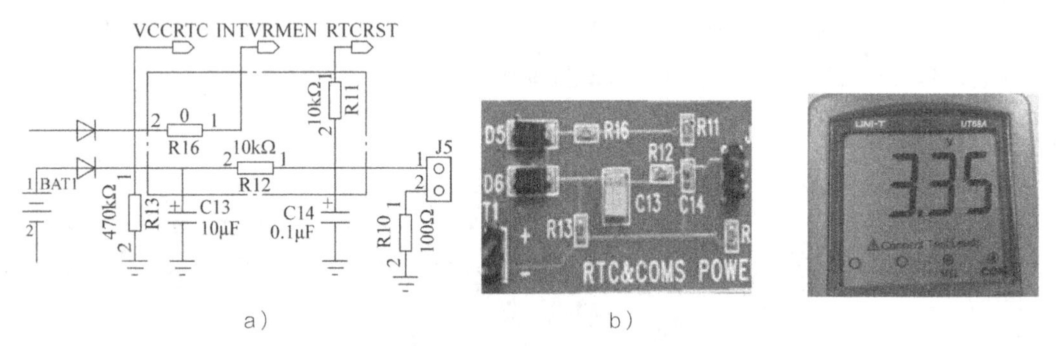

a）　b）

图 11-10　二极管

a）原理图　b）实物图

图 11-11　测量结果

步骤6：按下开关SW1后使用万用表直流电压档测量Q1的D极是否有高低电平变化。电路原理图及电路板实物如图11-12所示。测量结果如图11-13所示。从图11-13中可以看出，有高低电平变化，排除此故障原因。

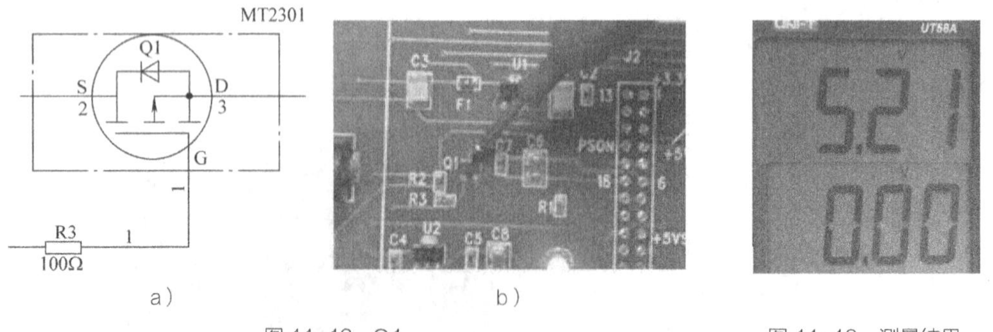

a）　b）

图 11-12　Q1

a）原理图　b）实物图

图 11-13　测量结果

步骤7：按下开关SW1后使用万用表直流电压档测量三端稳压器U2的第3脚是否有3.3V电压输出。电路原理图及电路板实物如图11-14所示。测量结果如图11-15所示。从

图11–15中可以看出，测量的电压正常，排除此故障原因。

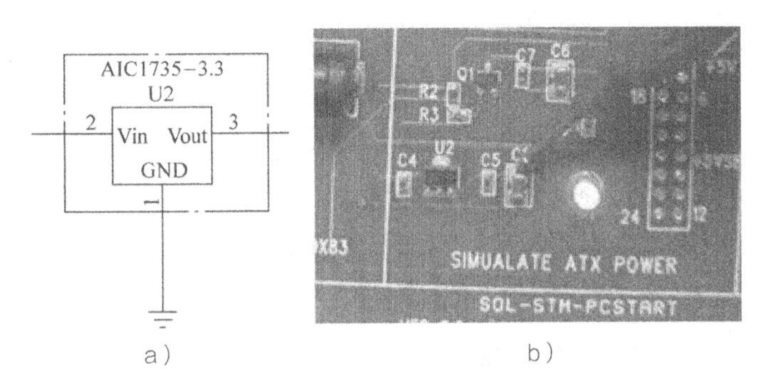

a）　　b）

图 11–14　三端稳压器

a）原理图　b）实物图

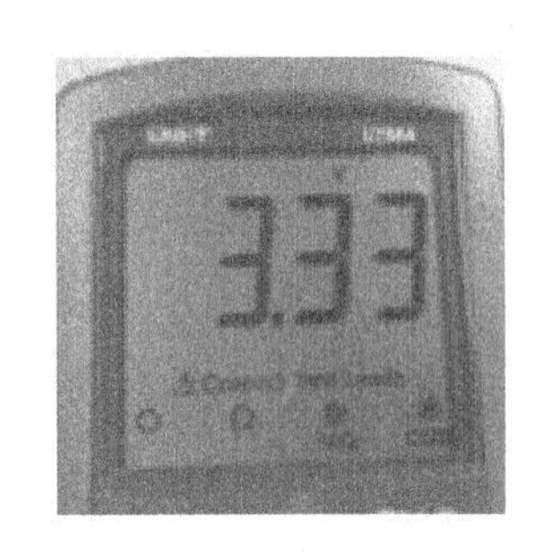

图 11–15　测量结果

步骤8：按下开关SW1后使用万用表直流电压档测量J6的第3脚（即BIOS_DATA）是否为由低电平变为高电平5V。电路原理图及电路板实物如图11–16所示。测量结果如图11–17所示。从图11–17中可以看出，测量的电压为0V，异常，初步断定此为故障原因。

步骤9：按下开关SW1后使用万用表直流电压档测量J6的第1脚（OE#）和第2脚（CS#）电压，是否为5V高电平。电路原理图及电路板实物如图11–16所示。测量结果如图11–18所示。从图11–18中可以看出，测量的电压正常，排除此故障原因。

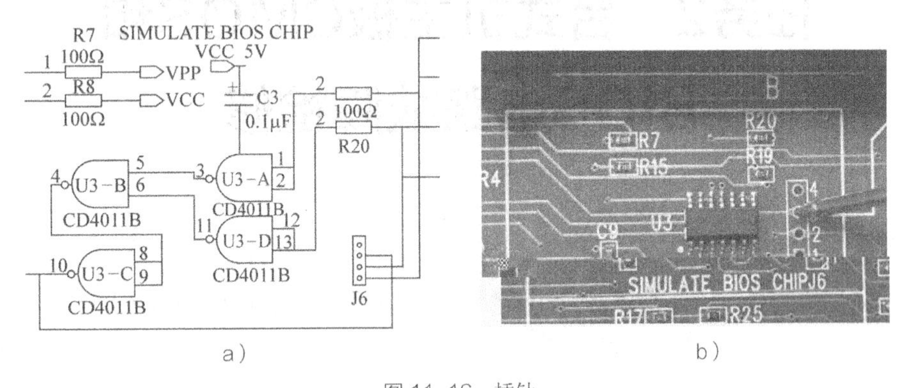

a）　　b）

图 11–16　插针

a）原理图　b）实物图

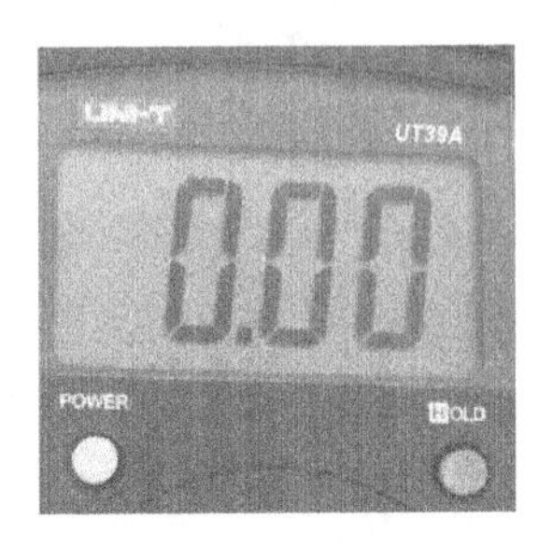

图 11–17　测量结果

图 11–18　测量结果

温馨提示

图11-16中，U3为模拟BIOS芯片的OE#和CS#，为片选信号控制端，此信号应有高电平有效，但在实际主板中此信号低电平有效。

步骤10：使用万用表直流电压挡测量C9正极电压，正确为5V电压。供电条件正常，输入信号条件/CS和/OE均为5V，正常，可以判断该区域电路U3故障引起输出电压异常。

步骤11：更换U3，功能板通电后测量电压正常，故障已经修复。

步骤12：撰写维修报告。按照表11-1的格式填写维修报告。

表 11-1　维修报告

故障 项目	故障一	故障二	故障三
故障元器件位置编号			
故障表现摘述			

任务拓展

完成CMOS和BIOS功能板电路三端稳压器U4损坏引起故障的维修，并撰写维修报告。

任务2　台式机主板CMOS和BIOS电路故障检修

任务描述

本任务以精英主板H81H3-M7为例。使用维修工具检测维修台式机主板CMOS和BIOS电路，根据电路原理分析和功能板检测维修思路，准确判断故障位置并对主板CMOS和BIOS电路中常见的故障进行检测维修，完成后撰写故障报告。

任务分析

CMOS和BIOS电路中常见故障现象包括：1）主板无法触发。2）触发后不亮机。3）无法进入系统。引发上述故障现象的原因有很多，当主板CMOS和BIOS电路出现故障后，主要出现在CMOS和BIOS实时晶振、谐振电容、南桥芯片、BIOS程序或芯片等的损坏。本任务根据主板CMOS和BIOS电路一般检测流程图进行检修，如图11-19和图11-20所示。

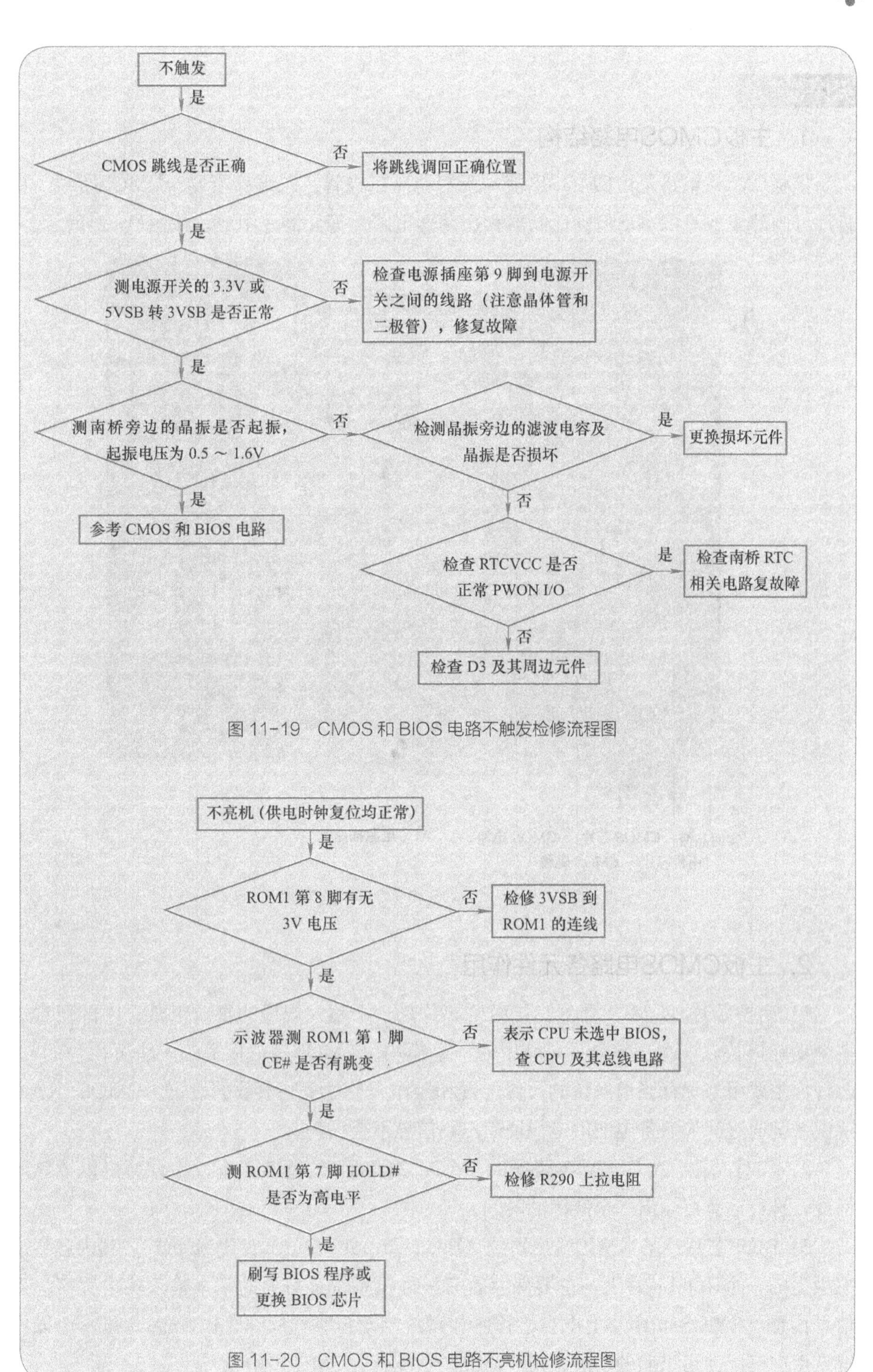

图 11-19 CMOS 和 BIOS 电路不触发检修流程图

图 11-20 CMOS 和 BIOS 电路不亮机检修流程图

知识准备

1. 主板CMOS电路结构

主板CMOS电路是由CMOS电池、三端稳压二极管、三端稳压器、CMOS跳线、南桥芯片（内部集成有CMOS随机存储器和振荡器电路）等元器件组成，如图11-21所示。

图 11-21　CMOS 和 BIOS 电路实物图

2. 主板CMOS电路各元件作用

1）南桥芯片（CMOS部分）：南桥芯片是一个超大规模的集成电路，内部包含了很多个功能模块，CMOS部分只是其中的一个模块。CMOS是主板上的一块可读写的RAM芯片，主要用来保存当前系统的硬件配置和操作人员对某些参数的设定。CMOS RAM芯片由系统通过一块后备电池供电保证CMOS信息不会丢失。

2）实时晶振：为CMOS电路提供一个32.768kHz的精准频率，让计算机以该频率为标准，进行运算后输出一个准确的时间。

3）BIOS芯片：基本输入输出系统（Basic Input－Output System），其内容集成在主板上的一个ROM芯片上，主要保存着有关微机系统最重要的基本输入输出程序，系统信息设置、CMOS和BIOS上电自检程序和系统启动自举程序等。BIOS芯片是一个操作系统，用户可以使用里面的功能，用户修改的数据存在CMOS中。

4）CMOS电池和跳线：当市电关闭时，给CMOS电路供电，但不能充电；当用户想恢复自己对BIOS参数做的设置时，可以使用跳线来对CMOS电路进行断电，以达到恢复出厂设置的目的。

3. 主板CMOS电路的工作原理

如图11-22所示，当主板没有连接市电220V时，电池BT通过双向稳压二极管D3、跳线和电阻R112连接到南桥芯片，为南桥芯片提供3.0V的电压，南桥内部的CMOS随机存储器得到供电后，保存计算机硬件数据，同时实时晶振也会得到供电，南桥内部的振荡器开始工作，产生32.768kHz的时钟频率，并为南桥和CMOS电路提供时钟信号，CMOS电路处于工作状态，并随时准备参与唤醒任务。

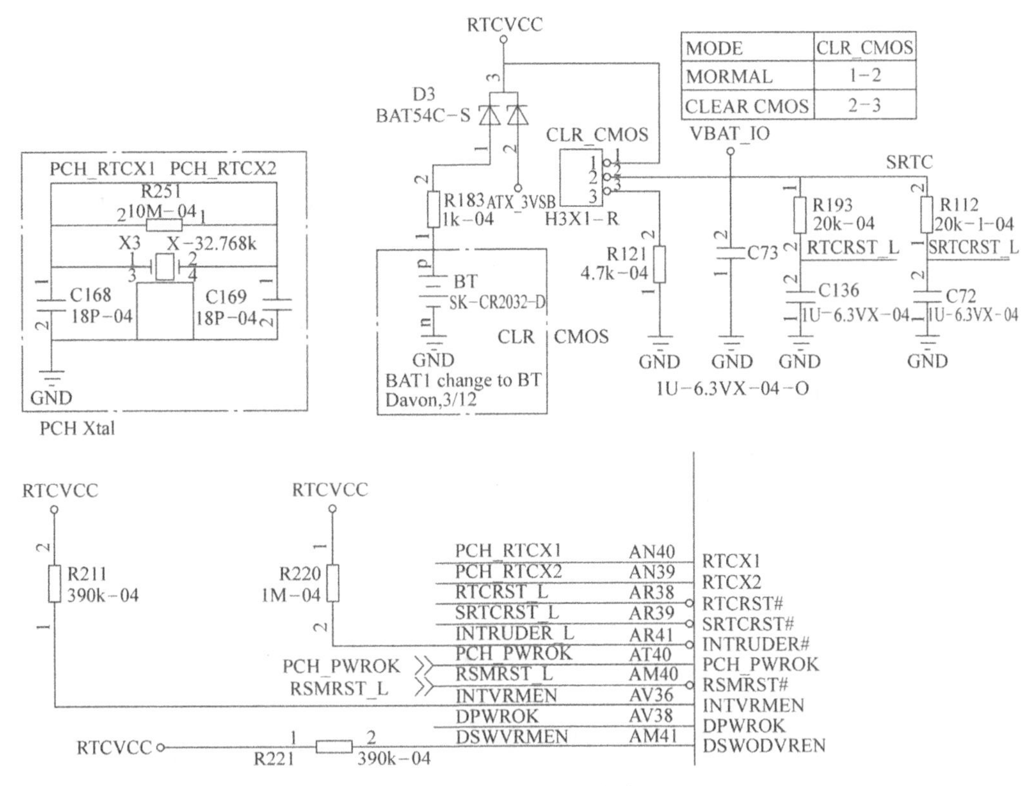

图11-22　CMOS电路

当ATX电源接电后，ATX电源第9针脚输出5V的待机电压到三端稳压器U6，经过稳压器U6转换为3.3V电压。此电压通过D3的正极，此时CMOS电池不再供电，而由ATX电源的3.3V待机电压代替电池为南桥供电。此时CMOS电路处于工作状态。

当主板开始工作后，CMOS电路根据CPU的请求向CPU发送CMOS和BIOS自检程序，准备CMOS和BIOS。当ATX电源断电后，三端稳压二极管D3的负极电压开始降低，此时由CMOS电池开始为南桥供电，保证CMOS电路正常工作，CMOS随机存储器内的数据不会丢失。

由于主板厂商设计不同，CMOS电路会不同，但基本原理相同。CMOS电路区别在供电部分，有的主板采用两个稳压二极管，有的采用一个三端稳压二极管，有的主板采用三针跳线，有的主板采用双针跳线，有的主板还设计电压检测功能。

4. 主板BIOS芯片引脚功能

主板BIOS电路主要对BIOS芯片输出和输入电流进行滤波和稳定。其BIOS芯片的引脚定义，如图11-23所示。

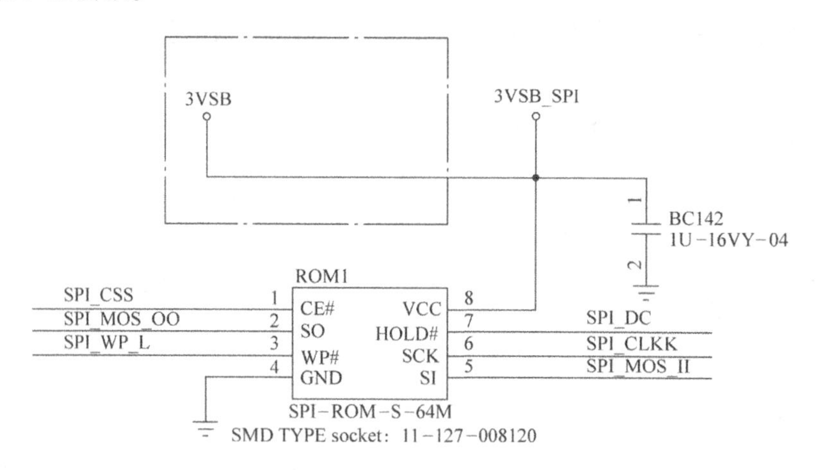

图 11-23 BIOS 芯片的引脚定义

第1脚：CE#=CS#—— 片选信号，表示已选中BIOS，开始调用BIOS的程序，正常时可用示波器测到跳变的方波。

第2脚：SO——信号输出。

第3脚：WP#——写保护信号，为低电平时，会禁止BIOS写入（刷写BIOS）。

第4脚：GND——接地。

第5脚：SI——信号输入。

第6脚：SCK——时钟信号。

第7脚：HOLD#——锁定信号，为低电平时，会暂停通信。

第8脚：VCC——3.3V供电输入。

这种8脚的BIOS的SPI总线直接挂在SB的SPI总线下，8脚的BIOS在正常工作时，1、2、5、6脚用示波器测有方波。

5. 主板BIOS电路的工作原理

按下CMOS和BIOS键，当CPU的供电、时钟、复位都正常时，就会发出寻址指令，寻找自检程序。寻址信息通过南桥传递到BIOS芯片。BIOS芯片接到指令后，通过SPI总线、PCI-E总线、南桥芯片、前端总线输出自检程序，并执行其他检测任务。执行完这些程序后，将相应的字符显示在显示屏上，同时计算机启动。

任务实施

步骤1：参考项目5任务2中的步骤1～步骤3完成操作，排除故障。

步骤2：使用示波器测量X3是否有32.768kHz的波形。电路原理图及电路板实物如图11-24所示。测量结果如图11-25所示。从图11-25中可以看出，晶振波形频率正常，排除此故障原因。

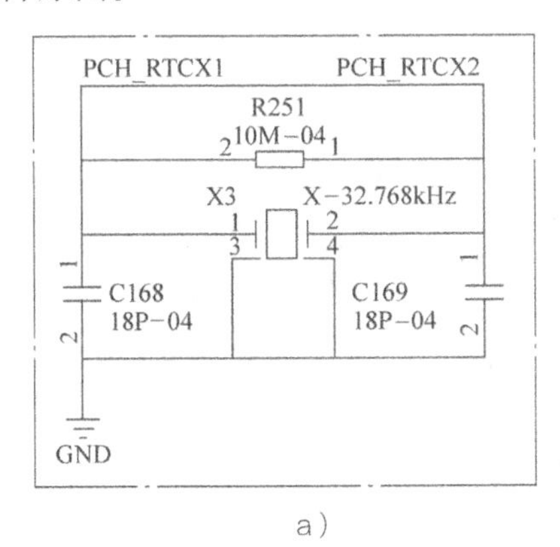

a）

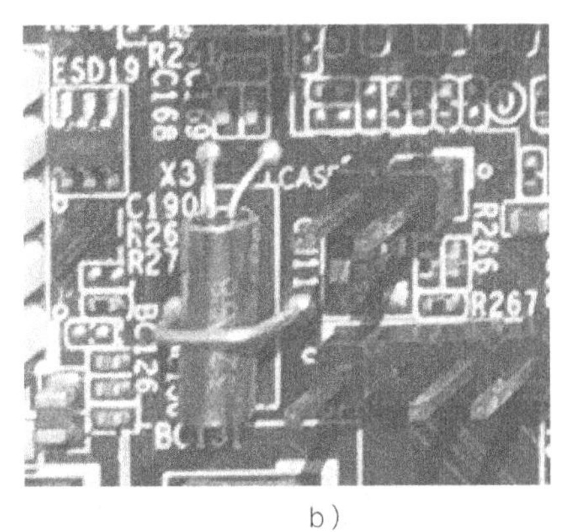

b）

图 11-24 晶振

a）电路图 b）电路板实物

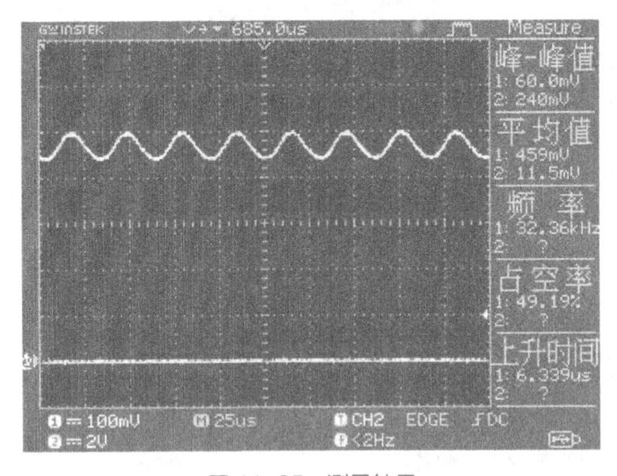

图 11-25 测量结果

经验分享

图11-24中，测量实时晶振是否起振，除了测量波形，还可以测量起振电压，一般为0.5～1.6V。如果没有则更换晶振和其旁边的滤波电容。

步骤3：使用万用表直流电压档测量主板各路供电（参考供电检修思路），及SIO（超级输入输出）芯片第29脚PWROK是否为高电平。电路原理图及电路板实物如图11-26所示。测量结果如图11-27所示。从图11-27中可以看出，测量的电压正常，排除此故障原因。

步骤4：使用万用表直流电压档测量主板各路供电（参考供电检修思路）及SIO芯片第31脚PCIE_RSTY是否为高电平。电路原理图及电路板实物如图11-26所示。测量结果如图11−28所示。从图11−28中可以看出，测量的电压正常，排除此故障原因。

步骤5：使用示波器测量ROM1芯片（BIOS）第1、2、5、6脚是否有方波。电路原理图如图11−23所示。电路板实物如图11−29所示。测量结果如图11−30所示。从图11−30中可以看出，测量的结果为没有波形，初步断定此为故障原因。

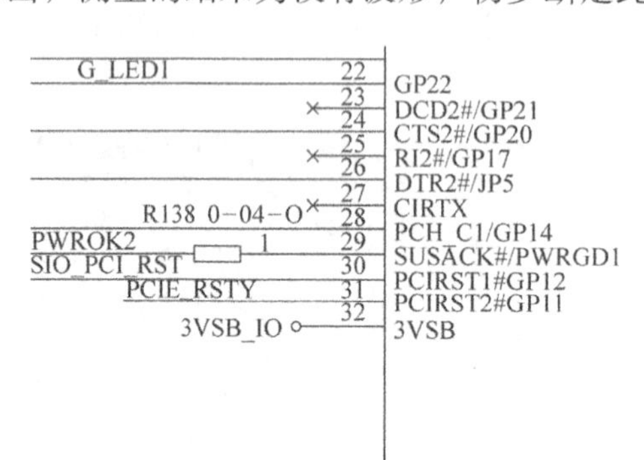

a）

b）

图 11−26 晶振

a）电路图 b）电路板实物

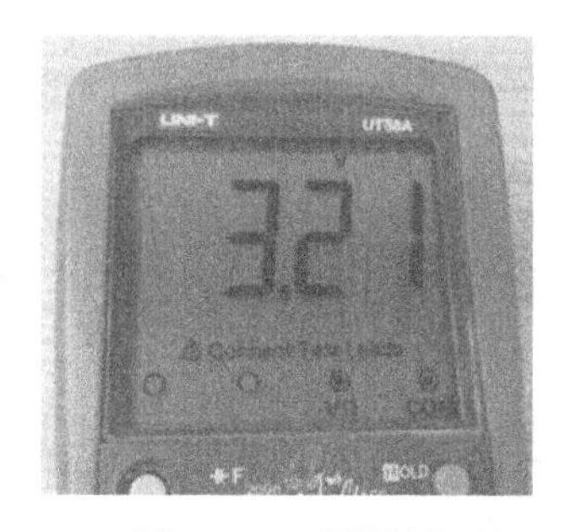

图 11−27 测量结果

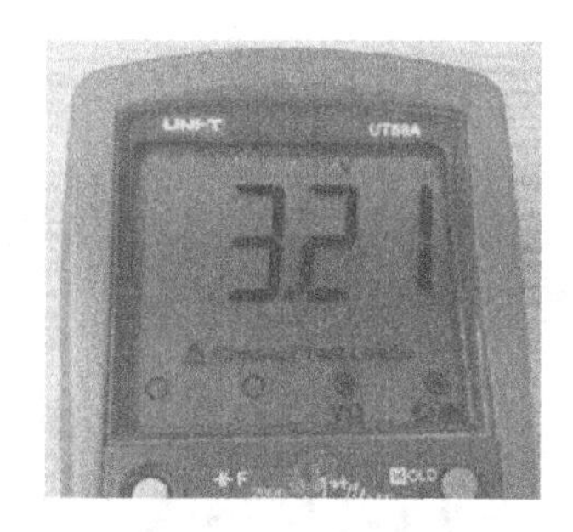

图 11−28 测量结果

图 11−29 ROM1 芯片电路板实物

步骤6：使用万用表直流电压档测量ROM1芯片（BIOS）第7脚SPI_DC是否为高电平。电路原理图及电路板实物如图11−29所示。测量结果如图11−31所示。从图11−31中可以看出，测量的电压为0V，异常。

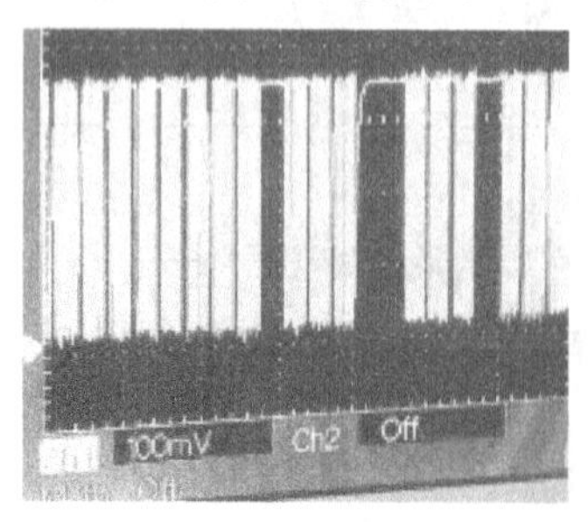

图 11−30 测量结果

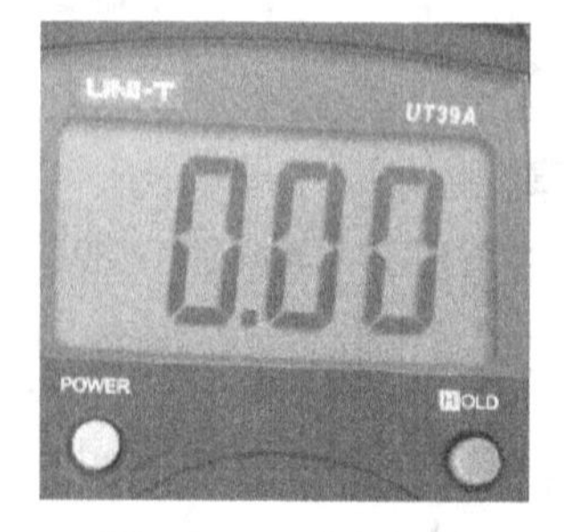

图 11−31 测量结果

经验分享

经检测发现BIOS芯片损坏，刷新BIOS程序时，要使用高于原版本的BIOS程序，不能使用比原版本低的程序。

步骤7：使用万用表直流电压档测量R290右端是否有3V电压。电路原理图及电路板实物如图11−32所示。测量结果如图11−33所示。从图11−33中可以看出，测量的电压正常，排除此故障原因。

步骤8：使用万用表电阻档测量对R290离线测量阻值是否为10kΩ。电路原理图及电路板实物如图11−32所示。测量结果如图11−34所示。从图11−34中可以看出，测量的阻值为10MΩ，异常。

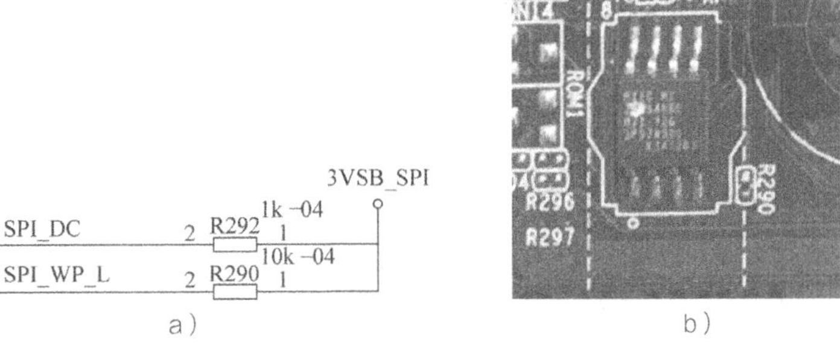

a） b）

图 11-32 ROM1 芯片

a）电路图 b）电路板实物

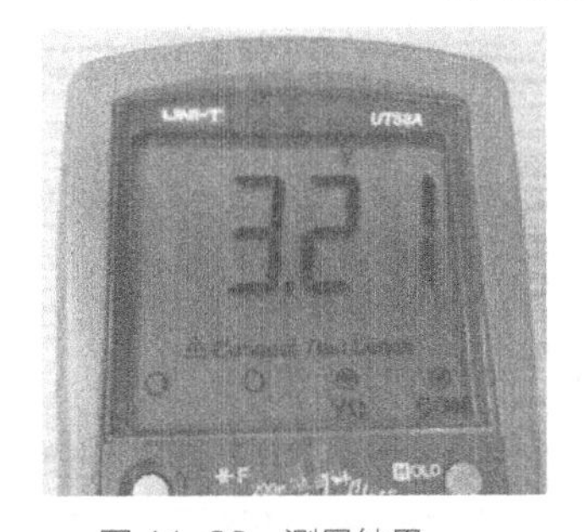

图 11-33 测量结果

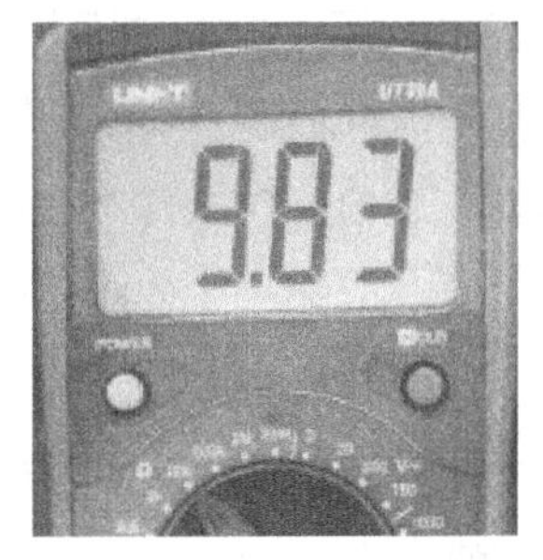

图 11-34 测量结果

步骤9：根据以上测量分析原因，并撰写故障检测维修工单。检测维修工单，见表11−2。

表 11-2 检测维修工单

<table>
<tr><td>故障现象</td><td colspan="5">主板 CMOS 和 BIOS 显示器不显示，数码卡不跑码</td></tr>
<tr><td>检测过程</td><td colspan="5">首先用万用表测量 ATX 电源 5VSB、COMS 电池 3V 左右正常，其次检查 CMOS 跳线连接正确，用示波器测量 X3 两脚 32.768kHz 的波形正常。用万用表测量主板各路供电均正常（参考供电检修思路），测量 SIO 第 29 脚 PWROK 高电平正常，测量 SIO 芯片第 31 脚 PCI_E_RSTY 为高电平正常（参考复位电路检修思路）。测量 ROM1 芯片（BIOS）第 1、2、5、6 脚无波形，使用万用表测量 ROM1 芯片（BIOS）第 7 脚 SPI_DC 为低电平，SPI_DC 为低电平时，BIOS 会暂停通信。离线测量 R290 阻值，发现为 10MΩ 异常后，更换电阻后上拉为 3V，用示波器测量有了波形，CMOS 和 BIOS 点亮</td></tr>
<tr><td>检测结论</td><td colspan="5">电阻 R290 阻值异常后造成 BIOS 外围电路异常，导致 BIOS 不输出程序，故不能亮机</td></tr>
<tr><td colspan="6">维修所消耗的元器件</td></tr>
<tr><td>序号</td><td>名称</td><td>型号</td><td>封装</td><td>数量</td><td>维修人（签工位号）</td></tr>
<tr><td>1</td><td>电阻</td><td>10k-04</td><td>0402 1/16W</td><td>1</td><td>1</td></tr>
<tr><td>维修措施</td><td colspan="2"></td><td>提请用户注意事项</td><td colspan="2">提醒用户注意保持清洁，让计算机工作在整洁干燥的环境中</td></tr>
</table>

任务拓展

分析故障现象，要制定故障检测方案，请根据以下几种故障现象填写在故障分析记录中，见表11–3。

1）主板无法不触发。

2）触发后不亮机。

3）无法进入系统。

表 11-3　故障分析记录

故障现象	
检测过程	
检测结论	
提请用户注意事项	

知识补充

主板不触发故障检修时，需要注意以下几点：

1）有些主板，电池电压偏小也不能开机（因为 COMS 电路异常导致漏电），但是大多数主板电池没电是不会影响 CMOS 和 BIOS 工作的。

2）当电池有电时，需检查 COMS 跳线是否跳错，CMOS 跳线不正确也会导致 CMOS 和 BIOS 异常。

3）如果 CMOS 跳线连接正确，接着用万用表测量是否有 3.3V 左右的电压。

4）如果电池电压正常，CMOS 跳线连接正常。接着应测量南桥旁边的 32.768kHZ 晶振是否起振，测量晶振两引脚的电压一般为 0.5 ～ 1.6V。如果没有，则晶振或旁边的谐振滤波电容损坏。

5）如果晶振正常，接着测量 CMOS 和 BIOS 键到南桥 I/O 芯片之间的元器件和相应控制信号是否正常。

6）大家可以看到 BIOS 的供电来源是 3VSB，待机时 BIOS 可能已经工作，目前有部分主板已经有 BIOS 参与触发（2009 年以后生产的笔记本式计算机主板基本都是），所以处理不触发故障时注意时序，BIOS 程序损坏也会造成不触发。

主板不亮机故障检修时，还需要注意以下几点：

南桥读取 BIOS 程序失败，会造成主板无法完成亮机前的自检，会造成不亮机。

更新硬件后，可能硬件接口支持，但是 BIOS 程序内没有该硬件的白名单，也会造成主板无法完成亮机前的自检。

有时可以亮机，但 BIOS 程序有部分缺失，会造成主板部分功能不良，或运行不稳定无法进入系统等现象。

最后，希望大家通过本项目的学习，初步了解主板 CMOS 和 BIOS 电路的结构原理及维修思路，同时举一反三、延伸拓展自学 BIOS 刷写、BIOS 文件编辑等软件操作技术，成为维修界的高手。

项目评价 PROJECT EVALUATION

1. 成果展示

小组内选择出1~2组维修工单，在班级同学中展示，讲解自己的成功之处，并填写表11-4。

表 11-4 成果展示

收获	
体会	
建议	

2. 评分

按自评、小组评、教师评的顺序进行评分，各小组推荐优秀成员，填写表11-5。

表 11-5 评分表

项目	考核要求	评分	评分标准	自评	组评	师评
故障现象描述	正确描述故障现象	10	部分内容不正确扣 5 分			
检测维修过程	选择正确的维修工具、数据记录正确、动作符合规范	20	档位选择有误扣 10 分，数值有误扣 5 分			
故障位置	元件器标识符号和型号	10	未能正确记录故障位置扣 10 分			
故障原因分析	详细记录电路分析	20	部分内容不正确扣 10 分			
故障维修措施	符合电烙铁、热风枪作业指导书操作规范	20	未能按操作规范使用维修工具扣 10 分			
焊点	电气接触好，机械接触固，外表美观	10	焊点不符合三要素扣 5 分			
6S 管理	工作台上工具排放整齐、严格遵守安全操作规程	5	工作台上杂乱扣 2 ~ 5 分，违反安全操作规程扣 5 分			
加分项	团结小组成员，乐于助人，有合作精神，遵守实训制度	5	评分为优秀组长或组员加 5 分，其他组长或组员的评分由教师或组长评定			
总分						
教师点评						

项目总结 PROJECT SUMMARY

1）主板中的CMOS电路形式有很多种，但其工作原理基本相同。CMOS电路主要可分为下列3种：经过两个二极管到CMOS跳线的电路、经过一个双二极管到CMOS跳线的电路和具有电池电压检测功能的CMOS电路。

2）维修人员根据CMOS和BIOS电路功能板和真实主板CMOS和BIOS电路分析和电路检修，了解行业维修流程、维修原则，掌握多种检测、维修方法，才能对故障进行检测维修与故障排除。

3）维修人员要善于积累维修经验，学会故障分析，查阅相关资料，从而更快更准确地进行故障检测与故障排除。

PROJECT 12

PROJECT 12 项目 12

主板接口电路分析及故障检修

项目概述

本项目主要讲解台式机模拟功能板接口电路和台式机主板接口电路分析及检测维修流程，在功能板和台式机主板故障检测与排除过程中，让学生学会分析接口电路，了解各接口电路的工作原理，记录检测过程，确定故障点，排除故障。故障排除后要填写好维修工单，总结积累维修经验。

项目目标

1）通过介绍，了解和认识工具。

2）通过标识方法，认识主板接口模拟电路。

3）使用测量工具，按流程测量检查台式机接口电路模拟功能板，并正确找到故障位置。

4）能够遵循故障检测原则，对台式计算机主板接口电路进行故障检测，并准确记录检测结果。

任务1　主板接口供电电路功能板故障检修

任务描述

本任务使用维修工具检测维修台式机主板接口供电功能板电路，根据电路原理分析准确判断故障位置，对接口供电电路常见的故障现象进行检测维修，完成后撰写故障报告。

任务分析

主板接口电路功能板ATX电源区域主要是将适配器输入的9V电压转换为功能电路所需要的5V给各接口电路供电。通过分析接口电路的工作过程、常见电路图和故障检测方法，对应功能电路图正确找出故障位置，应按照电路图正确使用检测工具进行检测与维修。

知识准备

1. 主板接口供电功能板电路结构

主板上的接口电路主要是指键盘鼠标接口、USB接口、串行接口、并行接口、VGA接口、DVI接口、HDMI接口等电路，如果这些接口电路出现故障，则先检测各接口供电电路。以下主板接口功能板是依据G41类型主板模拟出来接口供电电路，具有一定的代表性。接口电路功能板，如图12–1所示。

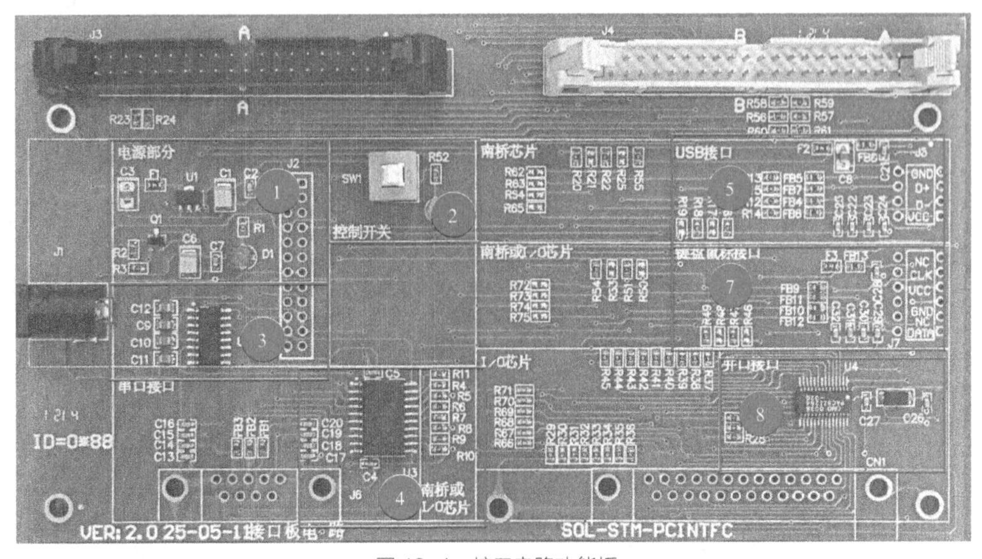

图 12–1　接口电路功能板

2. 接口电路功能板部分电路作用

1）ATX电源区域主要是将适配器输入的9V电压转换为功能板所需要的5V电压，如图12−1中1所示。

2）SW1区域为开机键主要是给各接口电路接通电源，如图12−1中2所示。

3）MAX232集成电路通信串口电路区域，如图12−1中3所示。

4）南桥、I/O芯片控制各接口信号区域，如图12−1中4所示。

5）USB接口区域，如图12−1中5所示。

6）并口接口区域，如图12−1中6所示。

7）键盘鼠标接口区域，如图12−1中7所示。

任务实施

步骤1：使用万用表直流电压档测量电容C1的正极电压是否为5V。电路原理图及电路板实物如图12−2所示。测量结果如图12−3所示。从图12−3中可以看出，电容C1的正极电压正常，排除此故障原因。

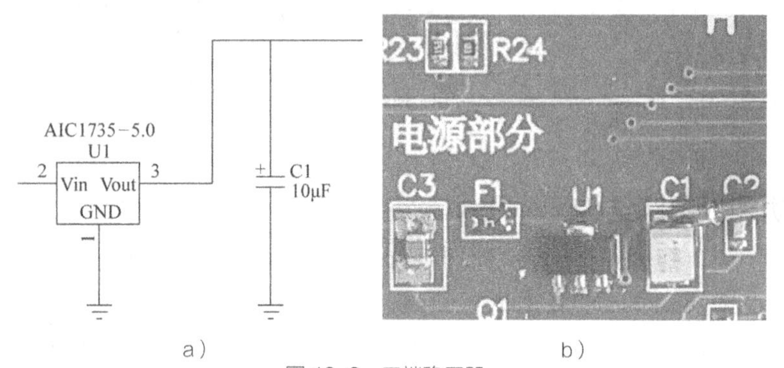

图 12−2 三端稳压器
a）原理图 b）实物图

图 12−3 测量结果

步骤2：使用万用表直流电压档测量场效应管Q1第3脚电压是否为5V。电路原理图及电路板实物如图12−4所示。测量结果如图12−5所示。从图12−5中可以看出，测量的电压正常，排除此故障原因。

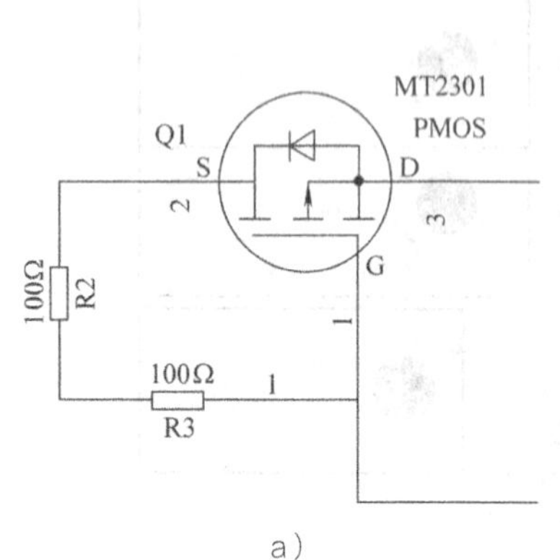

图 12−4 三端稳压器
a）原理图 b）实物图

图 12−5 测量结果

步骤3：使用万用表直流电压档测量集成电路U2（MAX232）第2脚电压是否为8V。电路原理图及电路板实物如图12-6所示。测量结果如图12-7所示。从图12-7中可以看出，测量的电压为0V，异常，初步判断此为故障原因。

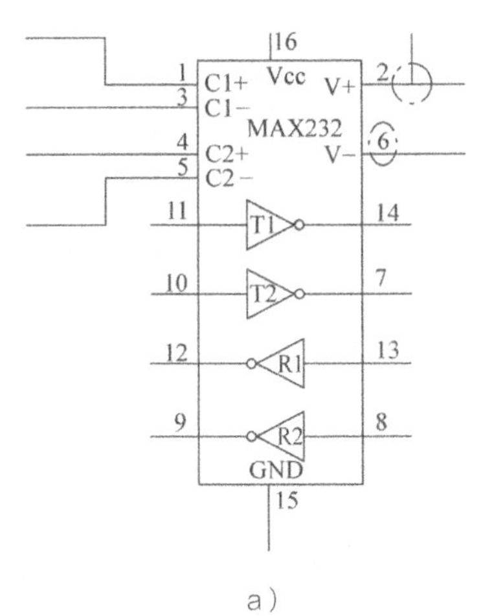

a）

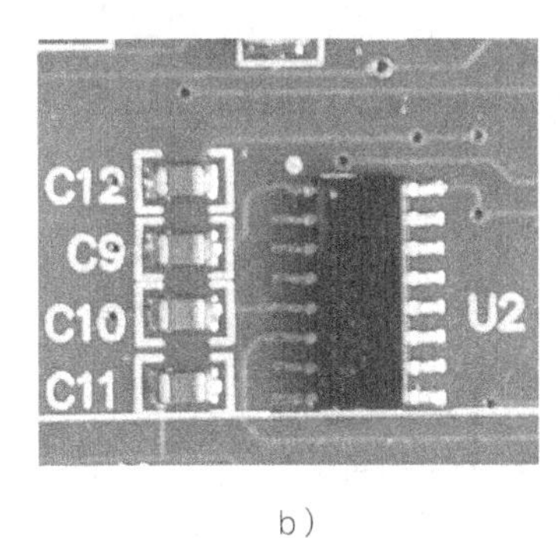

b）

图 12-6 MAX232
a）原理图 b）实物图

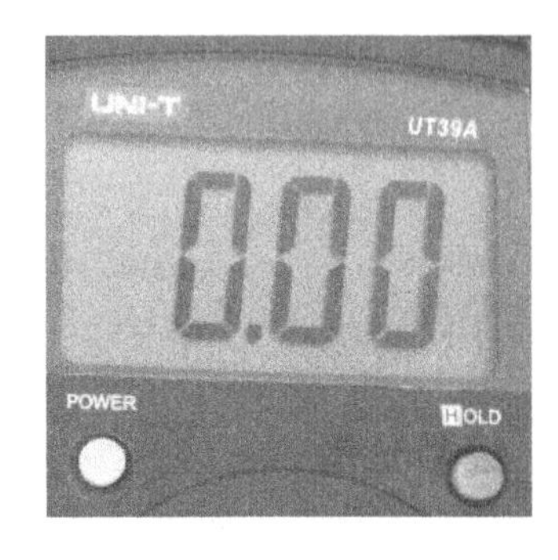

图 12-7 测量结果

经验分享

图12-6中，U2为MAX232芯片是美信（MAXIM）公司专为RS-232标准串口设计的单电源电平转换芯片，使用5V单电源供电。

步骤4：使用万用表直流电压档测量集成电路U2（MAX232）第6脚电压是否为−6.7V。电路原理图及电路板实物如图12-6所示。测量结果如图12-8所示。从图12-8中可以看出，测量的电压正常，排除此故障原因。

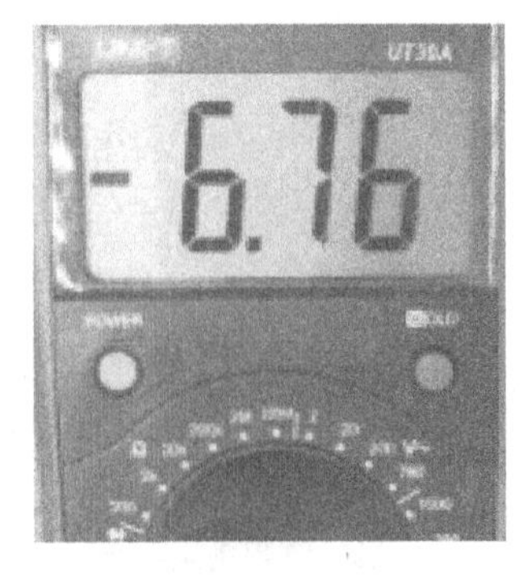

图 12-8 测量结果

步骤5：使用万用表直流电压档测量CN1的1−9脚是否为高电平。电路原理图及电路板实物如图12-9所示。测量结果如图12-10所示。从图12-10中可以看出，测量的电压正常，排除此故障原因。

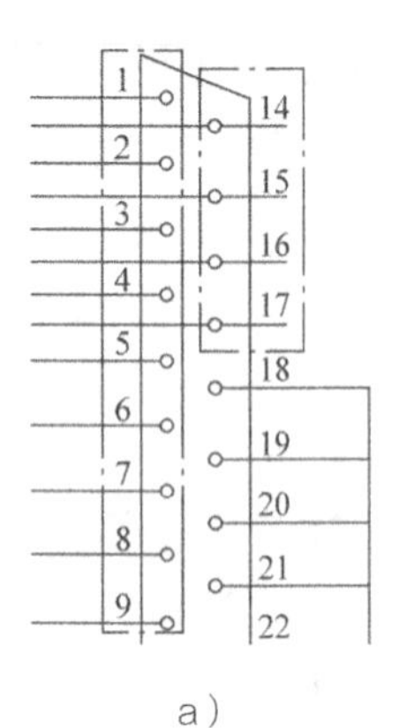

a）

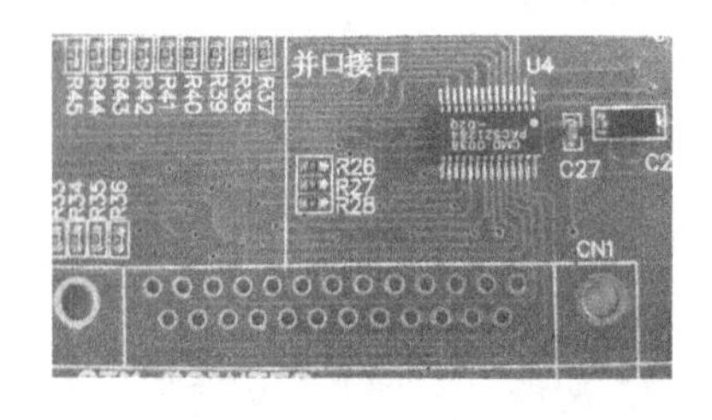

b）

图 12-9　CN1

a）原理图　b）实物图

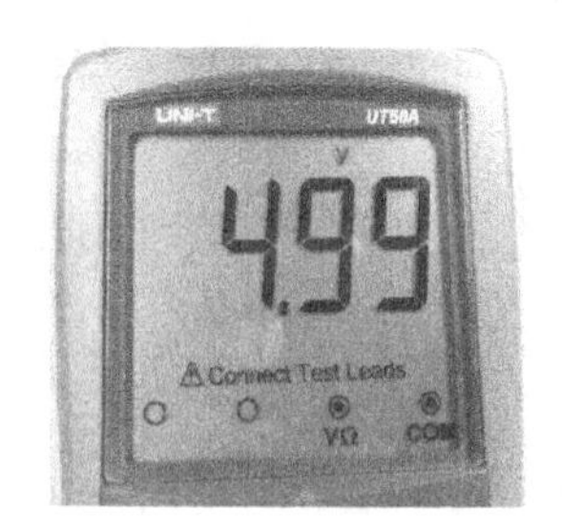

图 12-10　测量结果

经验分享

图12-9中，U4为PACSZ1284是并口管理芯片，该芯片内部集成了数据信号的传输和控制放大器，同时还集成了重要的放静电保护电路、屏蔽电磁干扰电路等功能。

步骤6：使用万用表直流电压档测量CN1的10－17脚是否为低电平。电路原理图及电路板实物如图12－9所示。测量结果如图12－11所示。从图12－11中可以看出，测量的电压正常，排除此故障原因。

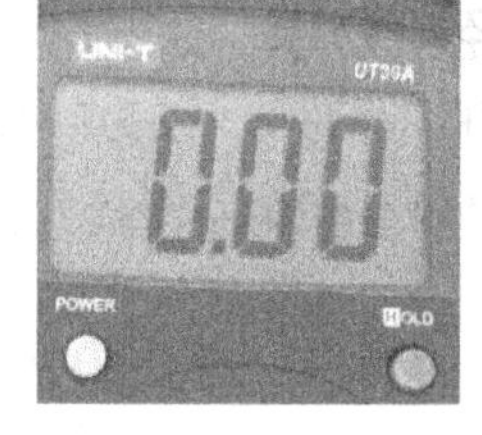

图 12-11　测量结果

步骤7：使用万用表直流电压档测量集成电路U3第10脚电压是否为－6V。电路原理图及电路板实物如图12－12所示。测量结果如图12－13所示。从图12－13中可以看出，测量的电压正常，排除此故障原因。

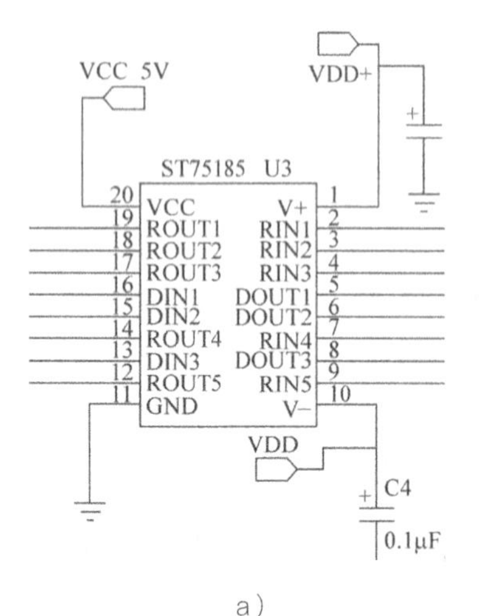

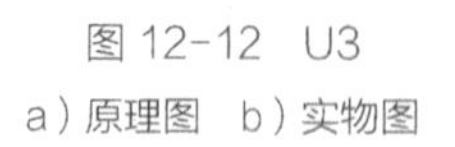

a）

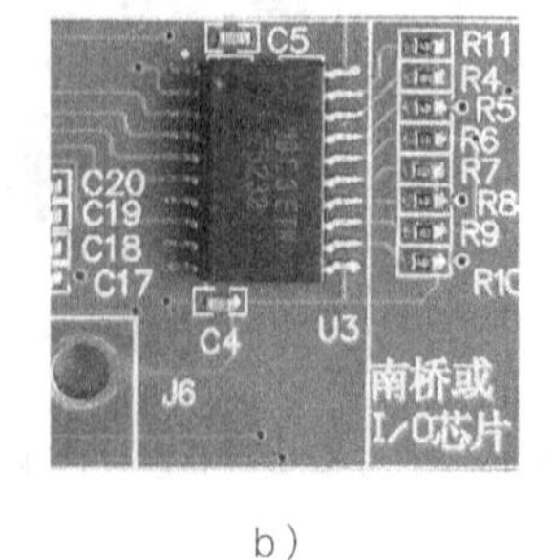

b）

图 12-12　U3

a）原理图　b）实物图

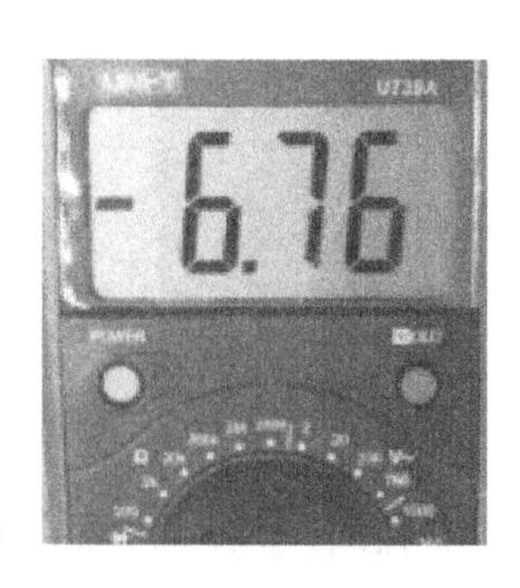

图 12-13　测量结果

图 12-14 测量结果

步骤8：使用万用表直流电压档测量集成电路U3第1脚电压是否为7V。电路原理图及电路板实物如图12-12所示。测量结果如图12-14所示。从图12-14中可以看出，测量的电压正常，排除此故障原因。

步骤9：更换集成电路U2，功能板通电后测量电压正常，故障被排除。

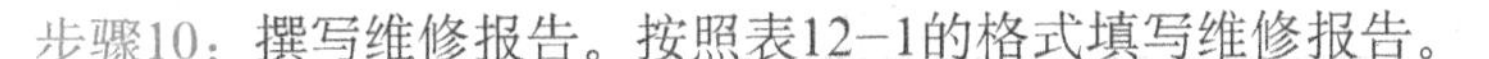
步骤10：撰写维修报告。按照表12-1的格式填写维修报告。

表 12-1 维修报告

故障 项目	故障一	故障二	故障三
故障元器件位置编号			
故障表现摘述			

任务拓展

完成接口功能板电路电感U3损坏引起故障维修，并撰写维修报告。

任务2 台式机各接口供电电路故障检修

任务描述

本任务以精英主板H81H3-M7为例。使用维修工具检测维修台式机主板接口供电电路，根据电路原理分析和功能板检测维修思路准确判断故障位置，对接口供电电路常见的故障现象进行检测维修，完成后撰写故障报告。

任务分析

台式机主板接口常见故障现象包括：1）开机后显示，但键盘、鼠标不能使用。2）开机后无显示。3）开机后串口不能使用。4）开机后并口不能使用。5）开机后个别SATA接口不能使用。6）开机后能显示，但个别USB接口不能使用。引发上述故障现象的原因有很多，当主板接口电路出现故障后，主板接口的故障主要出现在接连的南桥芯片、I/O芯片、各接口供电、连接各接口传输信号线等。

知识准备

主板接口电路主要有键盘鼠标接口、USB接口、串行接口、并行接口、VGA接口等的电路。下面以精英主板H81H3-M7学习主板接口供电电路组成及工作原理，如图12-15和图12-16所示。

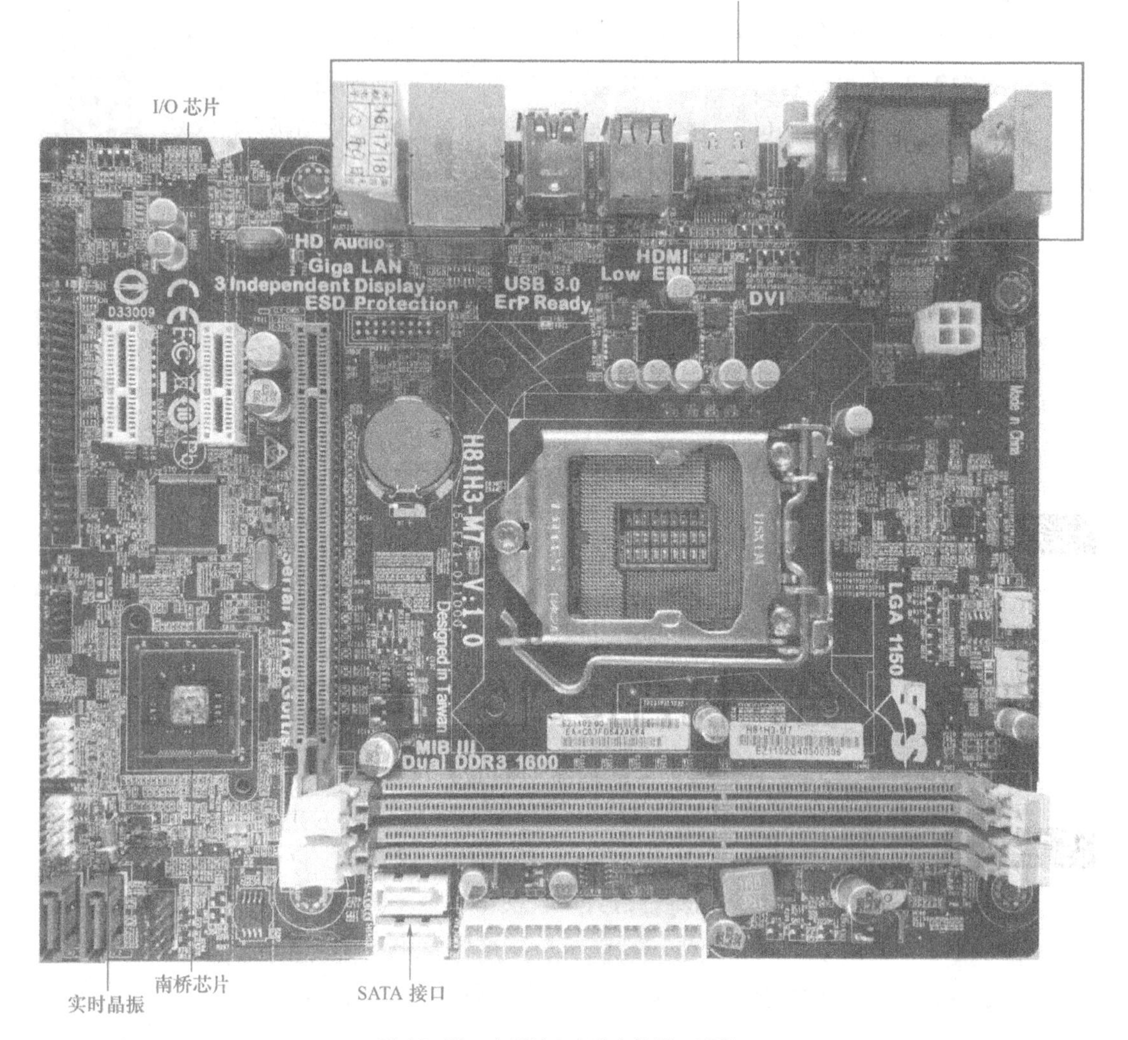

图 12-15　主板接口电路实物图正面图

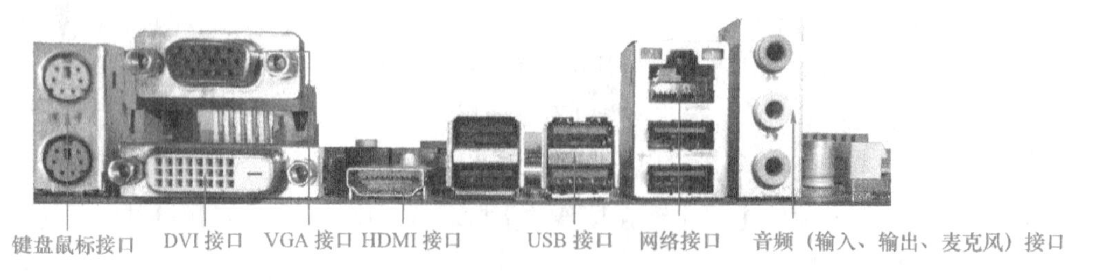

图 12-16　主板接口电路实物图侧面图

1. 键盘、鼠标接口电路组成

键盘、鼠标接口电路在主板上一般由I/O芯片、PS/2接口、滤波电容、电容、排电阻等组成，如图12-19所示。键盘（蓝色）、鼠标（绿色）接口是一种6针的圆形接口，如

图12-17所示。其中4针用于数据和供电，2针为空脚，功能见表12-2。

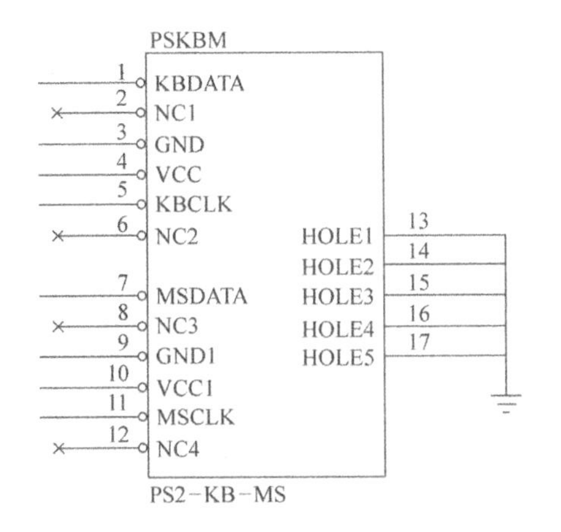

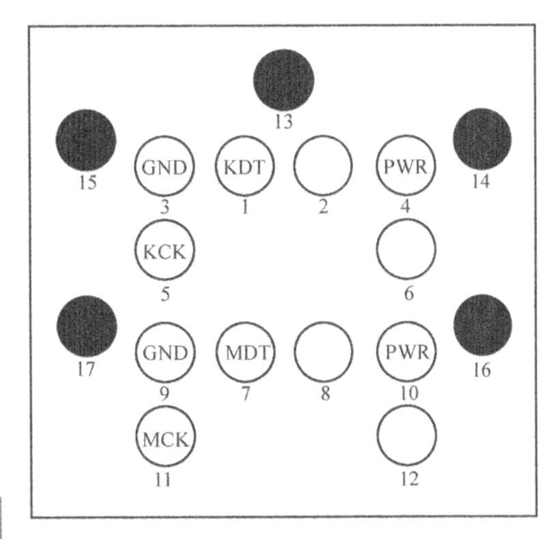

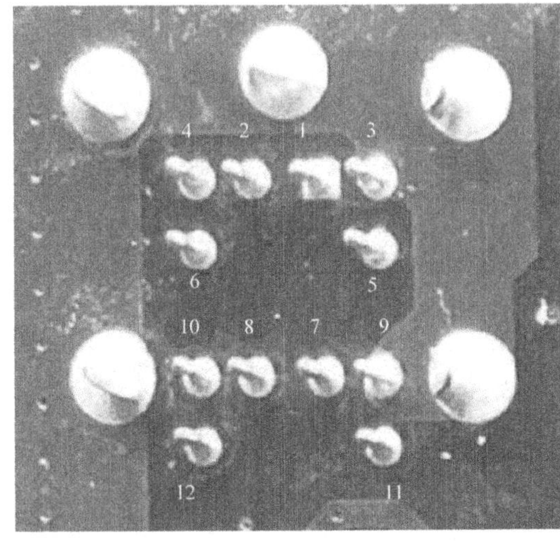

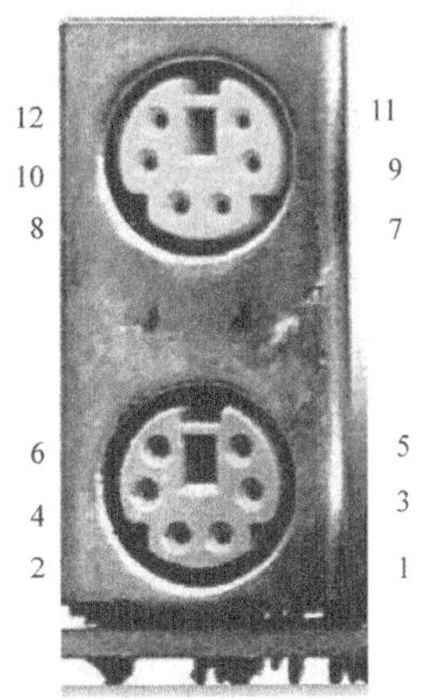

图 12-17　键盘、鼠标接口示意图

表 12-2　键盘、鼠标接口针脚功能

针脚	第1脚	第2脚	第3脚	第4脚	第5脚	第6脚
键盘	数据	空脚	接地	5V供电	时钟	空脚
鼠标	数据	空脚	接地	5V供电	时钟	空脚

2. 键盘、鼠标接口电路的工作原理

图12-18所示是由I/O芯片控制的键盘、鼠标接口电路，其工作原理是5V供电电压经保险电阻F1分两个部分，一部分经过排电阻RN3将电流分为键盘、鼠标接口与I/O芯片之间的数据通信线路，排电阻RN3起提升信号的作用，另一部分为键盘、鼠标接口供电。

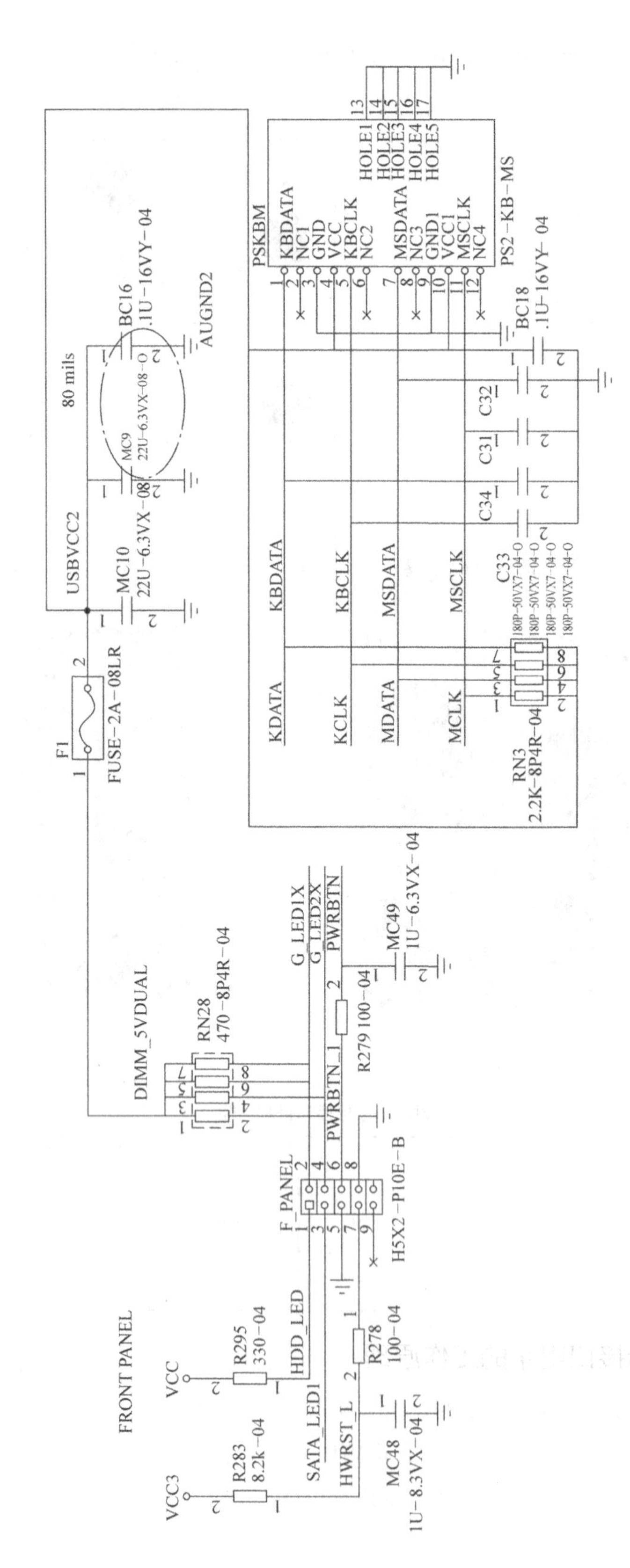

图 12-18　键盘鼠标接口电路

3. USB接口电路的组成

USB接口电路主要由USB接口插座、南桥芯片、滤波电容、电容、排电阻等组成，如图12-19所示。通常USB接口使用四针脚的插头作为标准插头。其USB接口针脚功能见表12-3。

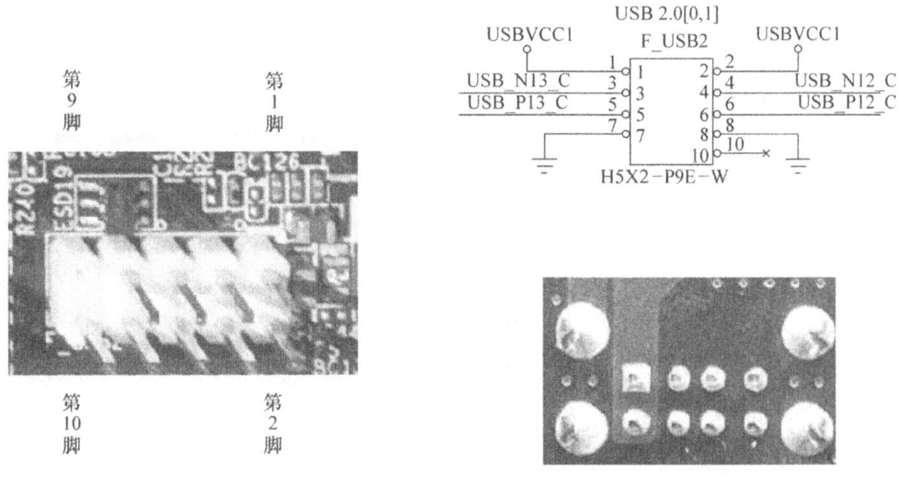

图 12-19 USB 接口示意图

表 12-3 扩展 USB 插座针脚名称及功能

针脚	名称	功能
第1脚	VCC0	供电
第2脚	VCC1	供电
第3脚	DATA0-	数据输出0
第4脚	DATA1-	数据输出1
第5脚	DATA0+	数据输入0
第6脚	DATA1+	数据输入1
第7脚	GND0	接地
第8脚	GND1	接地
第9脚	空脚	空脚
第10脚	NC	空脚

4. USB接口电路的工作原理

图12-20所示是由南桥芯片控制USB接口的电路。其工作原理是：当主板启动后，ATX电源的5V电压经排电阻RN28输出DIMM_5VDUAL电压，再经保险电阻F5、F1、F4、F3分别给各个USB接口供电。同时，主板南桥芯片中的USB模块会不停地检查USB连接的+DATA针脚和-DATA针脚的电压。

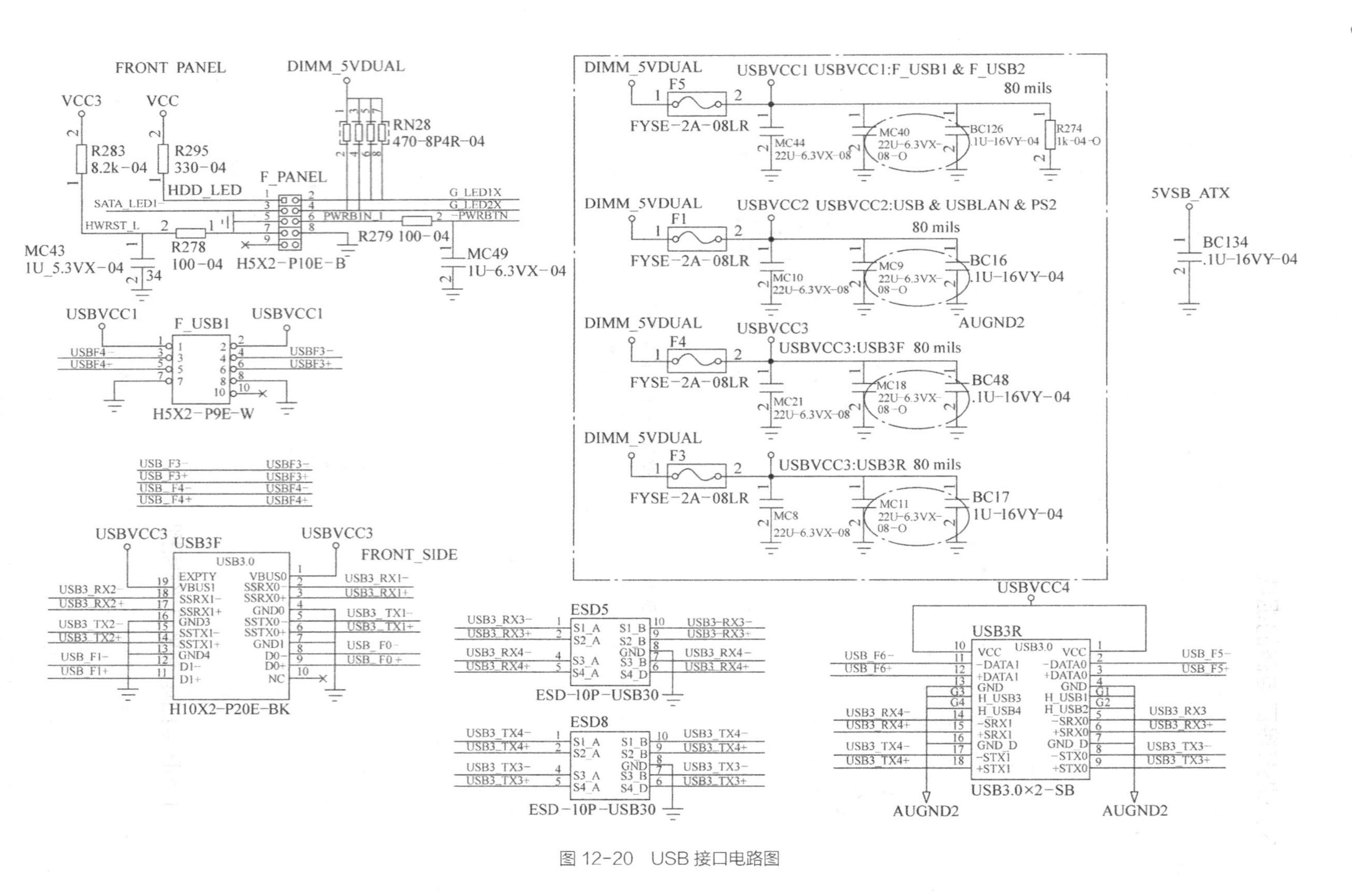

图 12-20 USB 接口电路图

5. 串口电路的组成

串行接口简称串口，又叫COM口，如图10–21所示。COM口连接主板串口管理芯片，由I/O芯片控制。串口管理芯片需要±12V和5V工作电压。其串口接口针脚功能见表12–4。

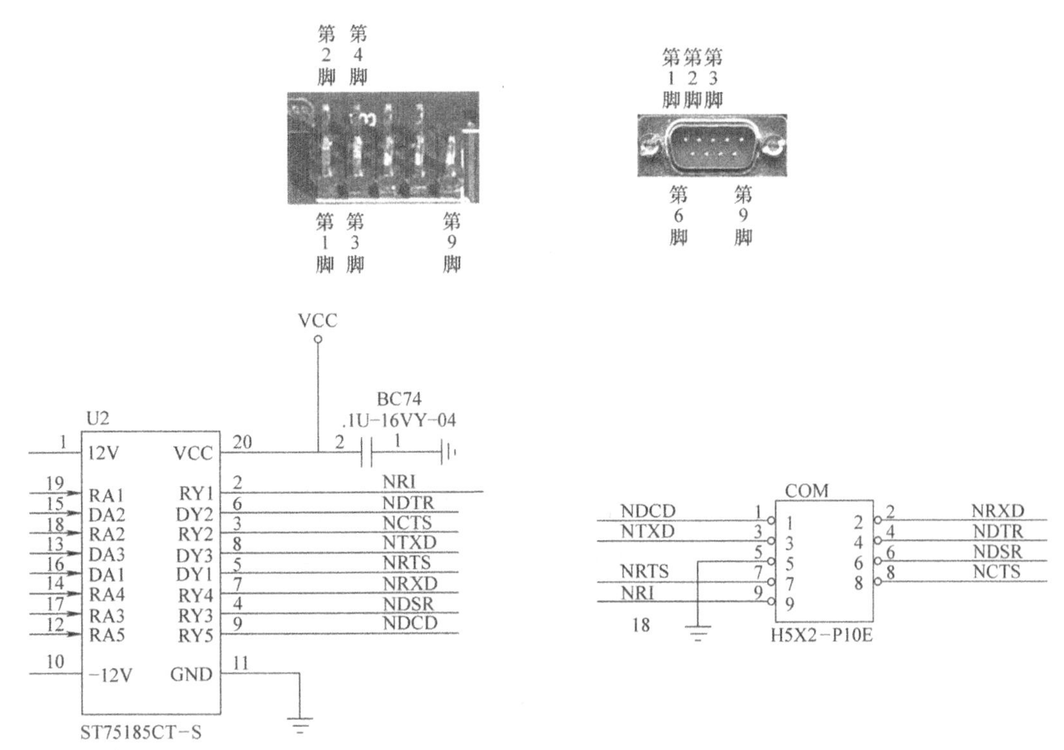

图 12–21 串行接口示意图

表 12–4 串口接口针脚功能

针脚	引脚名	功能
第1脚	DCD	载波检测
第2脚	RXD	接收数据
第3脚	TXD	发送数据
第4脚	DTR	数据终端准备好
第5脚	SG	信号地址（GND）
第6脚	DSR	数据准备好
第7脚	RTS	请求发送
第8脚	CTS	清除发送
第9脚	RI	振铃指示

6. 串口接口电路的工作原理

图12–22所示是I/O芯片控制串口接口电路。其工作原理是：当主板启动后，ATX电源的12V的供电电压为串口芯片（ST7518CTS）第1脚供电、5V经过第20脚供电、–12V经过第10脚供电。I/O芯片内部集成有串口数据控制器，用于控制串口芯片之间的数据传输。

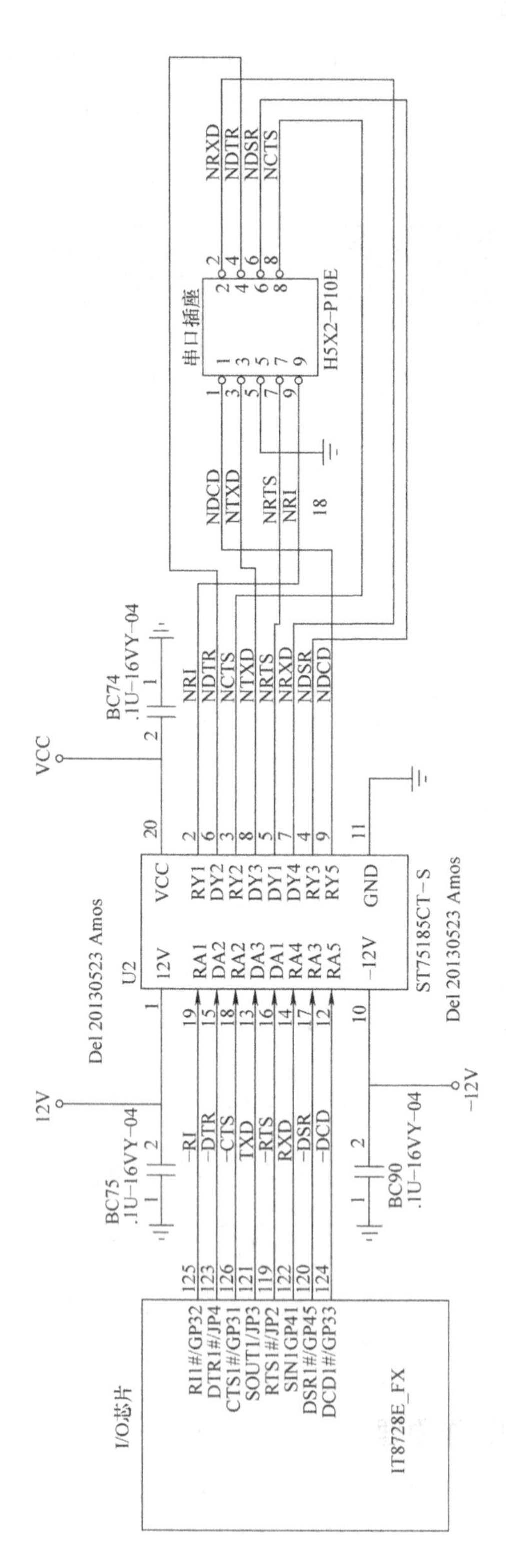

图 12-22 串口接口电路

7. 并行接口电路组成

并行接口又叫并口，也叫LPT接口，是采用并行通信协议的扩展接口，可以同时实现多组数据的同时输入和输出，一般用来连接打印机、扫描仪等设备，如图12-23所示，其并口接口针脚功能见表12-5。

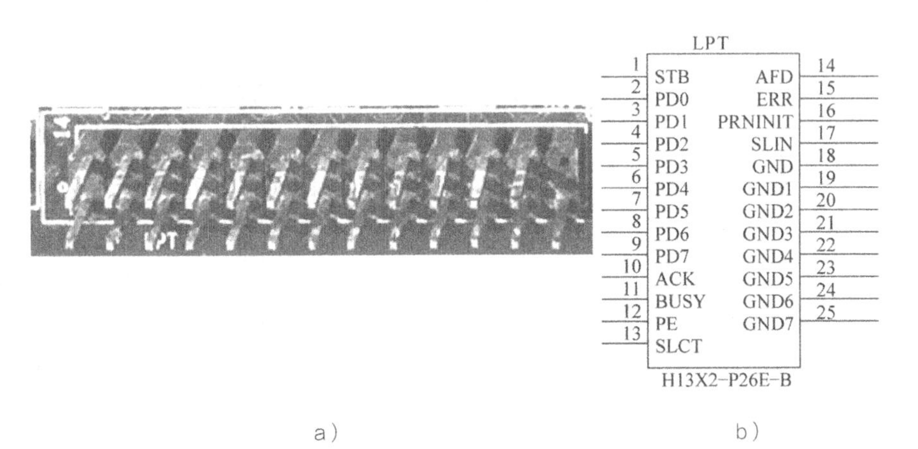

a）　　　　b）

图 12-23 并行接口示意图

表 12-5 并口接口针脚功能

针脚	引脚名	功能
第1脚	STROBE	选通
第2脚～第9脚	DATA0～DATA7	数据线0～7
第10脚	ACKNLG	确认
第11脚	BUSY	忙信号
第12脚	PE	缺纸
第13脚	SLCT	选择
第14脚	AUTO FEED	自动换行
第15脚	ERROR	错误
第16脚	INIT	初始化
第17脚	SLCTIN	选择输入
第18脚～第25脚	GND	接地

8. 并口接口电路的工作原理

图12-24所示是I/O芯片控制并口接口的电路。其工作原理是：当主板启动后，ATX电源的5V供电电压经二极管D4、电阻R85为并口接口供电。而I/O芯片内部集成并口管理模块，负责与并口插座之间数据传输。其中排电阻RN18、RN17、RN10、RN9起到提升信号的作用（上位电阻），5V电源通过排电阻把电流分配给并口插座与I/O芯片之间的传输通路，排电容CN1、CN2、CN3、CN4起到滤波防止静电的作用。

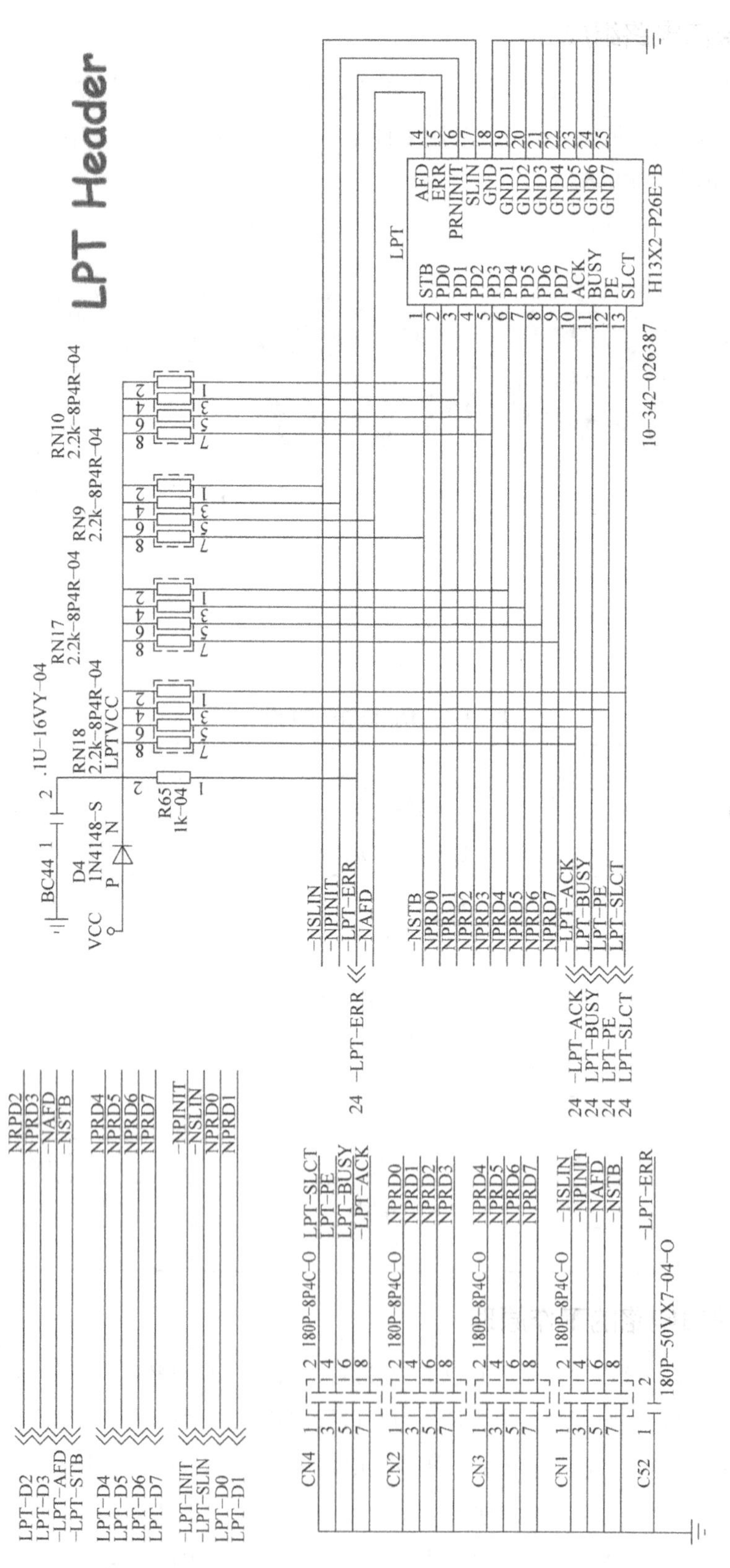

图 12-24　并口接口电路图

9. VGA接口电路组成

VGA接口电路主要由VGA插座、南桥芯片、滤波电容、电容、电阻等组成。VGA接口是显卡上输出模拟信号的接口，如图12−25所示。其VGA接口是D形接口，共有15个引脚，分成3排，每排5个引脚，功能见表12−6。

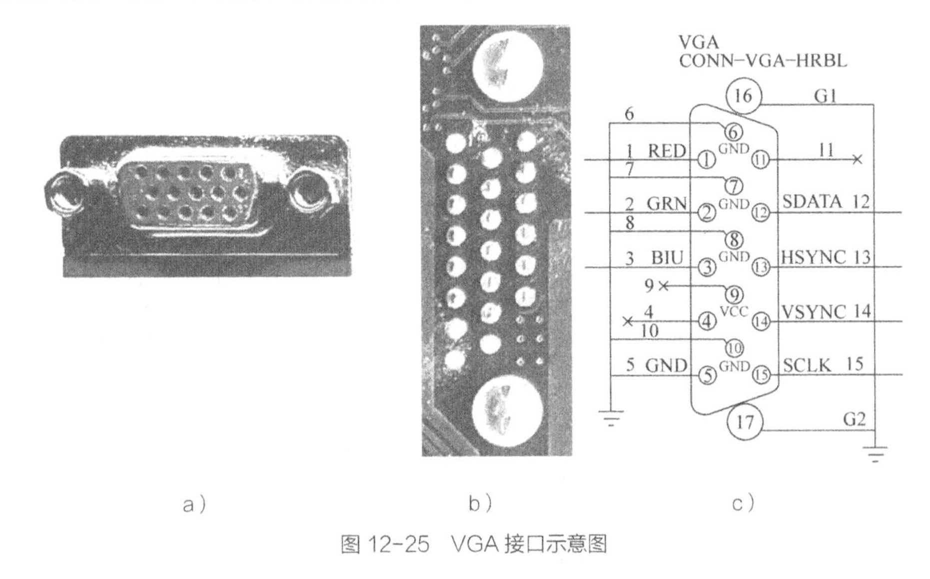

图 12−25 VGA 接口示意图

表 12−6 VGA 接口引脚功能

针脚	功能	引脚	功能
第1脚	红基色	第9脚	保留
第2脚	绿基色	第10脚	数字地
第3脚	蓝基色	第11脚	地址码
第4脚	地址码	第12脚	地址码
第5脚	自测试	第13脚	行同步
第6脚	红地	第14脚	场同步
第7脚	绿地	第15脚	地址码
第8脚	蓝地		

10. VGA接口电路的工作原理

图12−26所示是南桥芯片控制VGA接口电路，其工作原理是：当主板启动后，ATX电源的3.3V供电电压经场效应管Q7、Q8控制后经电阻R64、R63为VGA接口供电。南桥芯片内部输出的红基色信号、蓝基色信号、绿基色信号、行/场同步信号、I^2C总线数据信号，经电阻R52、R53、R173、R174和电容BC35、BC36、BC29、BC30等组成的数据线传送至VGA接口，由VGA接口传送给显示器。

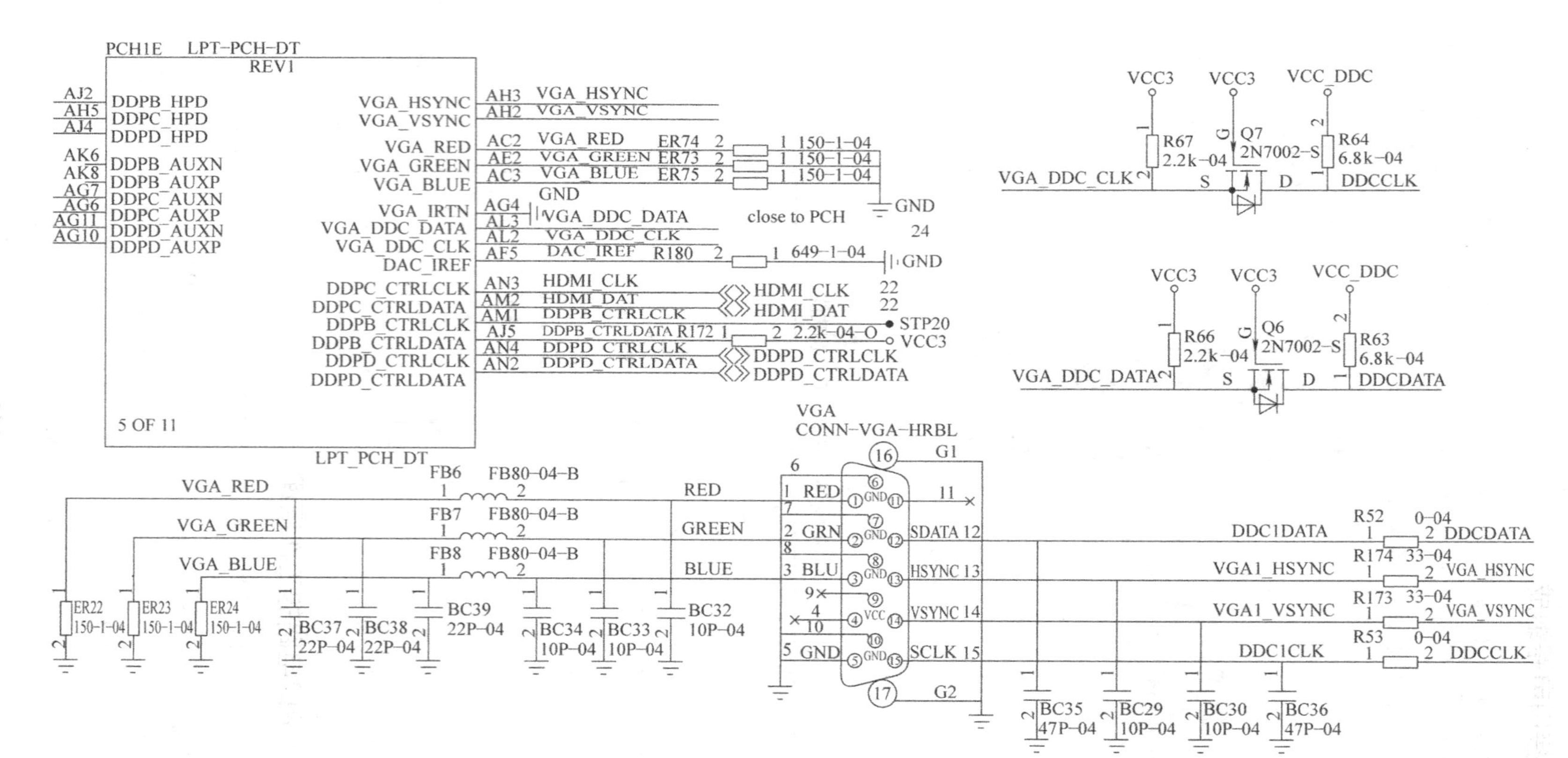

图 12-26 VGA 接口电路图

任务分析

步骤1：使用万用表蜂鸣档测量接口供电端对地阻值是否为300～700Ω的数值。电路原理图及电路板实物如图12-27所示。测量结果如图12-28所示。从图12-28中可以看出，测量的阻值正常，排除此故障原因。

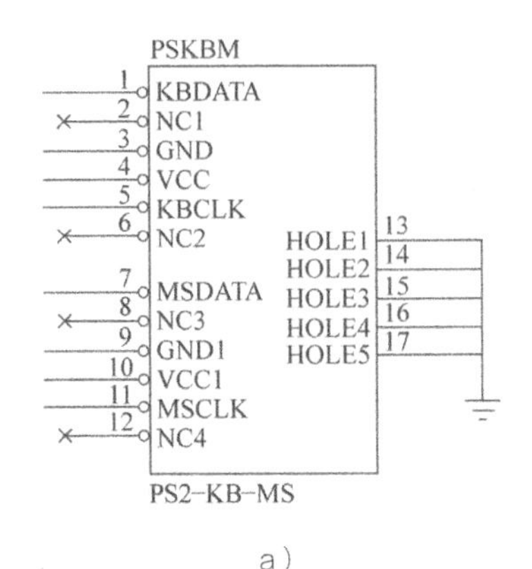

a）

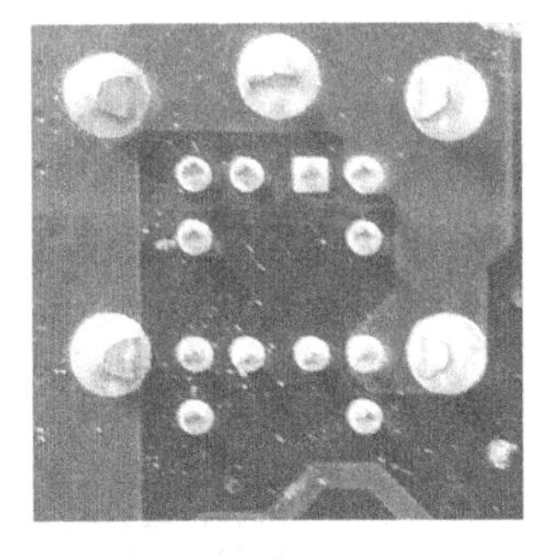

b）

图 12-27 PSKBM 接口

a）电路原理图 b）电路板实物

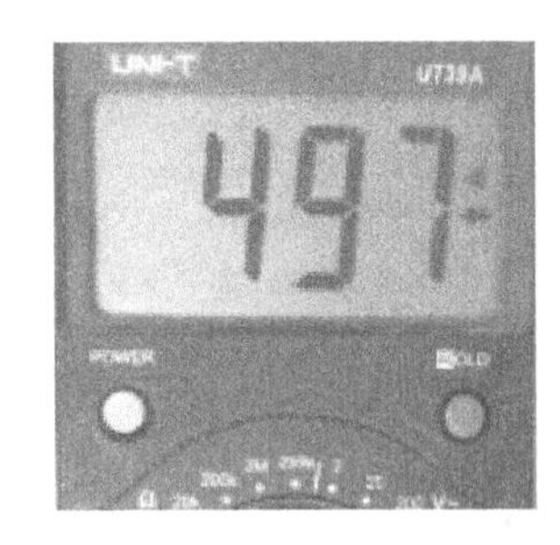

图 12-28 测量结果

> **经验分享**
>
> 如果检测数值不正常，则可能是供电线路中的跳线帽没有插好或路线连接的保险电阻或电感损坏，更换损坏的元器件。

步骤2：使用万用表直流电压档测量行场同步信号的幅值一般为0.5～3.3V的数值。电路原理图如图12-25c所示。电路板实物如图12-29所示。测量结果如图12-30所示。从图12-30中可以看出，测量的电压正常，排除此故障原因。

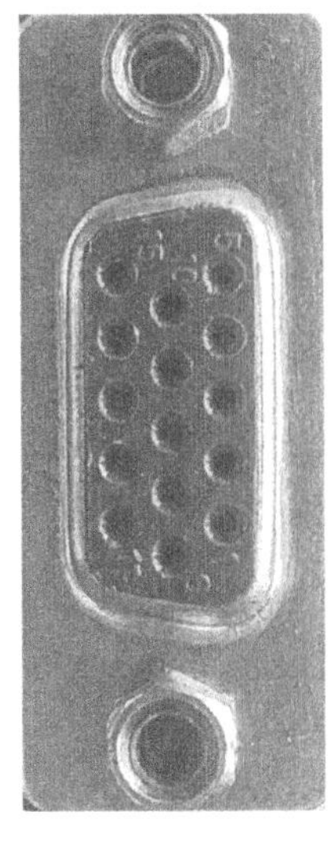

图 12-29 VGA 接口电路板实物

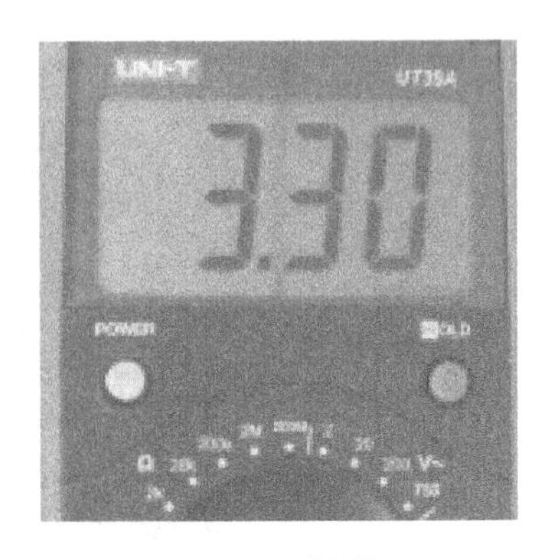

图 12-30 测量结果

经验分享

若VGA插座上没有行场同步信号，则需要检测行场同步信号中的电阻是否开路或虚焊，二极管是否短路，最后再检查缓冲器的工作电压是否正常。如果上面器件正常，则故障通常是由于北桥芯片损坏引起，需要更换北桥芯片。

步骤3：使用万用表蜂鸣档测量串口插座到串口芯片之间线路的数据线对地阻值是否为1000～1900Ω的数值。电路原理图及电路板实物如图12–31所示。测量结果如图12–32所示。从图12–32中可以看出，测量的阻值正常，排除此故障原因。

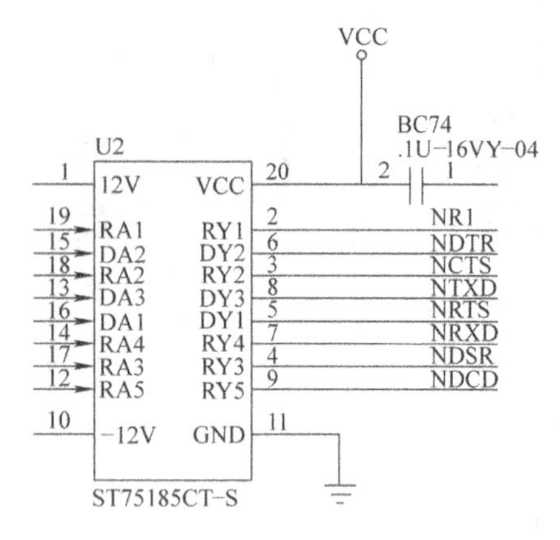

a）

b）

图 12–31　串口插座、芯片

a）电路原理图　b）电路板实物

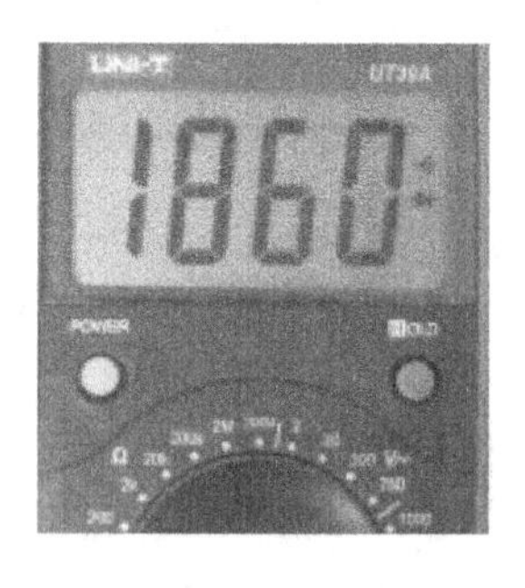

图 12–32　测量结果

经验分享

如果测量的对地阻值不正常，则检测线路中的滤波电容等元器件是否正常，如果不正常则替换损坏的元器件。

步骤4：使用万用表直流电压档测量串口芯片U2第20脚电压是否为5V左右。电路原理图及电路板实物如图12–31所示。测量结果如图12–33所示。从图12–33中可以看出，双向二极管的第2脚电压正常，排除此故障原因。

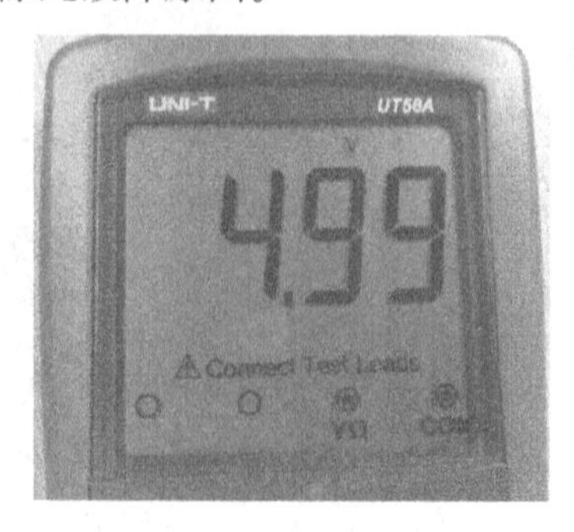

图 12–33　测量结果

温馨提示

图12-31中，U2为ST75185CT-S串口芯片，分别有12V、-12V和5V电源供电，区别于MAX232芯片使用5v单电源供电。如果供电不正常，则检测串口的供电引脚稳压二极管等元器件的好坏。

步骤5：使用万用表蜂鸣档测量USB接口供电端对地阻值是否为180～420Ω的数值。电路原理图及电路板实物如图12-34所示。测量结果如图12-35所示。从图12-35中可以看出，测量的阻值正常，排除此故障原因。

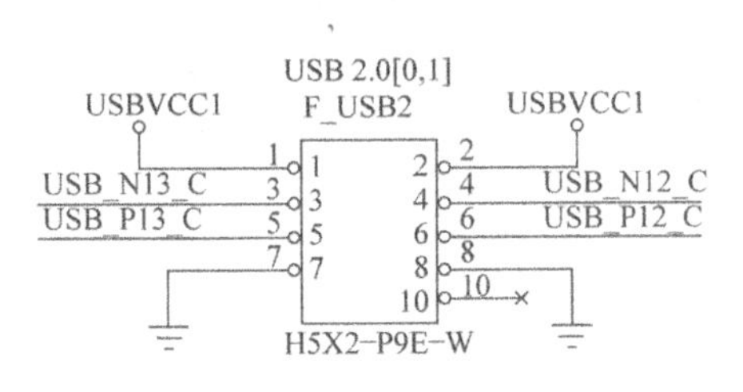

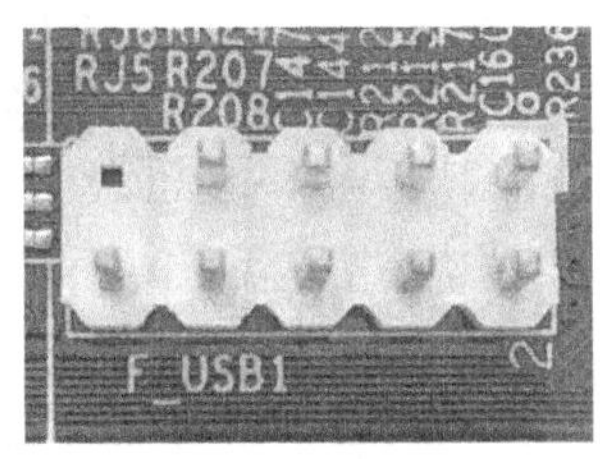

图 12-34 USB 接口电路原理图及电路板实物

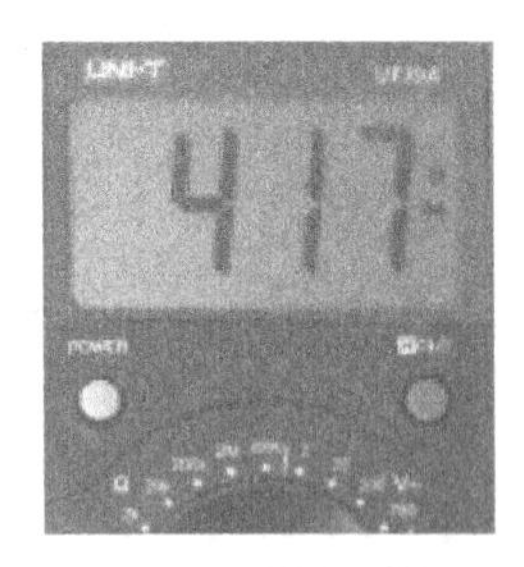

图 12-35 测量结果

经验分享

如果阻值不正常，则检查USB接口供电脚连接的保险电感等元器件，并更换损坏元器件。

步骤6：使用万用表蜂鸣档测量并口插座到并口芯片之间线路的数据线对地阻值是否为500～800Ω的数值。电路原理图如图12-23b所示。电路板实物如图12-36所示。测量结果如图12-37所示。从图12-37中可以看出，测量的阻值正常，排除此故障原因。

图 12-36 并口插座电路板实物

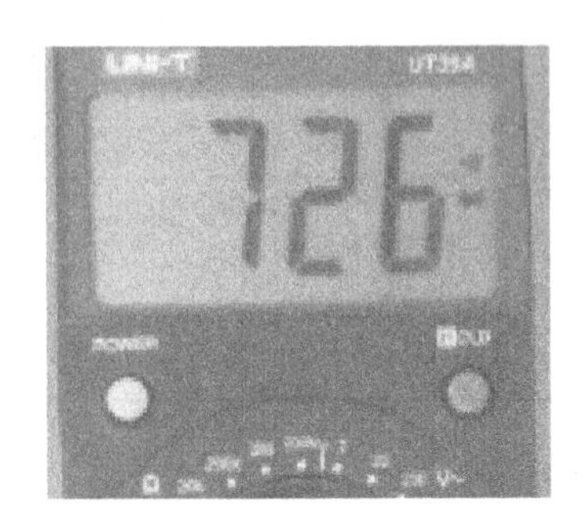

图 12-37 测量结果

经验分享

如果阻值不正常，则检测连线上的排电阻等元器件，并更换故障元器件。

步骤7：使用万用表蜂鸣档测量SATA插座到南桥芯片之间线路的电阻的数值。电路原理图及电路板实物如图12-38所示。测量结果如图12-39所示。从图12-39中可以看出，测量的阻值正常，排除此故障原因。

SATA_RXN0 B28 SATA3_RX_N0
SATA_RXP0 A28 SATA3_RX_P0
SATA_TXN0 F31 SATA3_TX_N0
SATA_TXP0 H31 SATA3_TX_P0
SATA_RXN1 D30 SATA3_RX_N1
SATA_RXP1 C30 SATA3_RX_P1
SATA_TXN1 B34 SATA3_TX_N1
SATA_TXP1 C34 SATA3_TX_P1

a）

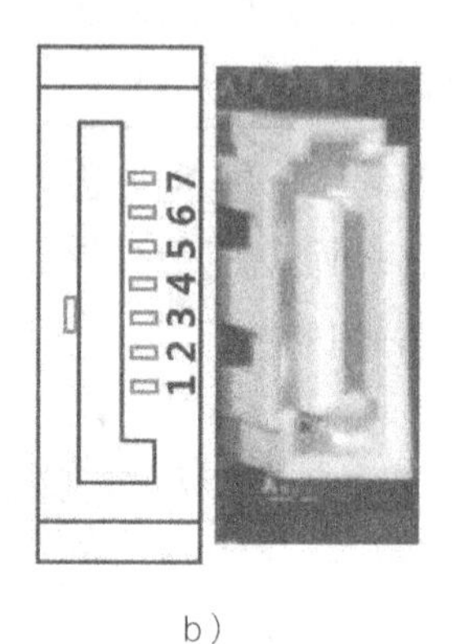

b）

图 12-38　SATA 插座

a）电路原理图　b）电路板实物

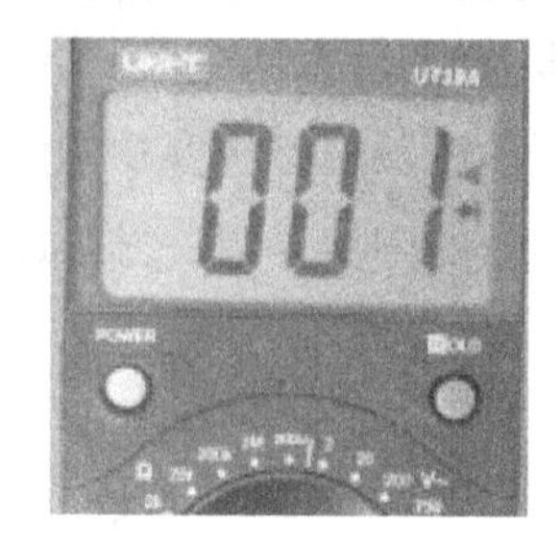

图 12-39　测量结果

经验分享

SATA接口电路的信号都是由南桥芯片进行处理的，因此直接与南桥芯片相连接。

步骤8：根据以上测量分析原因，并撰写故障检测维修工单。检测维修工单，见表12-7。

表 12-7　检测维修工单

故障现象	主板开机，但接串口不能使用				
检测过程	首先用万用表测量ATX电源是否为12V、5V、3.3V左右正常，其次测量串口插座到串口芯片之间线路的数据线对地阻值是否为1000～1700Ω的数值正常，再次用万用表测量串口芯片U2第20脚的12V电压，正常。最后拆除串口芯片U2，测量各引脚对地电阻，发现串口芯片U2对地电阻为0Ω，串口芯片U2损坏引起COM接口不能使用				
检测结论	串口芯片U2损坏引起COM接口无信号输出				
维修所消耗的元器件					
序号	名称	型号	封装	数量	维修人（签工位号）
1	串口芯片	ST75185CT-S	SOP	1	1
维修措施			提请用户注意事项	提醒用户使用COM接口电路不能热插拔	

任务拓展

分析故障现象，要制定故障检测方案，请根据以下几种故障现象填写在故障分析记录中，见表12-8。

1）开机后显示，但键盘、鼠标不能使用。

2）开机后无显示。

3）开机后并口不能使用。

4）开机后个别SATA接口不能使用。

5）开机后能显示，但个别USB接口不能使用。

表 12-8 故障分析记录

故障现象	
检测过程	
检测结论	
提请用户注意事项	

知识补充

主板接口电路检修过程中主要可以分为键盘、鼠标接口电路、串口电路、并口电路、USB接口电路等。在对主板接口电路进行检测时，首先应根据接口电路原理图找出主板各个接口供电电路、传输信号的实际线路以及线路主要包含的元器件，然后根据故障检测点检测方法，掌握检测与判断接口电路中各个元器件好坏的方法。

1）主板键盘、鼠标接口故障维修思路。

① 首先确定计算机中的键盘、鼠标是否正常，具体检测方法可以使用替换法进行检测，即将计算机中看是否正常，如果不正常，说明是键盘、鼠标的问题，将键盘、鼠标接到另一台正常的计算机中若还是不能使用，说明键盘、鼠标故障，更换坏的键盘或鼠标，故障即可解决。

② 如果键盘、鼠标正常，说明不是键盘、鼠标的问题，接下来使用一个好的键盘、鼠标接到故障计算机中检测键盘、鼠标是否能使用，如果能使用，则说明是键盘、鼠标不兼容，如果不能使用，则可能是主板的键盘、鼠标接口接触不良，仔细检查接口是否有虚焊等故障。

③ 如果不是键盘、鼠标故障或接触不良故障，则是主板键盘、鼠标接口电路故障。接着测量键盘、鼠标接口的供电引脚对地阻值是否为180～380Ω，如果不是，则是供电线路中的跳线帽没有插好或跳线连接的保险电阻或电感损坏造成的，更换损坏的元器件即可。

④ 如果跳线对地阻值为180～380Ω，说明键盘、鼠标电路供电部分正常，接着检测电路中数据线和时钟线的对地阻值（正常为600Ω左右，数据线和时钟线的阻值相差不能大于5Ω）。如果对地阻值不正常，接着检查键盘、鼠标电路中连接的上拉电阻和滤波电容是否损坏，如果损坏，则更换损坏的元器件即可。

⑤ 如果上拉电阻和滤波电容正常，则接着检测电路中连接的电感是否正常，如果电感不正常，则更换损坏的电感。

⑥ 如果电感正常，则可能是 BIOS 芯片故障引起的，重新刷新 BIOS 芯片看故障是否解决，如果没有解决，则检查数据线路是否通，如果线路不通，则检查线路中的元器件故障。如果上述都正常，则可能是 I/O 芯片或南桥中的相关模块损坏，更换 I/O 芯片或南桥芯片即可。

2）主板串口接口故障的维修思路。

① 首先检查串口插座有无虚焊、断针等不良现象，如果有，则重新焊接插座即可。

② 如果串口插座正常，测量串口插座到串口管理芯片之间线路的数据线对地阻值是否为 1000 ～ 1700Ω，并且所有数据线的对地阻值应大致相同。如果对地阻值正常，则转到第⑥步。

③ 如果对地阻值不正常，则检测线路中的滤波电容等元器件是否正常，如果不正常则替换损坏的元器件。

④ 如果滤波电容等元器件正常，接着检查串口管理芯片的供电是否正常，如果供电不正常，则检测串口管理芯片的供电引脚连接的稳压二极管等器件的好坏。

⑤ 如果串口管理芯片的供电部分正常，则是串口管理芯片损坏，更换串口管理芯片。

⑥ 如果串口插座到串口管理芯片之间的数据线对地阻值正常，接着测量串口管理芯片到南桥或 I/O 芯片间的线路的对地阻值是否相同，如果不同，则去掉串口管理芯片，然后再测量对地阻值是否相同，如果还是不相同则是南桥或 I/O 芯片损坏，如果相同则是串口管理芯片损坏。

3）USB 接口出现故障后的维修思路。

① 首先检查是某个 USB 接口不能用还是全部 USB 接口不能用。如果计算机中某个 USB 接口不能使用，则跳到第④步。

② 如果计算机的所有 USB 接口都不能用，则可能是南桥芯片损坏或 USB 接口电路供电不正常。首先，检查 USB 接口的供电线路，如果供电线路不正常，则更换供电线路中损坏的元器件。

③ 如果供电线路正常，则可能是南桥芯片损坏，更换南桥芯片。

④ 如果某个 USB 接口不能使用，则首先检查故障 USB 接口的插座有无虚焊、断针等不良现象，如果有，则重新焊接插座即可。

⑤ 如果 USB 接口插座正常，则接着测量 USB 接口电路中供电针脚时地阻值是否为 180 ～ 380Ω，如果对地阻值不正常，检测供电线路中的保险电阻、电感等元器件是否正常；如果不正常则替换损坏的元器件（如果有供电跳线，则还要检查供电跳线是否正常）。

⑥ 如果 USB 接口供电线路正常，则接着测 USB 接口数据线对地二极管值是否为

400～600Ω，并与正常的USB接口电路中数值对比，如果不正常，则检测线路中的滤波电容、电感、电阻排等元器件是否正常。

⑦ 如果数据线对地阻值正常，则可能是USB接口的供电电流较小引起的，就要更换供电线路中的滤波电容或电感等元器件。

4）显卡故障的维修思路。

① 清理：用橡皮清理显卡的灰尘。

② 目检：仔细检查显卡的正反面，有没有元器件的虚焊，损坏和脱离，信号布线是否有断裂、扭曲。

③ 通电测量电压：测量显卡供电电路中的场效应管、控制芯片、BIOS芯片、显存、显卡主芯片的供电点电压是否正常。

④ 时钟：A：主板插槽是否有时钟信号。

B：显卡上的晶振、谐振电容、电阻是否正常。

⑤ 复位：A：主板AGP插槽是否有复位信号。

B：显卡上的BIOS芯片重写程序。

⑥ 行场信号：检查显卡上是否有行场信号输出。也就是检查VGA接口的13、14针，查看对地阻值是否一样。

⑦ 显存：显存损坏也可以导致黑屏。显存好坏判断，可以对每个脚对地测阻值，可以手摸显存是否烫手。

⑧ 显卡芯片：前7项都正常则判断显卡芯片坏了。

项目评价 PROJECT EVALUATION

1. 成果展示

小组内选择出1～2组维修工单，在班级同学中展示，讲解自己的成功之处，并填写表12-9。

表12-9 经验分享表

收获	
体会	
建议	

2. 评分

按自评、小组评、教师评的顺序进行评分，各小组推荐优秀成员，填写表12-10。

表 12-10 评分表

项目	考核要求	评分	评分标准	自评	组评	师评
故障现象描述	正确描述故障现象	10	部分内容不正确扣5分			
检测维修过程	选择正确维修工具、数据记录正确、动作符合规范	20	档位选择有误扣10分，数值有误扣5分			
故障位置	元件器标识符号和型号	10	未能正确记录故障位置扣10分			
故障原因分析	详细记录电路分析	20	部分内容不正确扣10分			
故障维修措施	符合电烙铁、热风枪作业指导书操作规范	20	未能按操作规范使用维修工具扣10分			
焊点	电气接触好，机械接触固，外表美观	10	焊点不符合三要素扣5分			
6S管理	工作台上工具排放整齐、严格遵守安全操作规程	5	工作台上杂乱扣2～5分，违反安全操作规程扣5分			
加分项	团结小组成员，乐于助人，有合作精神，遵守实训制度	5	评分为优秀组长或组员加5分，其他组长或组员的评分由教师或组长评定			
总分						
教师点评						

项目总结 PROJECT SUMMARY

1）计算机主板引起接口使用异常是设备输入输出控制有关模块电路不正常工作引起的。主要有接口旁边的电容、电感或者负责串口功能的芯片、I/O芯片等。

2）维修人员根据接口功能板和真实主板接口电路分析和电路检修，了解行业维修流程、维修原则，掌握多种检测、维修方法，才能对故障进行检测维修与故障排除。

3）维修人员要善于积累维修经验，学会故障分析，查阅相关资料，从而更快更准确地进行故障检测与故障排除。

附录　主板维修工具作业指导书

恒温电烙铁作业指导书

使用工具	项次	工具名称	规格	数量
	1	数字温度表		1块
	2	无铅焊锡丝	ϕ0.8mm	适量
	3	镊子		1把
	4	静电刷		1把

变更记录

日期	变更说明	参考文件
2016.10.25	初版发行	
2016.10.25	参考IPC-7711标准全文修改	

注意事项：

1）作业时必须采取防静电措施。

2）烙铁头不得重击、摔打、氧化不堪使用时，应立即更换。

3）禁止将烙铁设为高温长时间闲置，禁止使用锉刀锉除烙铁嘴氧化物。

4）无铅烙铁不得焊接有铅产品（请注意烙铁上的无铅标志）。

操作程序

一、准备工作

1）开机，按下数控烙铁电源开关按钮，电源指示灯亮，如附图1所示。

2）调节数控烙铁温度调节面板上的调节按钮，设定温度范围。

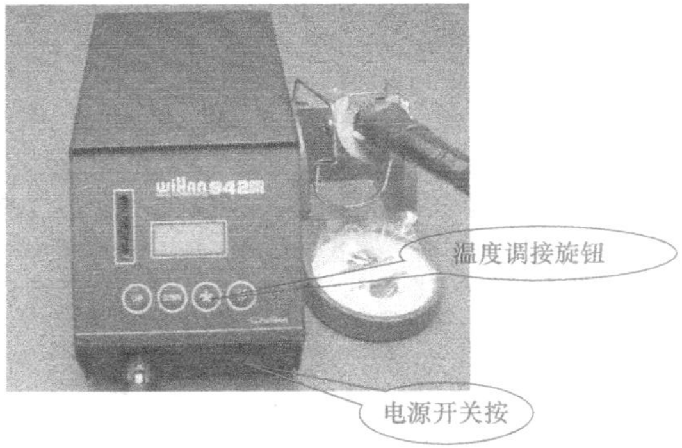

附图 1　电烙铁

3）变更设定温度。

a）将插卡以正确方向插入卡孔。

最左边数字即第3位数将会闪亮，表示控制台温度正在设定模式，可以进行调节。

b）位数的输入。

选择所需数值取代第3位数，利用“UP”、“DOWN”按钮以改变显示数值的大小，所需数值显示后，按“*”按钮确定，下一位数字开始闪亮，可以设定下一位数，以此类推。

4）烙铁头补正值输入。

烙铁温度测试仪所测得的实际温度与设定温度存在差异时，需输入补正值。

a）将插卡插入卡孔，控制台会直接进入温度设定模式。

b）按“#”按钮并按住1s以上，进入补正值输入模式，显示现存的补正值。

c）使用烙铁测温仪测量烙铁的实际温度。

实际温度比设定温度大，输入负差异值，反之，输入正差异值。输入第三位数时，以“UP”或“DOWN”决定正值或负值，正数时选择“0”，负数时选择“1”。第二位数和第一位数根据实际差异值，按“UP”或“DOWN”选择相应数值。注：设定温度与实际温度差异超出5～10℃范围时，烙铁及时送回厂商校正。

操作程序

5）关机。

关掉电源开关，将卡插入，同时按住“UP”“DOWN”两个按钮不放，并打开电源，直到显示1C或1F为止，按“*”按钮进行确认，系统自动进入自动电源关闭的输入，此时会显示21或20，按“UP”或“DOWN”选择21或20，选21时，自动电源关闭才会作用，按下“*”按钮保存，系统自动进入低温告警限度之设定，第三位数开始闪烁，输入参照并存储，存储时会自动进入主管或操作员补正限定设置，此时会显示40或41，40为必须插卡才可以输入烙铁头补正值，41为不插卡可以输入烙铁头补正值，按“UP”或“DOWN”选择40或41，按下“*”按钮确定。

6）在焊接之前，请将烙铁头的氧化物或锡擦干净。

7）作业时必须作好防静电措施（戴接地良好的有线静电环，且戴好静电手套）。

二、作业步骤

1）烙铁头在PCBA同一位置不宜停留时间过长（5s以内（含）），防止烫伤零件或PCB。

2）在锡融化后对不良部位进行快速修复处理，需要更换零件的则更换同规格零件。

3）焊接完成后用静电牙刷沾少量清洗剂将焊接位置残留物刷洗干净，并检查焊接是否有连锡、包锡等不良现象。

4）BGA维修使用无铅焊嘴为900M-T-K型（刀头），手工焊元件使用无铅焊嘴为900M-T-3C型（平头）。

5）焊接规定对照表，见附表1。

附表1　焊接规定对照

<table>
<tr><th>项目</th><th>零件耐热
温度/℃</th><th>零件受热
时间/s</th><th>实际焊接
时间/s</th><th>烙铁设定
温度/℃</th><th>烙铁头
型号/TIP TYPE</th></tr>
<tr><td>电阻（R）</td><td rowspan="6">280</td><td rowspan="6">3</td><td rowspan="4">2/单边</td><td rowspan="4">330±10</td><td rowspan="4">3C斜型</td></tr>
<tr><td>电容（C）</td></tr>
<tr><td>电感（L）</td></tr>
<tr><td>FUSE</td></tr>
<tr><td>排阻（RN）</td><td>2.5/PIN</td><td>330±10</td><td>3C斜型</td></tr>
<tr><td>排容（CN）</td><td>2.5/PIN</td><td>330±10</td><td>3C斜型</td></tr>
<tr><td>电晶体（TR）（D）</td><td>260</td><td></td><td>3/PIN</td><td>260±10</td><td>2C斜型</td></tr>
</table>

操作程序

（续）

项目	零件耐热温度/℃	零件受热时间/s	实际焊接时间/s	烙铁设定温度/℃	烙铁头型号/TIP TYPE
TTL	280	5	2/PIN	330±10	3C斜型
QFP		5	1.5/PIN	340±10	3C斜型
高功率晶体	280（接脚）	10	5/PIN	380±10	3C斜型
（Q.VR）	360（接地）	20	10/PIN	380±10	3C斜型
连接器	260	120	3/PIN	380±10	4C斜型
DIP零件	230	60	5/PIN	380±10	3C斜型
铜柱	N/A	N/A	N/A	390±10	4C斜型
0402电阻	280	3	2/单边	330±10	2C斜型
0402电容				330±10	2C斜型

三、作业要求

1）每天作业前使用万用表测量烙铁头是否接地，并记录于设备点检表。

2）海绵每4h清理一次，并保持湿润状态，加水时轻挤压一下，提起时不要有水滴滴出。

3）如使用中发现焊嘴脏污，先将烙铁嘴在海绵上擦干净，镀上新锡后使用。

4）每天定时检测烙铁头的实际温度有无超过正常标准，并记录于设备点检表。

5）长时间连续使用烙铁时，应每周打开烙铁头清理氧化物，在氧化物难以清除应立即更换新烙铁头防止烙铁头受损而降低温度或烙铁头不接地。

6）使用后应擦干净烙铁头并渡上新锡防止氧化。

7）使用前需将烙铁架内的锡渣倒出，并清洁干净，使用后将烙铁擦拭干净。

8）针对无源器件在更换前必须使用万用表量测其值，确保更换的准确性。

9）焊接工艺必须符合IPC—7711重工焊接标准。

10）在焊接完成后对主板上剩余的焊料剩余残渣必须使用清洗剂于静电刷清洗干净。

热风枪作业指导书

使用工具

项次	工具名称	规格	数量
1	热风枪		1
2	镊子		1

变更记录

日期	变更说明	版本
2016.10.25	初版发行	1.0
2016.10.25	规范操作细节（IPC-7711）	1.1

注意事项：

1）切勿在近易燃物体附近使用热风枪，切勿触摸发热管或以热气直喷皮肤。

2）开电后，发热管会自动短暂喷出凉气，在此冷却时段，请勿拔去电源插头。

3）使用完毕后立即将热风枪的开关关闭。

4）长久不使用时，应拔出电源插头。

作业内容

一、准备工作

1）松开喷嘴螺钉，选合适的喷嘴（PCB表面使用4.4mm的）套装至位，轻拧螺钉。

2）检查热风枪静电接地线是否接触良好，检查喷嘴内有无金属物，连接好电源线 。

3）对不良零件周边容易受热之料件， 使用美文胶纸或高温胶带。

进行隔热防护，防止外观损坏（如电解电容、脚座等）。

二、作业步骤

1）电源插头插入电源插座，按下热风枪电源开关按钮，电源指示灯亮。如附图2所示。

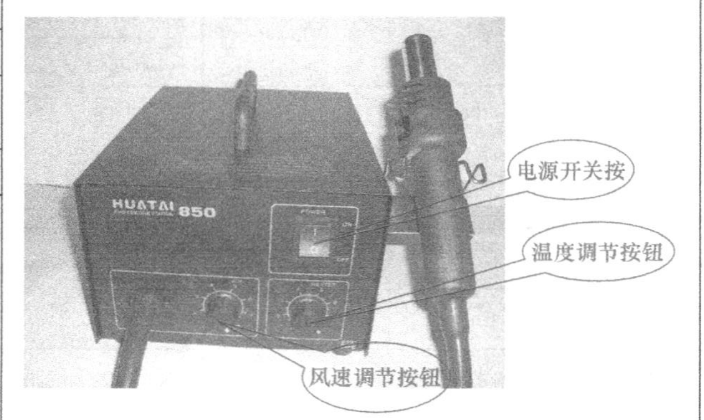

附图 2　热风枪

2）调节气流和温控钮。

调节气流和温控钮后，稍等一会，待温度稳定下来，温度可调节在300～350℃之间，在气流方面，如果是单喷嘴，则气流控制钮可设在1～5档（每档标识温度为80℃），其他喷嘴可设定在4～8档。

3）熔化焊剂：手持着喷嘴手柄，将喷嘴对准所要熔化焊剂部分，让喷出热气熔化焊剂。注：喷嘴不可触及集成电路块引线，高约为1cm。一个部位喷嘴停留时间不可超过3s。

4）移开集成电路块焊剂熔化时，提起起拔器，移开集成电路块。

5）清除焊剂残余。

移开集成电路板后，可用吸锡线或吸锡泵清除焊剂残余。

6）焊接。

a）涂抹适量助焊剂于SMT焊点上，将更换的零件与焊盘位对齐（与拆下的零件方向一致）。

b）开机向引线均匀喷出热气。

c）焊接完毕，检查各引脚是否焊接良好，不良部分可用烙铁补焊。清除残余焊剂。

三、作业要求

1）温度根据芯片的大小来调节。

2）使用单喷嘴时，温控钮不可超过6档。

3）如果热度保护器动作时，请降低所设定的温度或增加风量。

4）热吹风机热风枪开机需使用“数字温度表”测量实际喷嘴的温度是否在规定范围内（300～350℃）。

5）每天定时检测喷嘴的实际温度有无超过正常标准，并将检测值填入。

6）作业前将热风枪表面擦拭干净。

7）依照热风枪维护保养措施进行保养并做好保养记录。

主板维修技能作业指导书

使用工具	项次	工具名称	规格	数量
	1	电烙铁		1
	2	热风枪		1
	3	镊子		1

变更记录

日期	变更说明	版本
2016.10.25	初版发行	1.0
2016.10.25	规范操作细节（IPC-7711）	1.1

注意事项：

1）作业时必须采取防静电措施。

2）烙铁头不得重击、摔打、氧化不堪使用时，应立即更换。

3）禁止将烙铁设为高温长时间闲置，禁止使用锉刀锉除烙铁嘴氧化物.

4）无铅烙铁不得焊接有铅产品（请注意烙铁上的无铅标志）。

5）切勿在易燃物体附近使用热风枪，切勿触摸发热管或以热气直喷皮肤。

6）开电后，发热管会自动短暂喷出凉气，在此冷却时段，请勿拔去电源插头。

7）使用完毕后立即将热风枪的开关关闭。

8）长久不使用时，应拔出电源插头。

作业程序

一、焊前准备

1）清理桌面，使桌面干净整洁。

2）清理海绵残渣。

3）海绵湿水，以拿起不滴水为准。

4）风枪的风嘴不要对着任何物品，杜绝安全隐患。

5）如果待焊接区域周边有塑料插槽，建议包上隔热胶带，以防烫坏。

6）助焊剂及洗板水应妥善保管，并用洗板水瓶分装，远离高温处。

二、烙铁使用

1）烙铁温度。

①设置温度为375℃±25℃后打开电源。

②烙铁超过5min不用时保持温度在最低刻度处。

③烙铁超过15min不用时应关闭烙铁电源。

2）烙铁保养。

①烙铁使用前先加一点锡，然后在湿润的海绵上擦拭，再次加锡、擦拭，保持烙铁头的金属光泽。

②应经常在海棉上擦拭烙铁头，不用时应加锡保养。

③严禁用力敲打烙铁头，严禁甩锡。

④每周拆卸一次烙铁头，清除氧化物。

三、风枪使用

1）风枪温度。

①风枪在拆卸普通元件时，温度保持在380～400℃。

②风枪在给BGA植珠时，温度控制在300℃左右。

2）风枪风速。

①通常将风速设置为5档（迅维852D型热风枪）。

②拆卸小型元件时，风速应适当降低。

注意：风枪用完后立即关闭，但不要切断总电源，需等待自行冷却后才能完全切断电源。

四、焊接方法

1. 直插式电解/固态电容

1）拆，如附图3所示。

①把电容引脚加锡。

②用手从反面把电容拔下。

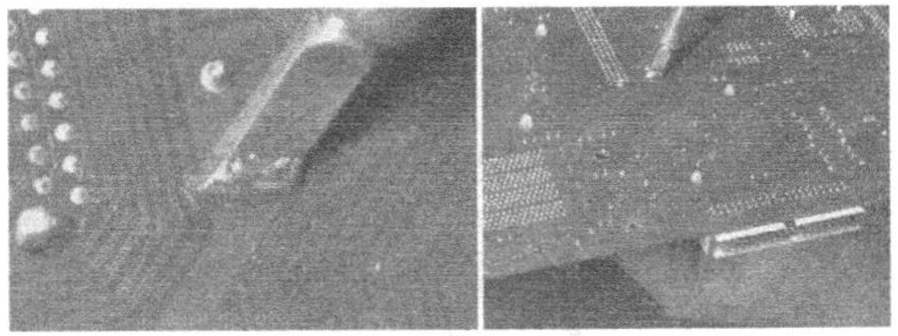

附图 3　拆直插式电解

2）装，如附图4所示。

①板子竖起，电容对准孔位，注意极性。

②烙铁同时加热两个锡孔，把电容往里推。

附图 4　装直插式电解

③引脚加锡，使之呈圆锥体，如附图5所示。

附图 5　焊接直插式电解

	作业程序	

2. 贴片式电解/固态电容

1）拆，如附图6所示。

①两端逐个加锡。

②插入镊子，轻轻翘起一点，然后加热另一边，同样轻轻往上翘，注意要两边轮流着翘。

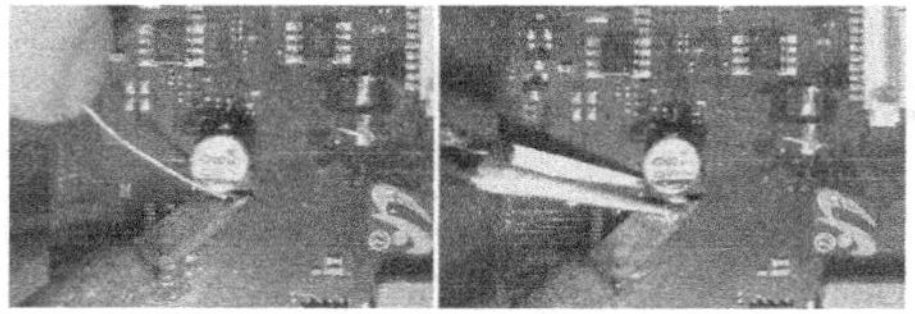

附图 6　拆贴片式电解

2）装，如附图7所示。

①把焊盘拖平后，将电容对好极性放置上去，开始加锡。

②镊子压住电容，两脚均匀加锡，使焊点圆滑。

附图 7　装贴片式电解

3. 贴片式钽电容

1）拆，如附图8所示。

①两脚加锡。

②两边轮流轻轻翘起，需特别注意翘起角度不要太高，否则引脚容易折断。

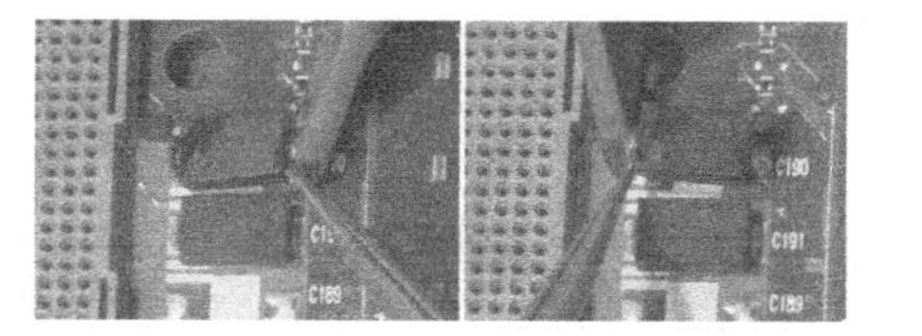

附图 8　拆贴片式钽电容

2）装，如附图9所示。

①把焊盘和电容引脚处理平整后，用镊子压着电容，烙铁加锡焊接。

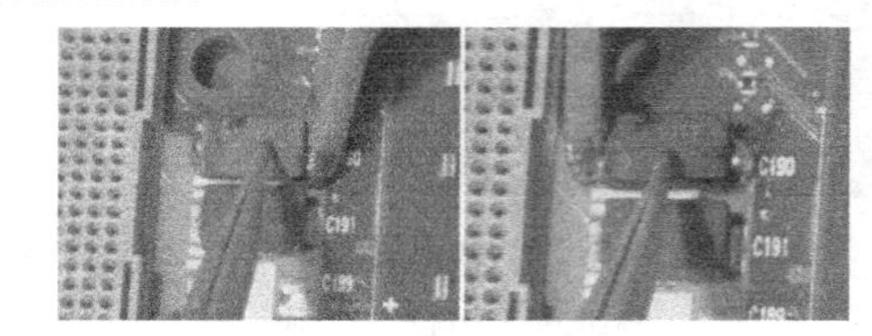

附图 9　装贴片式钽电容

4. 贴片电容

1）拆，如附图10所示。

①控制烙铁与电容方向一致，加锡，以“能同时包裹电容两端”为准，拿下电容。

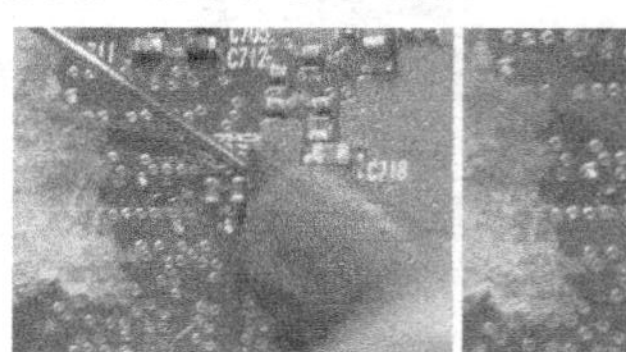

附图 10　拆贴片电容

2）装，如附图11所示。

①烙铁沾取元件到焊盘上，然后加锡，以“能同时包裹电容两端”为准，利用锡的拉力将电容固定焊盘上，原则上不使用镊子辅助。

②烙铁按照电容的方向移开，快速，干脆。

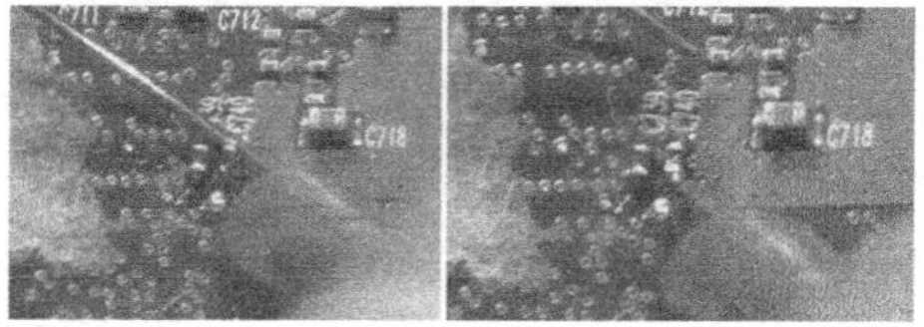

附图 11　装贴片电容

作业程序

③把电容两端处理成斜坡状，不要多锡，如附图12所示。

附图 12　贴片电容

5. 贴片电阻

1）拆，如附图13所示。

①烙铁与电阻方向一致，加锡，以“能同时包裹电阻两端为准”，拿下电阻。

附图 13　拆贴片电阻

2）装，如附图14所示。

①为防止电阻反件，建议使用镊子夹住电阻摆放到焊盘上，然后加锡。

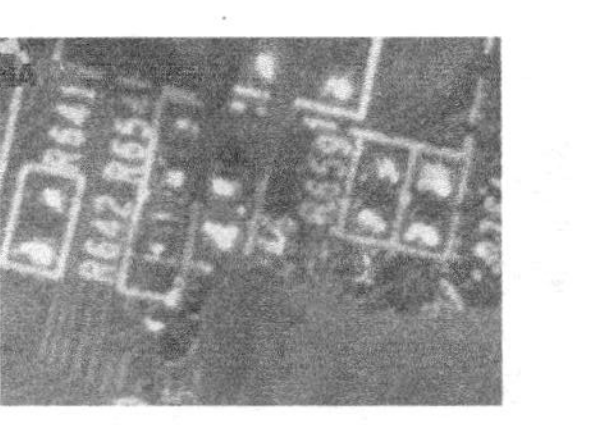

附图 14　装贴片电阻

②把电阻两端处理成斜坡，不要多锡，如附图15所示。

附图 15　贴片电阻

6. 贴片排阻

1）拆，如附图16所示。

①排阻两端都加锡后，直接取下排阻。

附图 16　拆贴片排阻

2）装，如附图17所示。

①为快速定位，使用镊子辅助把排阻放置在焊盘上。

②加锡，快速上下拉动烙铁头，去除连锡。

附图 17　装贴片排阻

7. 贴片晶体管

1）拆，如附图18所示

风枪调到合适温度和风速，镊子夹住晶体管，拆下。

附图 18　拆贴片晶体管

作业程序

2）装，如附图19所示。

① 先用锡丝拖一遍焊盘。

② 风枪调到合适温度和风速，镊子夹住晶体管，对准脚位放置在焊盘上，风枪加热固定晶体管。

附图 19　装贴片晶体管

③ 烙铁加锡，使焊锡均匀包裹引脚，不要虚焊，如附图20所示。

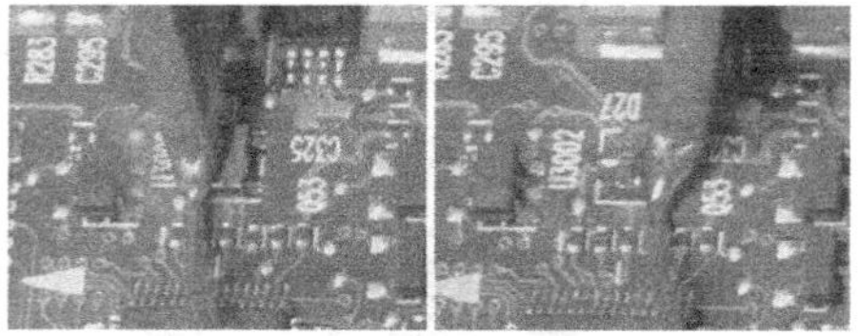

附图 20　贴片晶体管

8. 场效应管

1）拆，如附图21所示。

① 风枪的风速调到7～8档，对准场效应管吹。风力主要集中在场管的D极。

② 镊子夹起场效应管。

附图 21　拆场效应管

2）装，如附图22所示。

① 镊子夹着场效应管，风枪边吹边对位。

附图 22　装场效应管

② 镊子压紧场效应管，若有空焊，可以烙铁适当补锡，如附图23所示。

附图 23　装场效应管

9. 八个引脚芯片

1）拆，如附图24所示。

风枪的风速调到4～5档左右，垂直于芯片并围绕芯片引脚快速旋转，锡融化后，镊子夹起芯片。

附图 24　拆八个引脚芯片

作业程序

2）装，如附图25所示。

① 焊盘加锡，使之饱满光亮。

② 镊子夹住芯片，对准脚位，快速旋转风枪，使锡融化。当锡融化后，镊子夹着芯片前后左右轻微移动下，使引脚和焊盘充分接触。若有空焊，可以烙铁适当补锡。

附图 25　装八个引脚芯片

10. 两排脚芯片

1）拆，如附图26所示。

风枪的风速调到4～5档左右，垂直于芯片并围绕芯片引脚快速旋转，锡融化后，镊子夹起芯片。

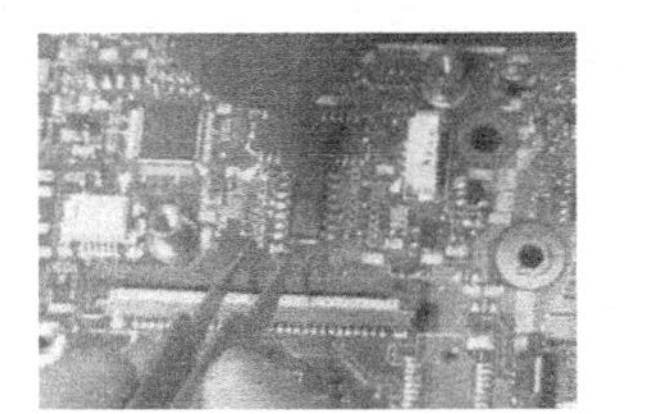

附图 26　拆两排脚芯片

2）装，如附图27所示。

① 焊盘加锡，使之饱满光亮。

② 镊子夹住芯片，对准脚位，快速旋转风枪，使锡融化。当锡融化后，镊子夹着芯片前后左右轻微移动，使引脚和焊盘充分接触。若有空焊，则可以烙铁适当补锡。

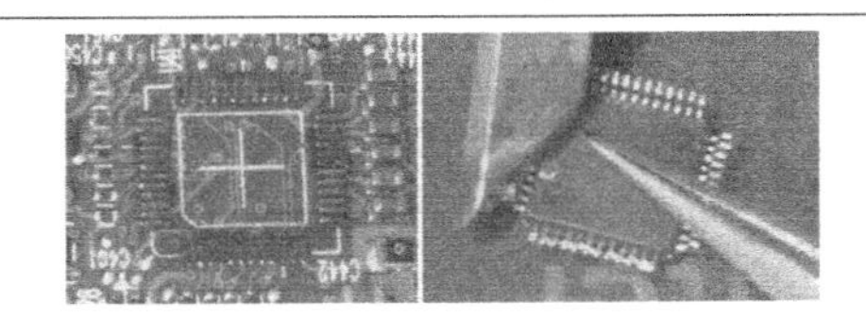

附图 27　装两排脚芯片

11. 声卡芯片

1）拆，如附图28所示。

① 风枪先围绕芯片四周快速旋转一会，然后慢速吹引脚，直至焊锡融化后，镊子夹起芯片。

② 快速拖锡，控制好烙铁头的高度，以“贴近焊盘但不接触到或轻微接触”为准。

③ 芯片焊盘必须饱满光亮。

附图 28　拆声卡芯片

2）装，如附图29所示。

① 芯片引脚不需要加焊膏，直接用烙铁把锡尖拖平，无需理会连锡的问题。

附图 29　装声卡芯片

作业程序

② 用小毛刷把芯片四周刷上少量焊膏，如附图30所示。

附图 30　装声卡芯片

③ 镊子夹住芯片，对准位置后，烙铁焊住1个引脚，如附图31所示。

④ 再次检查芯片是否方向和脚位都对准，若无问题，再次焊住另一个脚。

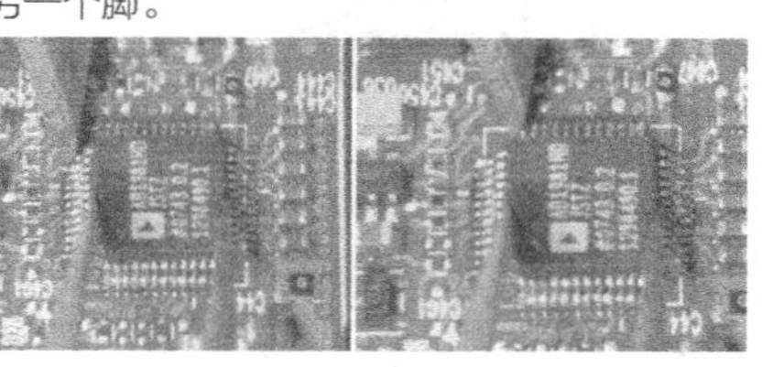

附图 31　装声卡芯片

⑤ 拖锡注意：烙铁第一回合加热“芯片引脚与焊盘的接触处”，第二回合加热引脚拐角处。如此来回2～3次，直至每个引脚都焊接良好。若有连锡，必须用擦干净的烙铁头轻轻吸取，通常很容易就可以吸掉。为防止空焊，焊接时，需保持镊子压住芯片的状态，如附图32所示。

附图 32　装声卡芯片

12. QFN芯片

1）拆，如附图33和附图34所示。

① 风枪围绕芯片引脚旋转加热，待锡融化后，镊子夹下芯片。

② 把焊盘拖锡，确保每个焊盘都光亮，不要有氧化。

附图 33　拆 QFN 芯片

③ 把芯片引脚加锡，确保每个引脚都光亮，不要有氧化。

④ 用棉签沾取酒精，清洗焊盘和芯片，再次确认芯片和焊盘没有氧化的脚。

附图 34　拆 QFN 芯片

2）装，如附图35和图36所示。

① 在焊盘上刷少量焊膏，然后镊子夹住芯片按照正确的方向放置在焊盘上，风枪加热的同时用镊子辅助芯片归位。

作业程序

② 给引脚拖锡。

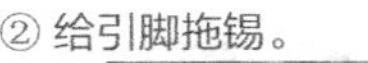

附图 35　装 QFN 芯片

③ 焊完后，如果存在空焊，可以尝试再次加锡。

④ 最后，清洗干净，再次仔细检查是否有空焊。芯片引脚易氧化的，必须认真仔细检查。

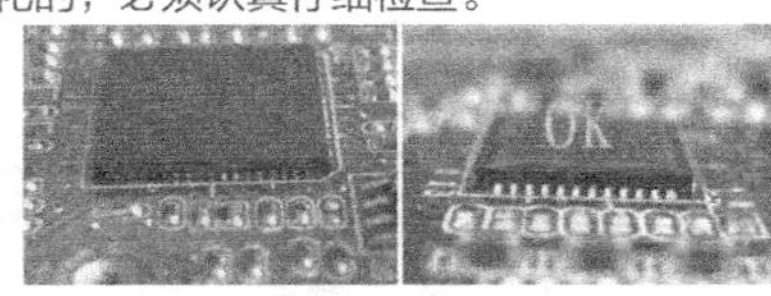

附图 36　装 QFN 芯片

13. I/O芯片

1）拆，如附图37所示。

① 风枪先围绕芯片四周快速旋转一会，然后慢速吹引脚，直至焊锡融化后，镊子夹起芯片。切记，不要吹芯片中央。

② 芯片引脚不需要加焊膏，直接用烙铁把锡尖拖平，只需要引脚平整，无需理会连锡的问题。

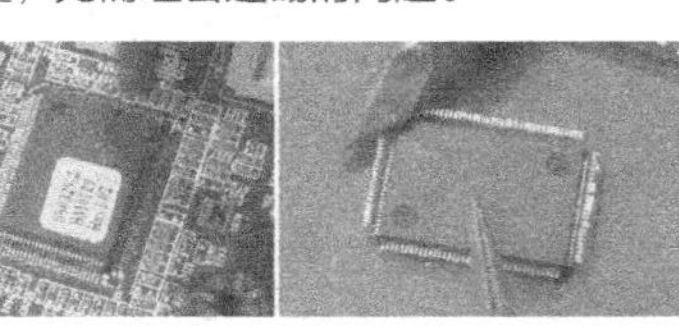

附图 37　拆 I/O 芯片

③ 焊盘的处理：快速拖锡，控制好烙铁头的高度，以“贴近焊盘但不接触到或轻微接触”为准。

④ 芯片焊盘必须饱满光亮，不能有凸起。

⑥ 用小毛刷把芯片四周刷上少量焊膏。

2）装，如附图38~图40所示。

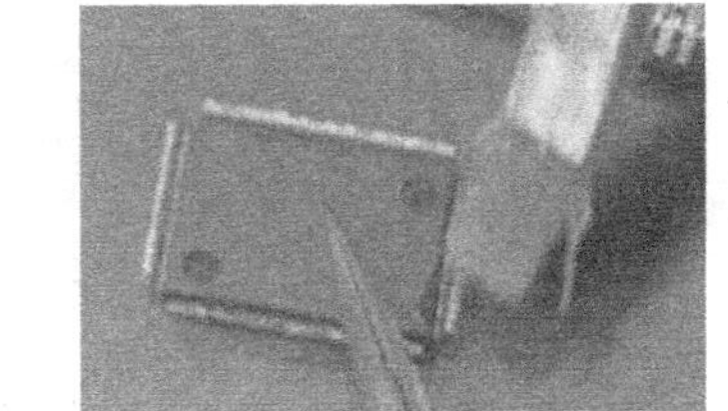

附图 38　装 I/O 芯片

① 镊子夹住芯片，用手辅助对位。这一步必须认真、仔细。

② 对准位置后，一只手指压住芯片不要动，然后用镊子焊接1个脚固定芯片。确保没有错位的情况下，再焊接另一面的1个脚。

③ 再次检查芯片是否方向和脚位都对准，若无问题，用镊子压住芯片，开始焊接。

附图 39　装 I/O 芯片

④ 拖锡，烙铁第一回合加热“芯片引脚与焊盘的接触处”，第二回合加热引脚拐角处。如此来回2~3次，直至每个引脚都焊接良好。若有连锡，必须用擦干净的烙铁头轻轻吸取，通常很容易就可以吸掉。若有顽固连锡，可以用镊子或锡丝沾取少量焊膏投放到连锡处，再用烙铁吸取连锡即可。

作业程序

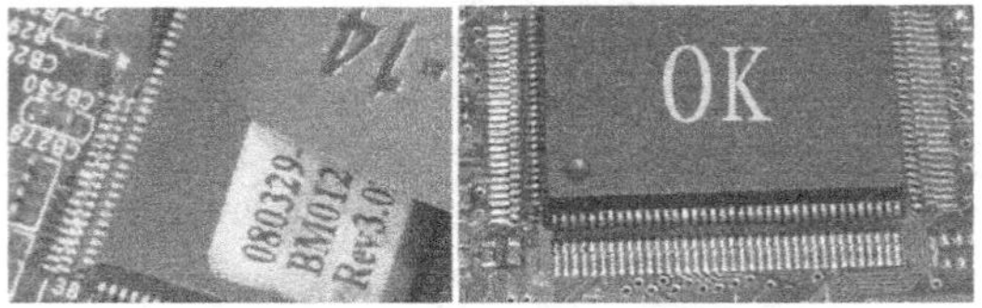

附图 40　装 I/O 芯片

14. EC芯片

1）拆，如附图41和图42所示。

① 风枪先围绕芯片四周快速旋转一会，然后慢速吹引脚，直至焊锡融化后，镊子夹起芯片。切记，不要吹芯片中央。

② 快速拖锡，控制好烙铁头的高度，以“贴近焊盘但不接触到或轻微接触”为准。

附图 41　拆 EC 芯片

③ 芯片焊盘必须饱满光亮。

④ 芯片引脚不需要加焊膏，直接用烙铁把锡尖拖平，无需理会连锡的问题。

附图 42　拆 EC 芯片

2）装，如附图43～图45所示。

① 用小毛刷把芯片四周刷上少量焊膏。

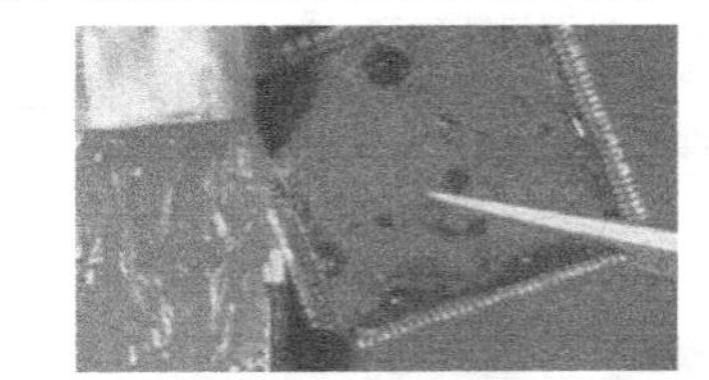

附图 43　装 EC 芯片

② 镊子夹住芯片，对准位置后，烙铁焊住1个引脚。若有偏位，可用手轻轻调整后再焊住另1脚。

附图 44　装 EC 芯片

③ 再次检查芯片是否方向和脚位都对准，若无问题，开始拖锡，烙铁第一回合加热“芯片引脚与焊盘的接触处”，第二回合加热引脚拐角处。如此来回2～3次，直至每个引脚都焊接良好。

④ 若有连锡，必须用擦干净的烙铁头轻轻吸取，可以先来回拖动连锡，再快速吸取，如果实在吸不掉，再考虑涂少量焊膏后吸取。

附图 45　装 EC 芯片

作业程序

15. 补线如附图46～图48所示。

① 刀片刮开断线的两端，各0.5cm左右。

② 把刮开的线路加锡。

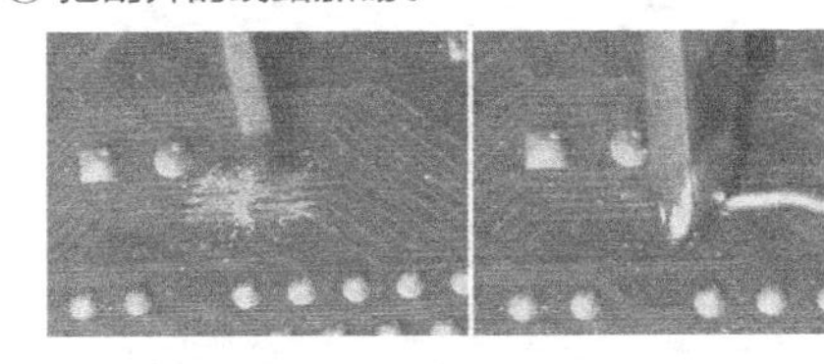

附图 46　主板补线

③ 原线路粗细选择合适的线材。烙铁先将一端焊接好。

④ 线拉直，再焊接另一端。补好的线路可用刀片切断也可用烙铁头直接切断。

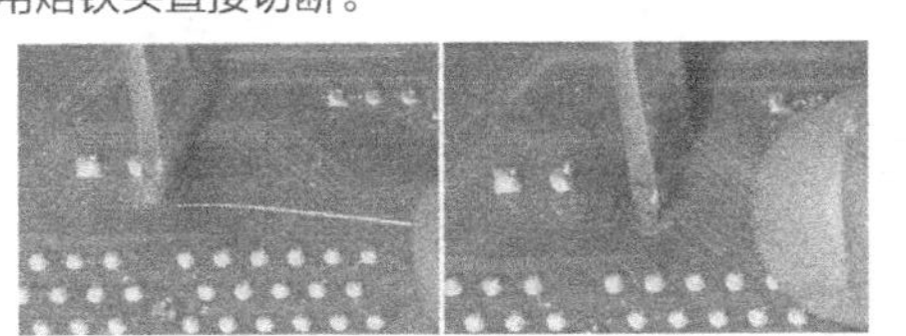

附图 47　主板补线

⑤ 补线完成后，需要用手横向摸一下，确保没有虚焊，如果线路有尾巴，需切断。

⑥ 最后，把补过的线路点上绿油或其他绝缘胶，进行保护。

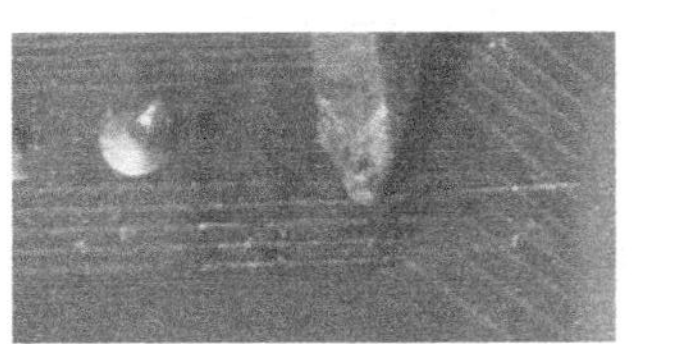

附图 48　主板补线

16. USB接口

1）拆，如附图49所示。

① 加锡，把原来无铅的锡变成有铅的锡。

② 用风枪吹接口的引脚，然后镊子轻轻夹着摇晃，直到锡完全融化后把接口取下来。

③ 风枪从底下吹，吸锡器从上面吸，把孔吸通。

附图 49　拆 USB 接口

2）装，如附图50所示。

① 把好的USB接口对准孔位插入，然后加锡。

② 确保每个焊点都呈圆锥体。

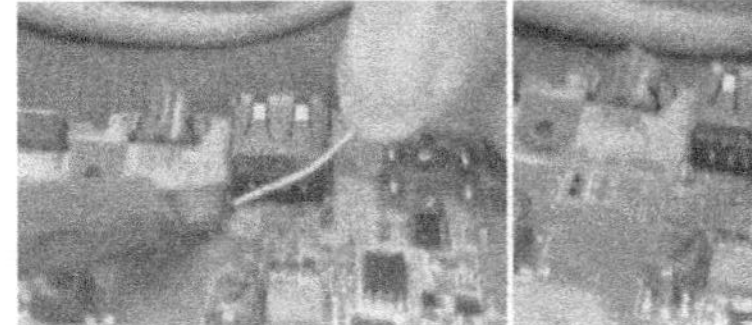

附图 50　装 USB 接口

五、不良焊点评定

不良焊点评定标准，如附图51～图53所示。

① 虚焊：看似焊住其实没有焊住，镊子稍微用力即可拔动。

② 空焊：引脚与焊盘之间存在明显间隙。

③ 连锡：零件的引脚之间被多余的焊锡锁连接短路，同一个铜箔允许连锡。

	作业程序	
	④ 少锡：锡点太薄，不能将零件焊盘充分覆盖，影响焊接牢固性。 ⑤ 多锡：零件引脚完全被焊锡包围，甚至形成了球形焊点 ⑥ 尖：焊点不光滑，有尖头。 ⑦ 偏位：零件引脚偏离焊盘超过三分之一。 ⑧ 错件：零件放置的规格或种类与焊盘规定的零件不符 ⑨ 极性错：零件第一脚位置与焊盘第一脚位置不符。 附图 51　不良焊点评定  附图 52　不良焊点评定	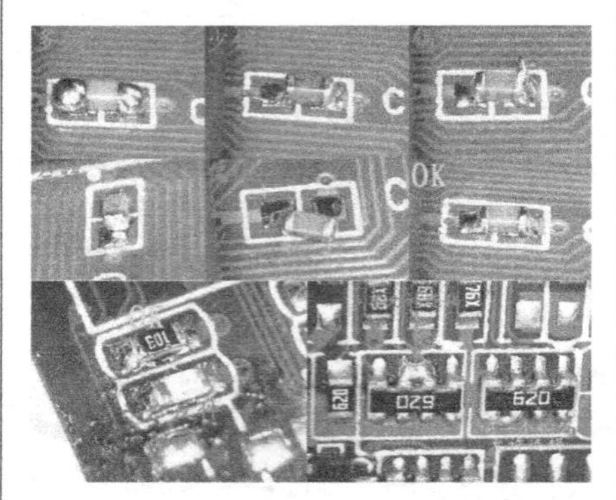 附图 53　不良焊点评定

数字万用表作业指导书				
使用工具	项次	工具名称	规格	数量
	1	数字万用表		1块
	2	电池座	3V专用	适量
	3	表笔		1对
	4	一字螺钉旋具		1把

变更记录		
日期	变更说明	参考文件
2016.10.25	初版发行	

注意事项：

1）专用万用表外接CMOS电池电压为3V，与万用表串连要注意极性，红表笔对外为正极，黑表笔对外为负极。

2）一般电阻小于40Ω蜂鸣器发出蜂鸣声。

3）测量二极管正向压降时的正向电流约为1mA，若两个方向均显示“1”，则被测二极管开路，若两次测量均显示很小的数值，测二极管已击穿短路。

操作程序

一、准备工作

1）万用表的电池均为9V迭层电池，如附图54所示。

2）专用万用表红色表笔插COM插孔，黑色表笔截断串入电池座，插头插入mA插孔，再在电池座中装入一粒3V CMOS专用电池。

3）普通万用表则将黑色表笔插入COM插孔，红色表笔插入V/Ω插孔。

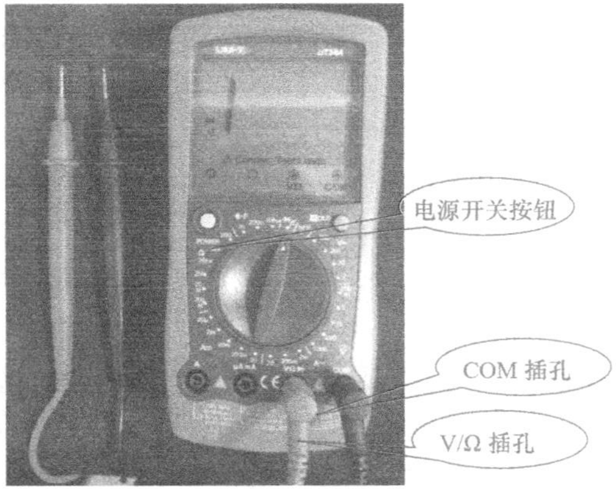

附图 54　数字万用表

二、作业步骤

1）测量CMOS电流。

a）将专用万用表的量程选择开关旋到DC 2mA档位，按下电源开关。

b）红、黑表笔分别接触待测主机板电池座的正、负电极，显示器读数变化（显示负号），稳定后的读数绝对值即为被测主机板的CMOS电流值。工作中观察读数下降到规格内即可中止测量以提高工作效率。

2）测量电阻和通断。

a）红表笔插V/Ω插孔，黑色表笔插COM插孔，量程开关选择电阻档适当量程。

b）按下电源开关，万用表显示为“1”。

c）表笔可靠接触待测电阻，显示电阻阻值，若仍显示“1”，则可能存在开路或被测电阻阻值比所选量程大，须换更高档位。

d）依照测二极管的方法辨别晶体管电极。

<table>
<tr><th></th><th>操作程序</th></tr>
<tr><td></td><td>3）测量直流电压。
将数字万用表的量程选择开关旋到直流电压V档位，按下电源开关，万用表显示“.000”（小数点位置跟文件位有关）。红表笔插V/Ω插孔，黑表笔插COM插孔。
4）测量交流电压。
a）将数字万用表的量程选择开关旋到直流电压V档位，按下电源开关，万用表显示“.000”（小数点位置跟档位有关）。红表笔插V/Ω插孔，黑表笔插COM插孔。
b）表笔接触待测点，将显示被测电压值。
c）记录示值或依相关SOP判定合格与否。
5）测量二极管、晶体管。
a）红表笔插V/Ω插孔，黑色表笔插COM插孔，量程开关选择选择蜂鸣档位。
b）按下电源开关，万用表显示为“1”。
c）红、黑表笔分别接触二极管正负电极，显示其正向压降，若显示“1”，则可能存在开路或被测二极管极性反，须换方向再测。
d）依照测二极管的方法辨别晶体管电极。
6）测量直流电流。
a）将数字万用表的量程选择开关旋到直流电流mA或A档位，按下电源开关，万用表显示“.000”（小数点位置跟文件位有关）。红表笔插mA或A插孔，黑表笔插COM插孔。
b）表笔串接于待测线路，将显示被测电流的大小和极性。
c）记录示值或依相关SOP判定合格与否。
7）测量交流电流。
a）将数字万用表的量程选择开关旋到交流电流mA或A档位，打开电源，万用表显示“.000”（小数点位置跟文件位有关）。红表笔插V/Ω插孔，黑表笔插COM插孔。
b）表笔串接于待测线路，将显示电流值。
c）记录示值或依相关SOP判定合格与否。</td></tr>
</table>

	操作程序
	三、作业要求 1）每次使用前检查数字万用表表笔接触良好，并记录于设备点检表。 2）专用万用表的表笔不允许短路，量程开关打在DC 2mA档时不得测量电压或大电流。专用万用表若测量读数一直为零，则可能是电池座接反或表笔接反或使用中表笔短路将保险丝烧毁。专用万用表量程开关选择DC 20V档，黑色表笔插头插入V/Ω插孔，将表笔短路可检查CMOS电池电压。普通万用表不可做专用万用表使用。专用万用表测量50μA以内电流误差小于1.5μA。 3）专用万用表做普通万用表使用时要换用普通万用表表笔，测量电解电容的漏电电阻时要注意极性，数字万用表的红表笔为正极，黑表笔为负极。用200Ω档测量低阻值电阻，要将表笔短路时的初始值减去方可得到较为准确的测量结果，测量电阻的误差一般为1%。 4）专用万用表做普通万用表使用时要换用普通万用表表笔。测量高电压时，表笔要可靠接触，身体任何部位均不得接触金属裸露部份，以免被电击。不可超量限使用，测量中不可换档，否则万用表可能损坏。要获得较为准确的测量结果，所选择的量程必须适当。数字万用表测量200V以下直流电压的误差一般为：±（0.5%读数＋1个字），20V档测量3V电压的误差最大为±0.03V，测量1.75V电压的误差约为±0.02V，即显示1.75V而实际电压可能为1.73～1.77V，而用DC 2V档测量1.75V电压的误差则仅为±0.010V。万用表COM端子对地电压不得超过1000V。 5）根据规定，专用万用表可以使用DC 2mA档测量电流，其他电流档位不允许使用，普通万用表所有电流档位都不允许使用！专用万用表做普通万用表使用时要换用普通万用表表笔。测量大电流时，表笔要可靠接触，但时间不得超过10s，否则误差增大。200mA档内设保险丝一般为0.3A/250V，10A或20A档一般不设保险丝，测量中不可换档，否则万用表可能损坏！要获得较为准确的测量结果，所选择的量程必须适当，例如，数字万用表测量mA级直流电流的误差一般为：±（0.8%读数＋1个字），测小电流、大电流或交流电流的测量误差均要大一些。 6）每次使用结束后，关闭数字万用表开关电源。

通用示波器作业指导书

使用工具	项次	工具名称	规格	数量
	1	示波器		2个
	2	探头表笔		2条
	3	一字螺钉旋具		1把
	4			

变更记录

日期	变更说明	参考文件
2016.10.25	初版发行	

注意事项：

1）通用示波器使用时如何显示与仪器当前设置的工作状态有关。GOS-6103C自检后显示水平辉线，自检不通过或工作中电源不稳发生程序飞走：则关电源重新开机；数字示波器自检后，水平线较粗，属正常现象。

2）示波器带宽不同，其探头的配置也不同，为能保证示波器量测波形时的真实性，规定：低带宽示波器可以使用高带宽示波器配置的探头；但高带宽示波器不允许使用低带宽配置的探头。在使用“点波”量测利用到CH1、CH2两通道时，用“三通连接器”和增加连接线使其两通道相连。

3）EXIT TRIG、EXIT BLANKING、INPUT直接输入和使用×10探头输入的最高允许电压是不同的。使用×10探头时耐压最高，INPUT直接测量高频信号时耐压较低。

操作程序

一、准备工作

1）模拟示波器（固伟GOS-6103C）为例，确认输入电压正确，仪器后部通风良好，风扇没有被堵住。插上电源，按下“POWER ON”（电源）开关，散热风扇即工作，如附图55所示。

2）数字示波器（RI普源）为例：确认输入电压正确，仪器后部通风良好，风扇没有被堵住。插上电源，按下“POWER ON”（电源）开关，散热风扇即工作，如附图56所示。

附图 55　模拟示波器

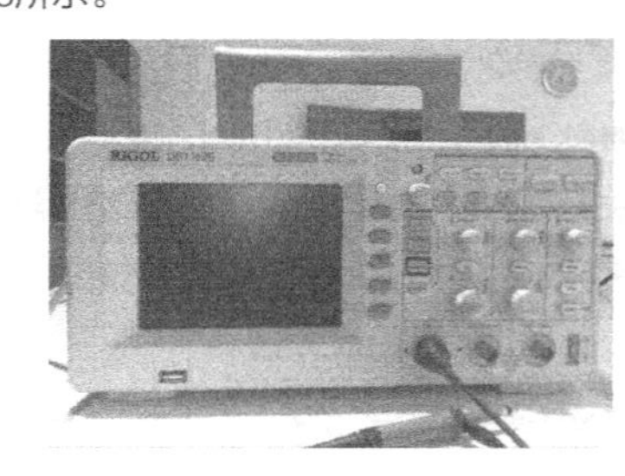

附图 56　数字示波器

二、作业步骤

1）仪器调整（模拟示波器）。

a）选择垂直模式（VERT MODE）、触发方式（TRIG MODE）、触发耦合（TRIG COUPLING）方式、信号耦合方式（AC/GND/DC）和水平扫描速度（TIME/DIV）。

b）旋转INTENSITY、FOCUS旋钮将辉线亮度、聚焦状况调至最佳。旋转水平POSITION、垂直POSITION旋钮，将辉线调到适当位置（便于观察、比较和测量）。

2）仪器调整（数字示波器）。

按“ATUTO”进入自动返回初始状态；再“QUICKMENU”（快速菜单）键；仪器自动进入CH1待测状态；按LCD中的软键“撷取”之“模式”平均值，可调节水平线的粗、细。

3）探头校准。

设置水平扫描状态，探头接CAL端（0.5Vp-p约1kHz方波），用专用工具调整探头微调电容，使显示的波形最理想，同时检查时基是否正确、准确。

4）水平波形显示测量。

探头BNC插头接CH1或CH2，探针和地线接被测点和被测对象地线。VERT MODE选择CH1或CH2或DUAL，调整VOLTS/DIV、TIME/DIV使波形显示适当。水平标尺上1cm（1大格）等于TIME/DIV对应值，垂直标尺上1cm（1大格）等于VOLT/DIV值。直接输入阻抗为1MΩ，使用×10探头输入阻抗为10MΩ。V1565有光标测量读数功能。

操作程序

5）X-Y扫描点波显示。

VERT MODE选择X-Y，调水平POS和垂直POS旋钮使光点位于标尺十字线交点（视作零点）处，探头BNC插头接CH1并通过三通转接头、转接线与CH2连接，探针和地线分别接被测点和被测对象地线。调整VOLTS/DIV使波形显示适当。水平标尺或垂直标尺上1cm（1大格）分别等于CH1 VOLT/DIV和CH2 VOLT/DIV对应值。

三、作业要求

1）每次使用前检查示波器探头表笔接触良好，并记录于设备点检表。

2）模拟示波器调节上下位移“POSITION”“TRACE ROTATION”，使其与面板水平刻度线重合。观察水平波选择垂直模式为CH1（信道1）或CH2（通道2）或DUAL（双路）或ADD（迭加），观察点波则选择X-Y扫描方式。触发方式选择AC或AUTO、触发源选择CH1或CH2；若发现水平示波线没有与“LCD”上水平网格线平行或重合时，请用专用工具调节“TRACE ROTATION”，使其水平。

3）模拟示波器辉线调至最细或亮点调至最小，亮度不要太亮。调节“FOCUS”，让水平线光线变细。水平扫描速度调到在示波器显示数个完整波形。显示波形太密会影响观察信号周期。

4）数字示波器“MEASURE”键为测量菜单键，可对波形选择多功能测量。“COUSOR”为指针测量功能，按“COARSE”可选择相对的光标线移动，“Δ”值表示为两条可动光标线的相对位移，“@”值珠示为可动光标线与左边梯形光标所指的相对位移。“DLSPAY”为显示功能菜单，可调节“LCD”上的背光强度；“UTILITY”为语言功能菜单。

5）VOLTS/DIV选择10mV，VOLTS/DIV VAR顺时针方向转至.CAL位置。探头选择10:1或×10。TIME/DIV选择0.5ms，VAR SWEEP顺时针方向转至CAL'D位置。

6）调HOLD OFF和TRIG LEVEL使显示波形稳定。测量读数时VOLT/DIV VAR、VAR SWEEP旋钮应置于.CAL或CAL'D位置。按下×10MAG按键或将PULL×10旋钮拉出，则水平标尺1cm代表TIME/DIV的1/10。V1560/1565开机15min后关机再重新开机，可获得较高时基精度。不要测量超过400V（DC+ACpeak≦1kHz）的信号。

7）信号同时进入CH1和CH2通道，CH1为X，CH2为Y，缺X或Y输入，光点将只沿垂直或水平方向移动。输入方波显示为两点，直流显示为一点，连续波为一斜线段。CH1、CH2输入不同的信号可观测到李萨如图形。不要从探头直接接线到CH2。X-Y方式TIME/DIV旋钮无效。不要测量超过400V（DC+ACpeak≦1kHz）的信号。

8）使用时不可用力拉扯，以防内部断线，造成无法修复。模拟示波器，在探头上已有注明被使用示波器的带宽。严禁对探头进行破坏性的改装；不可卸下保护套管进行测量，以防噪声通过手接触处进行测量线路，造成波形干扰。如实际需要可适当增加探头长度，请焊接保护套管上。为测量方便，允许拔下探头接地夹，但要保管好，示波器必须接地良好。为防损伤被测件，严禁用探头尖针在被测件上作“划动”的量测。

9）保持内观和外观清洁。仪器工作时气体流动，内部有高压容易吸入浮尘，示波管表面和滤色片积灰变黑；不可用损伤性工具在示波器上操作，做5s时关闭电源，防止内部积尘；确认电源电压，不要测量超过额定范围的电压，光点或辉线亮度不要设置过大，否则容易灼伤眼睛影响视力和烧伤示波管缩短仪器使用寿命。

10）每次使用结束后，关机时不可用力过大，以避免开关失灵；长期不用或电源电压不稳时要将电源插头拔出。

清洗作业指导书

使用工具	项次	工具名称	规格	数量
	1	镊子，刀片，大小静电刷		各1把
	2	美纹胶纸		1卷
	3	胶纸台		1个
	4	不良品静电框		1个
	5	清洗剂	TF2000-3	1瓶
	6	清洁布/口罩		各1PCS
	7	万用表		1个

变更记录

日期	变更说明	参考文件
2016-10-25	新版发行	
2016-10-25	增加CMOS电流测试	

注意事项：

1）作业时必须采取防静电措施。

2）作业时不可推、拉、摔、丢、叠板，要轻拿轻放。

3）电流表黑表笔上所串联的3.3V锂电池（CMOS电池）使用一个月后更换一次。

作业内容

一、准备工作

戴好静电手套及接地良好且紧贴皮肤的静电环。

二、作业步骤

1）从周转静电框内取一个主板以面板向上放于工作台上，先将机板上的残胶清理干净。

2）检查机板周边零件，是否有撞件（掉）、浮高、破损等不良现象，检查机板面板是否有沾异物不良现象，检查散热片是否有歪斜、反向等不良现象；检验主板是否有按要求执行到最新ECN（检查制程贴纸是否正确，是否有ECN站位的OK贴纸）。

3）检查底板是否有连锡、包锡、不洁、针孔、线路裸铜、导脚未出、脚长等不良。

4）检查测试过程所有插过的转接槽有否伤PIN、倒PIN、是否破损，排针有否歪斜等不良现象。

5）用镊子取下主板COMS电池；用电流表红表笔接触CMOS电池座负极（接地），黑表笔接触CMOS电池座正极，如附图57所示。测试主板CMOS漏电电流，电流表显示读数为1～20μA范围内的为良品板，如附图58所示。超过20μA（包括20μA）的打不良品；测量完后把COMS电池装回主板。以上所有项目如发现不良品均要做好不良标识，请单独放置并返还上工位修理。

6）用清洁布沾适量清洗剂将主板不洁处清洗洁净。

a. 洗板时用电木刀片把机板上多余的贴纸去掉，用清洗剂洗洁干净。

b. 主板上有更换过（CPU脚座、北桥、南桥）的地方要用静电刷轻刷，然后用清洁布把油渍擦掉。

7）将清洗洁净的主板贴上清洗制成的OK标识后放入下一流程。

附图57　CMOS电池

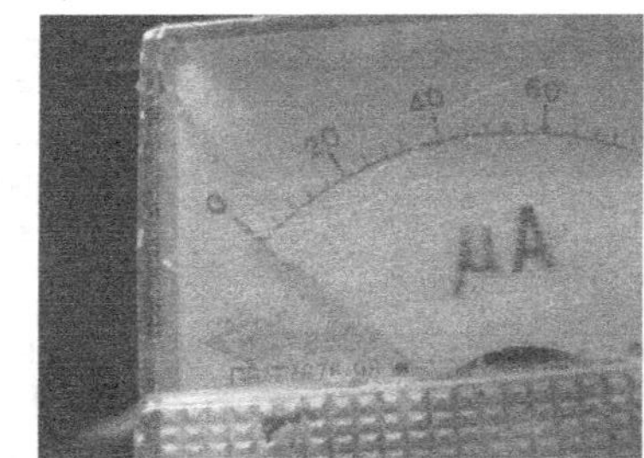

附图58　电流表

静电防护作业指导书

使用工具	项次	工具名称	规格	数量
	1	静电环测试仪		1块

变更记录

日期	变更说明	参考文件
2016.10.25	初版发行	
2016.10.25	规范量测时间	

注意事项：

1）不能湿手去触摸静电测试仪的白色金属部分。

2）下压静电环测试仪的白色金属部分时，不可用力过猛，以防止损坏静电环测试仪。

3）测试时如果只有绿灯亮而蜂鸣器不叫，表明静电环测试仪的电池电量不足，需立即更换。

4）备用方案：静电环阻抗测量。将三用电表的量程选择在2MΩ档位，测量静电环对地之间的阻抗，记录实际量测结果.（0.9~1.1MΩ为正常，不良立即更换。）

操作程序

一、准备工作

提前拿出静电手环，确认按扣有扣到位松紧调试带与皮肤接触好。

二、作业步骤

1）将有线静电手环正确佩戴于手腕上，注意静电手环的金属体部分与皮肤良好接触，如附图59所示。

2）将有线静电手环的夹子夹住静电测试仪的夹子或插入静电测试仪的插孔内，确保两者接触良好，如附图60所示。

3）用手触摸静电环测试仪的白色金属部分并轻轻下压，如附图61~图63所示。

附图59　静电手环

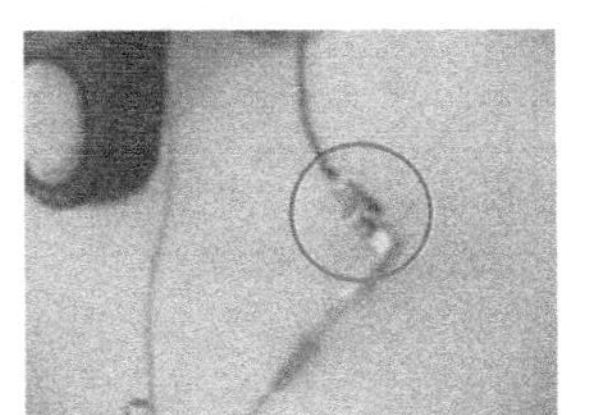

附图60　静电测试仪的夹子

附图61　静电环测试仪口

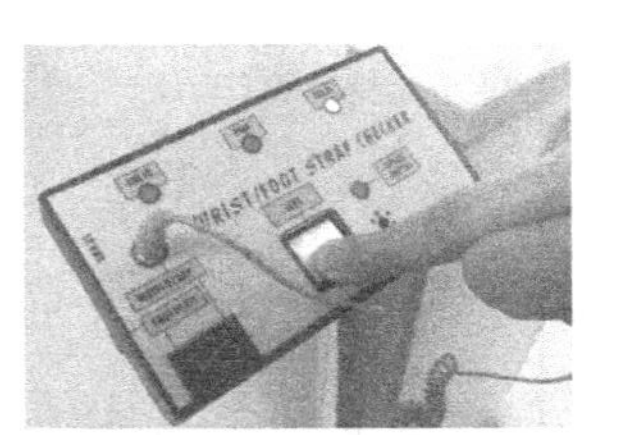

附图62　静电环测试仪的开关

a）绿色指示灯亮为（PASS），蜂鸣器响，为良品。如附图61所示。

b）红色指示灯亮（LOW或HIGH），为不良品。如附图62所示。

附图63　静电环测试仪的金属

4）测量结果登录于《防静电手环测试记录》上：防静电手环测试合格则于对应栏位划“√”，不合格则划“×”并上报处理。

三、作业要求

1）要求每天作业之前各测量一次（早上上班一次，下午上班一次），并与报表中如实填写测量结果。

2）如果测量发现为不良，需立即更换为良品才可进入工作岗位。

静电报警器作业指导书

使用工具	项次	工具名称	规格	数量
	1	静电报警器		1个
	2	静电环		1个

变更记录

日期	变更说明	参考文件
2016.10.25	初版发行	
2016.10.25	更新日期发行	

注意事项：

测试时如果只有绿灯和红灯频繁交替亮，说明静电环没有戴好，与皮肤接触不好或插孔处松动。

操作程序

一、准备工作

提前拿出静电手环确认按扣是否有扣到位，松紧调试带与皮肤接触好。

二、作业步骤

1）将有线静电手环正常佩戴于手腕上，注意静电手环的金属体部分与皮肤接触良好，如附图64所示。

2）将有线静电手环的夹子夹住静电测试仪的夹子或插入静电测试仪的插孔内，确保两者接触良好。

3）静电环报警器指示灯提示说明。

a）绿色指示灯亮为（PASS），说明操作员静电保护通过，如附图65所示。

b）红色指示灯亮，蜂鸣报警声，说明操作员静电保护不通过。如附图66所示。

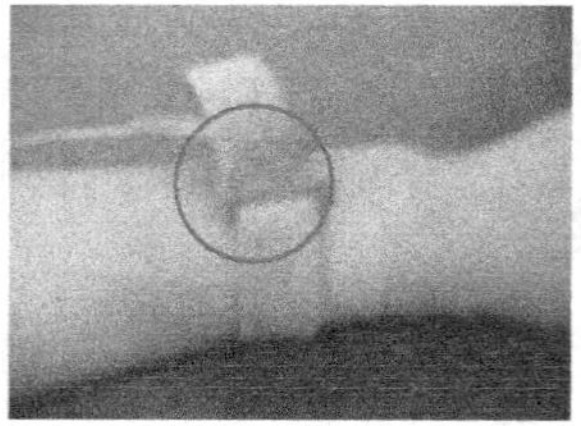

附图64　静电手环

附图65　静电测试仪

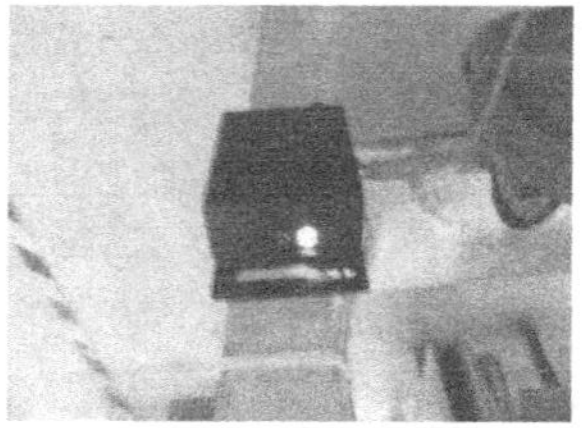

附图66　静电测试仪

三、作业要求

1）要求每天作业之前将静电报警器向左打到开的位置，如附图67所示。

附图67　静电报警器

2）要求每天作业后将静电报警器向右打到关的位置，如附图68所示。

附图68　静电报警器

小锡炉作业指导书

使用工具	项次	工具名称	规格	数量
	1	数字温度表		1个
	2	焊锡（无铅）		适量
	3	镊子		1把
	4	无铅烙铁		1台
	5	漏勺		1把
	6	静电牙刷		1把
	7	静电手套		1双

变更记录

日期	变更说明	参考文件
2016.10.25	初版发行	
2016.10.25	参考IPC-7711标准全文修改	

注意事项：

1）操作人员必须为有维修员等操作资格才能作业。

2）作业时需小心操作，谨防烫伤。

3）作业时谨防零件掉于锡炉内，特别是电解电容，若有发生需要用漏勺立即捞出以免爆炸伤人。

作业内容

一、准备工作

1）做好防静电措施（戴接地良好的有线静电环，且接触主板的手需戴好防护手套或指套）。

2）确认小锡炉温度参数设定在240±10℃范围，超出则调节其温度调节面板上按钮修正。

3）若为喷流型小锡炉，可调整喷流开关以调节喷锡流高度在3～5mm，并依据需要选择合适的喷流槽；非喷流型则需要确认是否加锡条以确保锡面与锡槽边沿保持持平。

二、作业步骤

1）清除待维修零件对应PCB底板和小炉锡锡面上的灰尘，以防止过锡后底板太脏不易清洁。

2）喷定量无铅助焊剂于待维修零件引脚及对应PCB底板。

3）将对应PCB底板水平移置于小锡炉锡面约3～7s，同时对不需要更换零件的部位使用隔热膜与锡面隔离。

4）发现待维修零件引脚周围锡融化后，迅速对不良部位进行修复处理，需要更换零件的则更换同规格零件。

5）维修后若有连锡、包锡、空焊等不良现象，则用烙铁进行补充维修处理。

6）用静电牙刷沾少量清洗剂将PCB底板残留物清洗干净。

7）检查是否产生其他二次不良，如跪脚，周边零件烫伤或PCB起泡等，并根据《外观检验标准》及相关要求进行分类管控处理。

三、作业要求

1）指定专人于作业前2h开启小锡炉电源开关，下班及时关闭；中间休息间隔少于2h不需关闭电源。

2）PCB底板与锡面上每次接触时间不可超过7s，第一次未完成作业的需要将板卡移到一边重新喷上无铅助焊剂才可再次作业。

3）同一位置严禁连续操作超过3次，以避免出现PCB起泡、掉铜和局部变形等不良现象。

4）无铅助焊剂喷洒要求均匀，其面积以不超过所接触锡面四周10mm为限，以免过多残留而不易清洗。

5）主板要轻拿轻放，不能叠板；维修时不能用力敲击零件，以免造成面板沾锡珠。

6）使用的无铅助焊剂应符合《维修耗材管控作业办法》要求，禁止使用有铅助焊剂或劣质助焊剂。

四、保养要求

1）由维修组长指定专人进行日常维护和保养，记录于《设备保养&点检记录表》。依次顺序为：

a）每天第一次使用前做接地检查、锡温量测、外观清洁。

b）每天作业后清理锡渣。

2）每半年执行一次取小锡炉存锡50g送厂商做成份检验，检验报告存于技术部，质量部需要备份。

五、表单

《设备保养&点检记录表》

BGA芯片返修作业指导书

使用工具	项次	工具名称/耗料	规格	数量
	1	数字温度表		1块
	2	恒温烙铁		1个
	3	镊子		1把
	4	静电手套		1双
	5	静电手环		1个
	6	静电毛刷		1个
	7	尖嘴钳		1个
	8	万用表		1个
	9	助焊膏/清洗剂		适量

日期	变更说明	版本
2016.10.25	初版发行	1.0
2016.10.25	参照行业标准	1.1

注意事项：

1）如需拆BGA散热片时不可硬撬，以防PCB PAD掉点导致主板报废。

2）不要震动BGA机器，每天作业前用水平尺测量BGA机器放板平台并调整保持水平状态。

3）工作时不要用电风扇或其他设备对机器进行吹风。

4）工作时不要用手触摸高温区以免烫伤。

5）在工作中，如有金属物体落入BGA芯片机器时，立即断开电源，清除金属物。

6）BGA机器升温异常或冒烟时，立即断开电源，通知组长后续处理。

7）机器停止使用时，要断开电源。

作业内容

一、准备工作

1）作业时必须戴好接地良好的静电手环，确保手环充分接触皮肤。

2）板卡、BGA芯片（含BGA封装的CPU脚座等，如无特别注明以下统称为BGA芯片）的预热，预热方法采用烤箱烘烤，具体操作请参照《烤箱烘烤作业指导书》，并按要求做好相关记录。

3）开启BGA机器电源开关，根据待做BGA的型号选取相对应的温度曲线和喷嘴，具体参考《BGA芯片拆装温度设定表》，启动BGA机器空机运行1～2次，确保机器正常稳定运行，如有异常及时通知技术组工程人员处理。

二、工作步骤

1）拆取BGA芯片。

① 将待修PCB板平放于BGA定位支架上，配合板边下压夹具确保板卡PCB整体均在一个水平面上，以防止PCB在升温过程出现受热区域因局部急剧升温而导致PCB局部变形、下塌等不良现象，影响最终焊接良率。

② 根据待做BGA的型号选取相对应的温度曲线和喷嘴，参考《BGA芯片拆装温度设定表》。

a）热风拆取分为3个区间：预热区、加热区、拆取区。

b）重点注意调整用于顶起PCB底部（BGA芯片对应的的位置）的拖盘。

c）严禁用强行快速升温以缩短加热时间和将机器设定在高温区集中的方式拆取BGA芯片，每片板卡均要完成从70～80℃预热及散热完整作业过程。

d）当BGA机器实际显示温度达到拆取区（即达到温度曲线峰值区间如第5段），此时BGA芯片底部锡球熔化并符合拆取要求，除BGA机器自带吸嘴功能外（如效时RW-E6250）均要求优先借助外部吸嘴去取BGA芯片（775 CPU SOCKET除外，但只能夹脚座上端），严禁用镊子或其他锐利金属物接触BGA芯片表面的方式去查看锡球是否有熔化。

2）清洁焊盘。

a）取下BGA芯片后的板卡要清洁焊盘即除锡动作，包括清除掉多余的残锡、助焊膏等废弃物，不可用手指去接触PCB 焊点。

b）烙铁除锡温度设定标准（参考IPC7711）：有铅350±5℃、无铅410±5℃。

c）除锡前先给烙铁加锡用于帮助提高焊盘上残锡的融化速度。

d）除锡时采用指定的编织线（吸锡线），确保清除焊锡后BGA芯片PAD平滑，若后制程没有设计刷锡膏步骤则不建议采用，否则对焊接良率会有影响。

	作业内容
	e）除锡时用力均匀，不可硬拖和用力摩擦PCB PAD（铜铂，以下同）表面，以防PCB PAD脱落或线路露铜等不良现象。 f）对有PCB PAD个别氧化的可以用刀片轻轻刮掉氧化层，再上少量锡拖平；对PCB PAD脱落在边缘3个以下的可以接线打胶并上好防焊漆补救。 g）为了保证BGA芯片焊接的可靠性，不可再次利用焊盘上残留的焊膏。 h）除锡后要对PCB进行清洁，不可用手触摸PCB PAD，不可有油脂，不可粘有汗水等无机物，必须使用符合要求的清洗剂。 3）涂助焊膏或锡膏。 a）助焊膏的使用：用专用毛刷沾一定量的助焊膏，涂抹于对应BGA芯片的PCB PAD上，要求来回2个行程以上，应力均匀不可成团堆积。助焊膏可选择：RMA助焊膏，免清洗助焊膏和水容性助焊膏。使用RMA助焊膏回流时在加热区略延长2～3s。 b）锡膏的使用：无铅制程锡膏应使用成分为，锡Sn96.5%、银Ag3.0%、铜Cu0.5%，颗粒大小为25～45μm，金属含量：88.5%，钢网和刮刀应使用钢片厚度0.12mm±0.01mm，网孔精度最大±10μm or±5%。建议刮刀类型为100mm 或200mm。将干净的钢网孔隙与待修板的BGA PAD点位对起并使用胶带固定，用刮刀取适量锡膏印刷于钢网上，刮刀在钢网上的滚动为每次120～200mm，之后再增加锡膏。刮刀与印刷板的角度成60° 。锡膏的印刷厚度0.1～0.12mm。印刷完后应检查所印刷的锡膏是否有搭桥现象，完成后的板子应在15min内进行焊接，停线超过1h后应重新印刷锡膏。 4）贴装定位。 贴装定位的主要目的是使BGA芯片上每一个焊料锡球与PCB PAD焊盘对准，特别是无铅BGA芯片因其活性较差，所以定位的准确性显得犹为重要，故定位时有必要采用专用的定位装置（BGA机器自动定位）。 5）热风回流焊。 ① 热风回流焊分为4个区间：预热区、加热区、回流区、冷却区；其温度、时间参数可以根据板卡板型、BGA芯片类型特性进行微调，具体参考<BGA芯片拆装温度设定表>。 ② 同等条件下应优先选用底部带热风嘴送风功能的BGA机器（如，效时的RW-E6250、震讯的ZX-CP200），配合底部其他加热模块同步工作，优点如下： a）避免由于PCB板的单面受热而产生翘曲和变形。 b）双面加热，使焊锡熔化时间缩短。 c）在回流焊过程中要正确选择各区的加热温度和时间，同时应注意升温的速度，一般在100℃以前，最大升温速度不得超过6℃/s，100℃以后，最大升温速度不得超过3℃/s，在冷却区，最大降温速度不得超过6℃/s，因为过高的升温速度及降温速度都可能损坏BGA芯片 及 PCB，这种损坏有时是肉眼不能观察到的。 d）有散热片的要把散热片装回，有异常及时向组长报告。

	作业内容
	6）确认焊接。 a）待修板完成回流焊接后，在BGA机器上冷却至室温后取下。待整板完全冷却查看BGA锡珠是否“回落”均匀。 b）使用万用表对维修员所标注的点位进行测量，并确认原点已经正常，并根据BGA的型号测量其他主要点位是否存在空焊，短路现象（简易测量）。 c）在架设的开机站使用开机测试，正常开机后维修板静放12h后转维修。 d）开机测试后进行良率统计并每天记录于《BGA良率报表》。 三、工作要求 1）空间要求。 返修台周围应留有300mm以上的空间。 2）拆取BGA芯片时禁止将BGA机器定于高稳区拆取BGA芯片。 3）助焊膏和锡膏请勿混用，因为助焊膏回焊温度低于助焊膏，以免流动造成锡膏搭桥短路。 4）未尽事宜可参考BGA机器厂家提供的使用说明书作业。 5）定期每月5日随机抽检Rework GPU后显卡2片，分别进行红墨水与Cross-Section验证，以确认维修更换GPU品质与焊接能力符合IPC7711标准。 6）定期每月5日随机抽检Rework GPU后显卡5片做X-RAY Check，以确认维修更换GPU品质与焊接能力符合IPC7711标准。 7）作业环境灯光亮度要求在1000±LM。 三、保养要求 1）每天在对待修板做BGA前使用数字测温仪检查BGA机器实际温度是否正常。如有异常请及时通知技术组工程人员处理。 2）下班后清洁BGA机器关闭电源开关。 3）按《BGA保养记录表》要求做好机器的保养，并做好记录。 四、表单 1）《BGA良率报表》。 2）《BGA保养记录表》。 3）《BGA芯片拆装温度设定表》。 4）《BGA烘烤记录表》。 5）《BGA日报表》。

CPU拿放作业指导书

使用工具	项次	工具名称	规格	数量
使用工具	1	数字温度表		1个
	2	焊锡（无铅）		适量
	3	镊子		1把
	4	无铅烙铁		1台
	5	漏勺		1把
	6	静电牙刷		1把
	7	静电手套		1双

变更记录

日期	变更说明	参考文件
2016.10.25	初版发行	
2016.10.25	参考IPC-7711标准全文修改	

注意事项：

1）操作人员必须有维修员等操作资格才能作业。

2）作业时需小心操作，谨防烫伤。

3）作业时谨防零件掉于锡炉内，特别是电解电容，若有发生需要用漏勺立即捞出以免爆炸伤人。

作业内容

一、准备工作

作好防静电措施（戴接地良好的有线静电环）。

二、作业步骤（见附图69～图76）

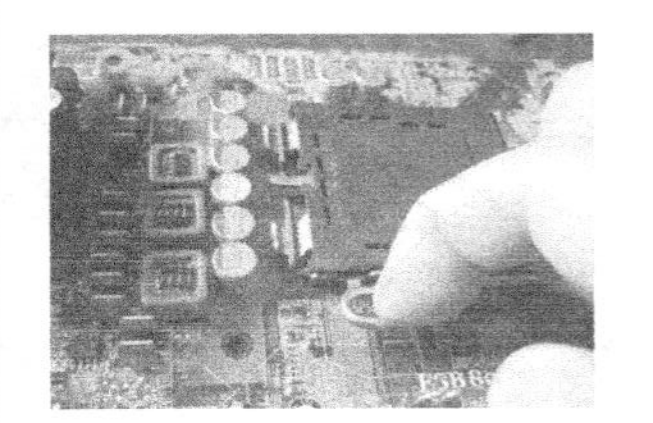

附图69　拔起摇杆

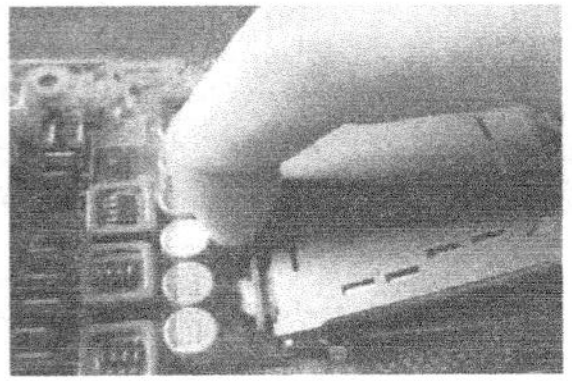

附图70　压下耳朵

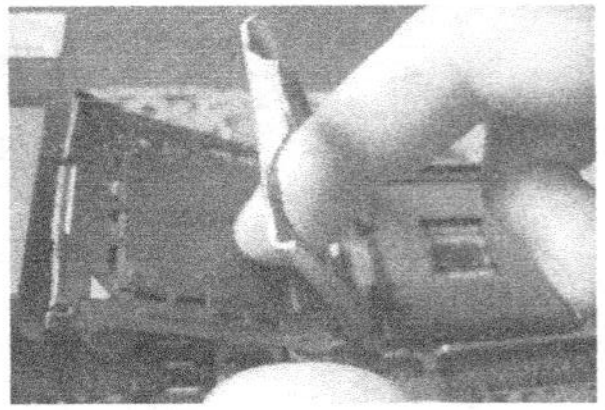

附图71　顶出CPU盖

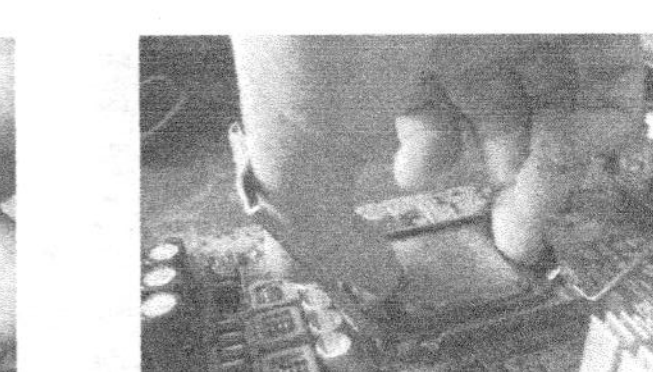

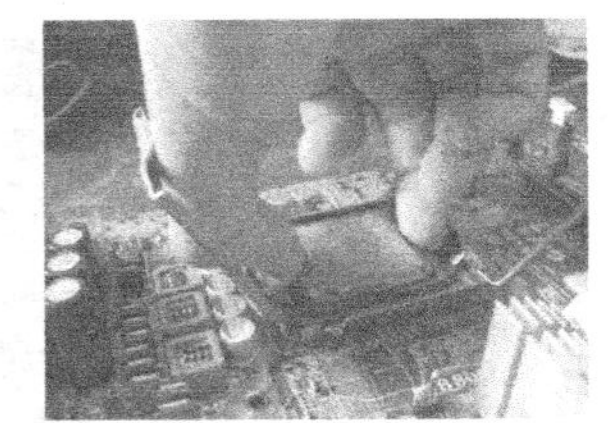

附图72　垂直放下CPU

附图73　压下摇杆

附图74　拔起摇杆

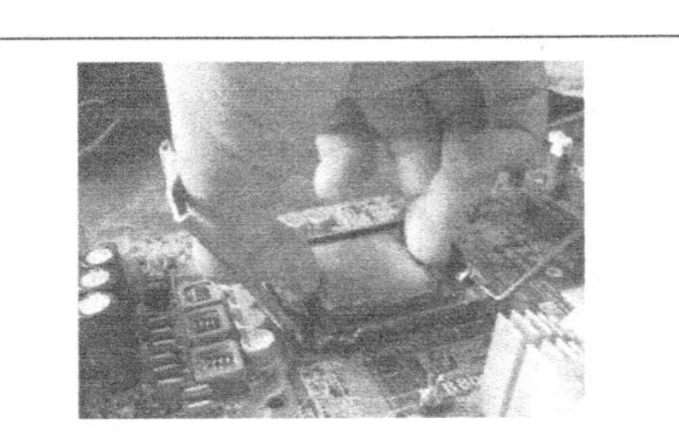

附图75　垂直拿起CPU

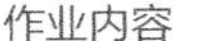

附图76　合上CPU盖

三、作业要求

拿放 CPU 规范：1）所有带有 775 针脚的主板，在测试时遵循以下流程，如附图 77 ~图 84 所示。

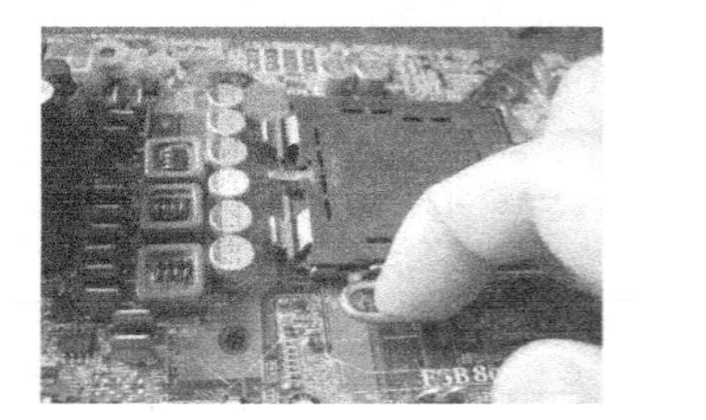

附图 77　拔起摇杆

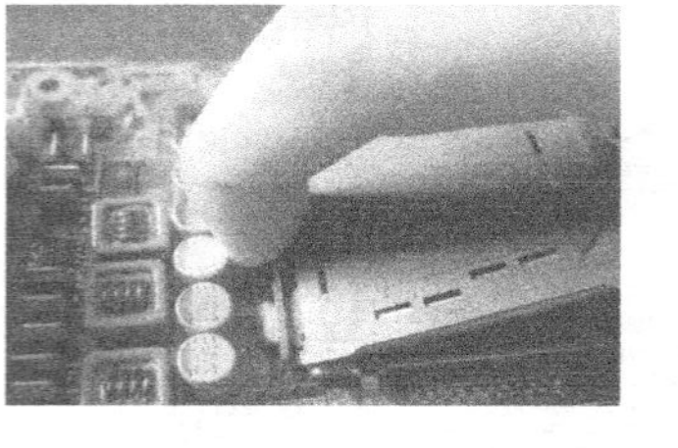

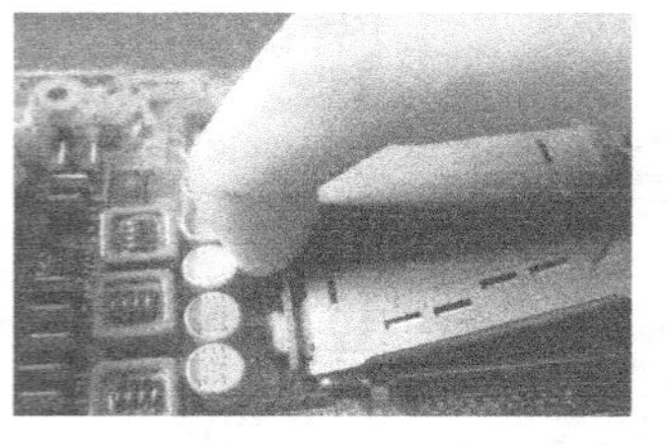

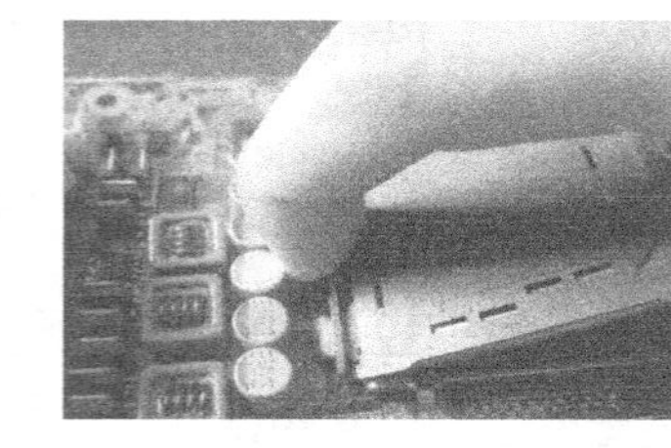

附图 78　压下耳朵

附图 79　顶出 CPU 盖

附图 80　垂直放下 CPU

附图 81　压下摇杆

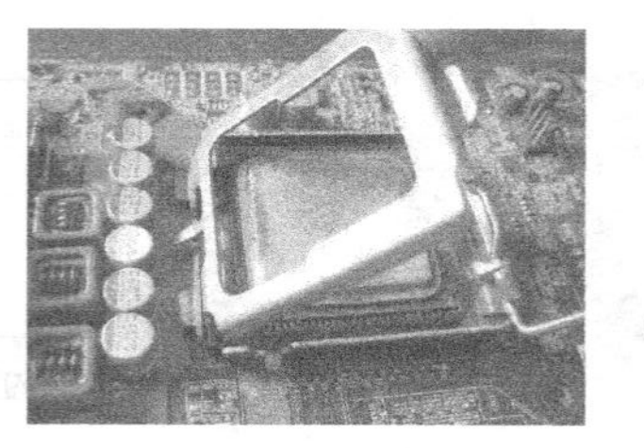

附图 82　拔起摇杆

附图 83　垂直拿起 CPU

附图 84　合上 CPU 盖

2）所有 AMD 754、939、940、938 针 CPU 在测试时遵循以下流程，如附图 85 ~图 88 所示。

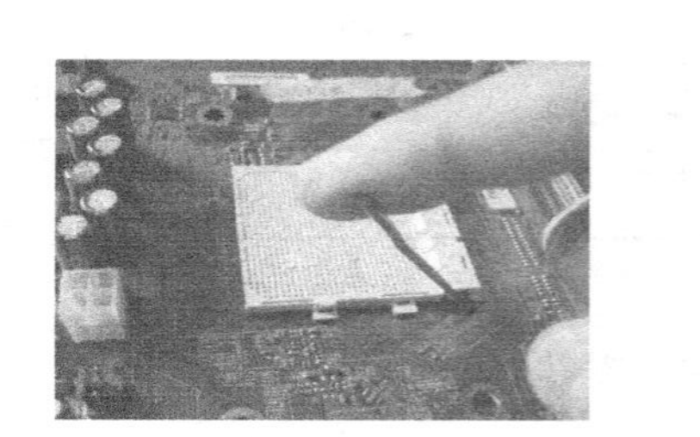
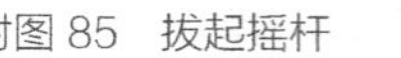

附图 85　拔起摇杆

附图 86　放下 CPU

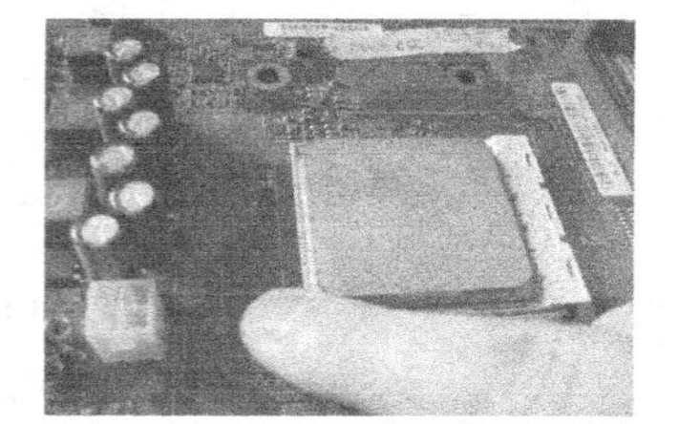
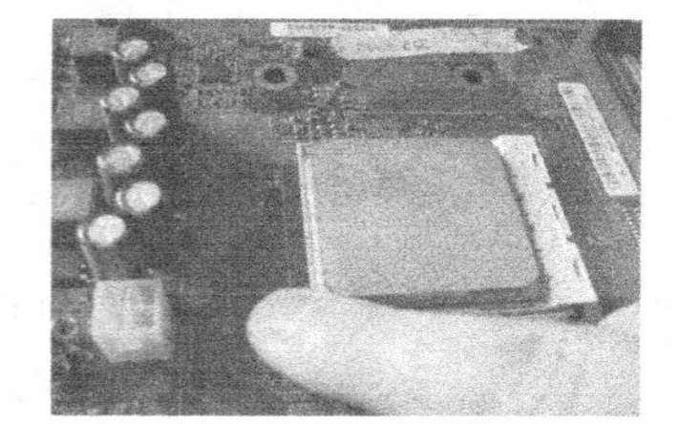
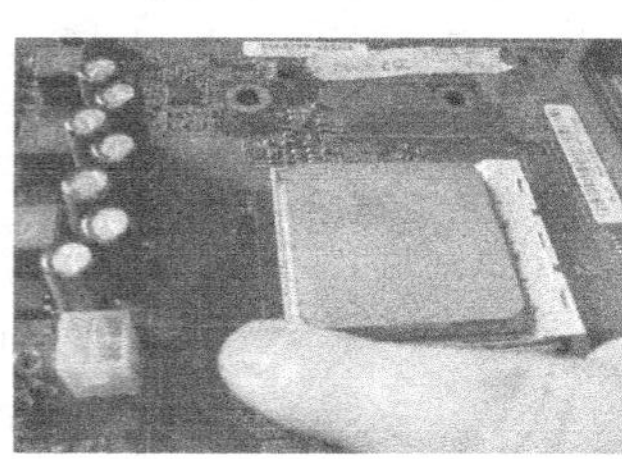
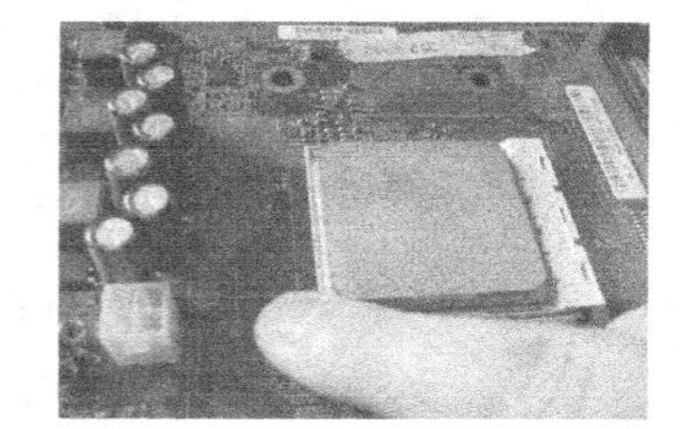
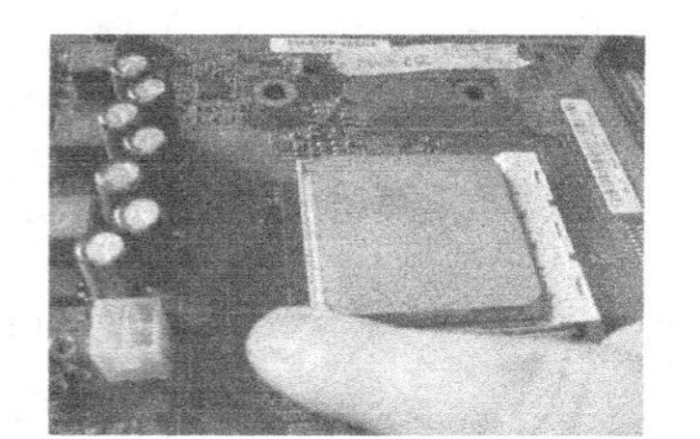
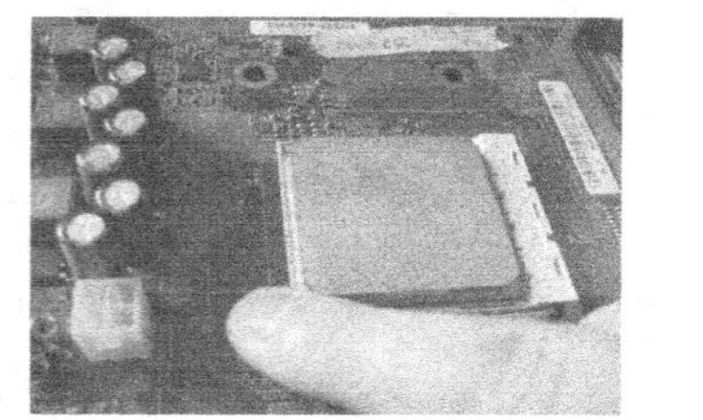
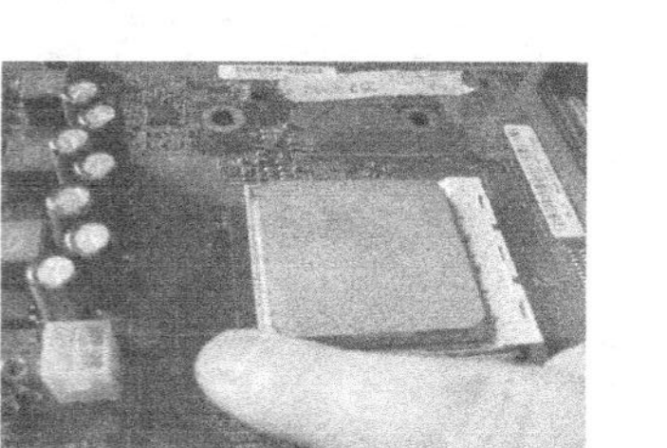
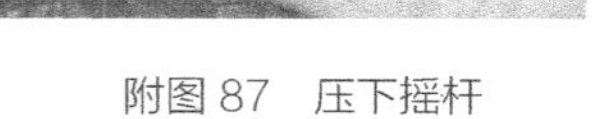

附图 87　压下摇杆

附图 88　取出 CPU